放牧对云南高寒湿地土壤碳氮循环影响研究

郭雪莲　郑荣波　著

U0263427

科学出版社

北京

内 容 简 介

云南高寒湿地位于青藏高原东南缘，受高海拔、寒冷气候影响，泥炭和泥炭沼泽湿地发育，单位面积土壤碳储量高，具有重要的碳汇功能，在维持全球碳平衡与控制温室气体排放方面具有重要作用。本书系统阐述云南高寒湿地环境特征及放牧干扰现状、放牧对高寒湿地土壤有机碳矿化和 CO_2 排放特征的影响、放牧对高寒湿地土壤氮转化过程（氨化、硝化、反硝化作用）和 N_2O 排放特征的影响，以及高寒湿地土壤胞外酶活性和微生物群落对放牧干扰的响应规律，从物理、化学和微生物角度阐明放牧对云南高寒湿地土壤碳、氮循环影响的内在机制。

本书可供湿地生态学、生物地球化学等领域的研究人员和高等院校相关专业师生学习与参考。

图书在版编目（CIP）数据

放牧对云南高寒湿地土壤碳氮循环影响研究 / 郭雪莲，郑荣波著. —北京：科学出版社，2023.12
　　ISBN 978-7-03-077024-0

Ⅰ.①放… Ⅱ.①郭… ②郑… Ⅲ.①放牧-影响-寒冷地区-沼泽化地-土壤成分-碳循环-研究-云南 Ⅳ.①S153.6

中国国家版本馆 CIP 数据核字（2023）第 220584 号

责任编辑：董　墨　李　洁/责任校对：郝甜甜
责任印制：赵　博/封面设计：无极书装

科学出版社 出版
北京东黄城根北街 16 号
邮政编码：100717
http://www.sciencep.com
北京建宏印刷有限公司印刷
科学出版社发行　各地新华书店经销

*

2023 年 12 月第　一　版　　开本：787×1092　1/16
2025 年 2 月第二次印刷　　印张：16
字数：381 000

定价：188.00 元
（如有印装质量问题，我社负责调换）

前　言

　　云南高寒湿地集中分布在云南西北部地区（滇西北），地处青藏高原东南缘横断山脉腹地的纵向岭谷区，位于澜沧江、长江等大江大河的上游，是流域生态系统稳定的重要屏障，是我国乃至北半球生物多样性的关键地区和南北动植物区系交汇的重要通道，也是全球生物物种的高度富集区，被称为世界级的生物基因库。云南高寒湿地受高海拔、寒冷气候影响，泥炭和泥炭沼泽发育，单位面积土壤碳储量非常高，具有重要的碳汇功能，在维持全球碳平衡与控制温室气体排放方面具有重要作用。

　　云南高寒湿地分布区是少数民族集聚地区和著名的旅游风景区，是当地社会稳定以及经济发展的重要基础。当地对湿地资源利用的主要途径之一是放牧。随着人口的增长及社会经济发展，放牧的强度不断增大、放牧类型由原来的单一牦牛放牧类型向牛、羊、马、猪等多元放牧类型转变。放牧过程中动物践踏、翻拱扰动、排泄物输入都会不同程度地影响高寒湿地植物群落、土壤理化性质、微生物群落等，进而影响高寒湿地土壤碳氮循环过程，改变高寒湿地作为碳氮储库的功能。

　　针对云南高寒湿地的特殊性与保护的紧迫性，瞄准放牧与湿地碳氮循环过程之间耦合关系等前沿性科学问题。2015～2019 年，研究团队以云南高寒湿地为研究对象，开展了放牧对高寒湿地土壤碳氮循环影响研究，阐明放牧对云南高寒湿地土壤碳氮循环影响的内在机制，揭示放牧过程与高寒湿地土壤碳氮循环之间的耦合关系，为云南高寒湿地保护与恢复研究提供理论基础，为构建面向碳中和能力提升的云南高寒湿地固碳和增汇关键技术体系提供理论依据。

　　本书系统地阐述了著者关于放牧对云南高寒湿地土壤碳氮循环影响的研究成果。全书共分为 9 章，第 1 章绪论，阐述了放牧对湿地碳氮循环影响的国内外最新研究进展；第 2 章云南高寒湿地环境特征，阐述了云南高寒湿地自然环境特征和放牧干扰现状；第 3 章至第 9 章分别阐述了放牧对云南高寒湿地土壤硝化和反硝化作用、土壤 N_2O 排放、土壤氨氧化微生物、土壤反硝化微生物、土壤 CO_2 排放、土壤有机碳矿化、土壤酶和细菌群落的影响。

　　本书由浙江科技大学郭雪莲教授和郑荣波教授定纲定稿。第 1、3、4、5、6、8、9 章由郭雪莲、郑荣波执笔，第 2 章由郭雪莲、刘强、陈国柱、岳亮亮、仇玉萍执笔，第 7 章由郭雪莲、王行执笔，最后由郭雪莲统稿。研究生解成杰、余磊朝、王山峰、刘双圆、王雪、陈梨、侯亚文、展鹏飞、方昕、付倩、范峰华、刘爽、盖杨菊、李文韬、于淼参与了相关研究工作，部分研究结果在书中有体现。

　　本书的研究工作得到了国家自然科学基金（41001332 和 41563008）、黄河联合基金重点项目（2243230）和科技部基础资源调查专项（2019FY100600）的资助，本书的出版得到浙江科技大学学术著作出版专项、浙江科技大学环境与资源学院高峰学科建设经费和浙江科技大学科研启动基金的资助,科学出版社为本书的编辑出版付出了艰辛劳动,在此一并表示真挚的感谢!

　　鉴于作者水平有限,书中难免存在不足之处,敬请各位同行专家学者和广大读者批评、指正。

郭雪莲　郑荣波

2023 年 10 月

目　　录

第1章 绪 论

1.1 研究背景及意义

根据国际《湿地公约》的定义，湿地是指天然的或人工的、永久的或临时的沼泽地、泥炭地或水域地带，带有静止的或流动的淡水、半咸水或咸水水体，包括低潮时水深不超 6 m 的水域。它是水陆相互作用形成的独特生态系统，是重要的生存环境和自然界最富生物多样性的生态景观之一。它在维护区域生态平衡、物种基因保护及资源利用等方面具有其他系统不能替代的作用，被誉为"地球之肾""生命的摇篮""物种基因库"（吕宪国和黄锡畴，1998）。世界自然保护联盟（IUCN）把湿地生态系统与森林生态系统和农田生态系统一起并列为全球陆地三大生态系统。由于资源、环境与可持续发展成为 21 世纪科学研究的重点，湿地生态系统研究也成为热点之一（杨永兴，2002）。湿地生态系统的很多生态功能通过物质循环过程得以实现，因此，湿地生态系统物质循环研究受到学术界的密切关注，尤其是湿地生态系统碳、氮循环研究已成为国际湿地学界的前沿领域和热点问题（何池全和赵魁义，2000）。

湿地因拥有庞大的土壤碳储量，成为碳循环研究的热点区域之一。据估算，湿地占地球陆地表面的 5%～8%，却储存着陆地碳库 20%～30%的土壤碳（Mitsch et al.，2013），是陆地生态系统中单位面积土壤碳储量最高的生态系统（Lal，2008），在全球碳循环中起着重要作用。湿地作为全球单位面积生产能力最高的生态系统，兼具"碳源"和"碳汇"的双重功能（Andreetta et al.，2016），其微小的变化也会影响全球温室气体排放，进而影响全球气候变化（Mitsch et al.，2013）。可见，湿地在维持全球碳平衡与控制温室气体排放方面具有重要作用。气候变化和人为活动的加剧，干扰湿地生态系统碳循环过程，改变其碳循环模式，储存在湿地土壤中的碳以气体形式释放到大气中，从而加剧人类活动造成的温室效应，对全球气候变化造成重要影响（Wang et al.，2016a）。

氮是生物生命活动必不可少的大量元素之一，其储量和分配是影响湿地生态系统生产力的重要因素。氮作为大多数湿地的主要限制性养分之一，其供应水平影响着湿地生态系统的结构和功能（Vitousek et al.，2002）。湿地植物通过从土壤中吸收大量的氮营养以维持自身生长的需要，最终又会有相当数量的初级生产力以枯落物的形式归还地表。枯落物的生产是氮归还的重要途径，其分解释放是生态系统"自我施肥"的重要过程。适当地增加氮输入能刺激植物生长，然而，过多的氮输入使湿地氮饱和，加速氮淋失（Steven et al.，2006）。氮素作为江河、湖泊等永久性淹水湿地发生富营养化的主要因素之一，是一种湿地营养水平指示物，其多寡也进一步影响着湿地的结构和功能。有机氮是土壤氮库的主体，植物可吸收利用的氮主要来源于土壤有机氮的矿化，其矿化速率的高低直接影响土壤的供氮能力。湿地常年积水或季节性干湿交替的环境条件为土壤氮硝化-反硝化作用提供了良好的反应条件,而硝化-反硝化作用又是导致氮气体(N_2、N_2O 等)损失的重要途径。N_2O 作为一种重要的温室气体,其增温潜势在 100 年时间尺度上大约是 CO_2 的 298 倍(IPCC,2007)。因此,其浓度的增加在全球变暖过程中的作用日益受到广泛关注(Troy et al.,2013;Song et al.,2006)。N_2O 能与平流层中的 O_3 分子发生光化学反应从而使臭氧层遭到破坏(Cicerone,1987),N_2O 增加一倍将会导致全球气温升高 0.44℃、O_3 量减少 10%,从而使地球接受的紫外辐射增加 20%。此外,N_2O 的排放还与大气酸沉降息息相关(李梓铭等,2012)。N_2O 能在大气中存留大约 114 年,其寿命在 3 种温室气体(CO_2、CH_4、N_2O)中是最长的(IPCC,2007)。因此,N_2O 对全球气候及环境的影响是长期的和潜在的。湿地具有较低的温度和过湿的环境,大量有机碳和氮的储存使其成为潜在的 N_2O 排放源或汇(Regina et al.,1996)。精确估算湿地生态系统 N_2O 的源/汇强度是准确估算未来大气 N_2O 浓度、预测气候变化的关键。综上所述,湿地生态系统氮素的循环过程不仅可以影响到系统自身的调节机制,而且其在地球表层系统中所表现出的特殊动力学过程也与一系列全球环境问题密切相关。而这一系列全球环境问题的产生又会对湿地生态系统的演化、湿地物种的分布以及湿地生物多样性等产生深远的影响。在全球变化的背景下,系统深入地探讨湿地氮素循环过程的动因、机理及其生态环境效应已经成为当前环境科学、生态学和土壤学等众多学科研究的热点(Sun and Liu,2007)。

云南高寒湿地主要分部在滇西北高原,地处青藏高原东南缘横断山腹地的纵向岭谷区,位于澜沧江、长江等大江大河的上游,是我国乃至下游国家重要的生态屏障(王根绪等,2007);还是我国乃至北半球生物多样性的关键地区和南北动植物区系交汇的重要通道,也是全球生物物种的高度富集区,被称为世界级的生物基因库(杨宇明等,2008);又是少数民族集聚地区,以及著名的旅游风景区和农牧交错带,是当地社会稳定以及经济发展的重要物质基础(田昆等,2004)。受新构造运动差异抬升、断裂陷落、冰川侵蚀以及流水改造等影响,滇西北高原面上形成了个体面积小、空间异质性高、数量众多、相互间无水道相通的独特湿地类型(Yang et al.,2004)。由于其相对封闭、面积小、水源补给主要靠降雨和冰雪融水的特征,生态系统极为脆弱,对人类活动干扰高度敏感。然而,由于云南高寒湿地地处少数民族集聚地区,当地对湿地资源利用的主要途径是放牧。随着当地人口的增长及社会经济发展的需求,放牧的强度不断增大,放牧类型由原来的单一牦牛放牧类型向牛、羊、马、猪等多元放牧类型转变。放牧过程中动物践踏、翻拱扰动,动物排泄物的进入都会不同程度地影响湿地土壤的理化性质(方昕等,2020)、酶活性(付倩等,2020)和微生物群落(陈梨等,2020)等,进而对湿地土壤碳、氮循环过程产生影响(Liu et al.,2019b;余磊朝等,2016),最终对湿地生态系统本身和全球气候变化造成影响。然而,关于放牧对云南高寒湿地土壤碳、氮循环的影响及其内在机制尚不清楚。

本研究选取云南高寒湿地为研究区,采用野外监测采样和室内培养分析相结合的方法,对比研究不同放牧干扰类型(践踏干扰和翻拱扰动)和排泄物(粪便和尿液)输入对高寒湿地土壤碳、氮循环的影响,从物理、化学、微生物角度分析放牧过程中动物活动和排泄物输入对湿地土壤碳、氮迁移转化过程的影响，阐明放牧过程中动物活动和排泄物输入对湿地土壤碳、氮循环的影响及内在机制，不仅为放牧对湿地生态系统影响研究提供理论基础，还为维护高寒湿地生态系统稳定和生态安全预警提供理论依据。

1.2　国内外研究进展

1.2.1　放牧对湿地土壤碳循环的影响研究

1.2.1.1　湿地土壤碳库研究

土壤有机碳库按照周转时间分为稳定有机碳库和活性有机碳库。活性有机碳库稳定性差、周转时间短、易矿化分解，是引起土壤碳库变化的主要部分。活性有机碳的主要表征指标包括可溶性有机碳、微生物量碳、易氧化态碳等（Zhao et al.，2012）。湿地土壤活性有机碳与总有机碳的比值可以用来衡量土壤有机碳的稳定性，比值越高，土壤碳的活性越高，稳定性越差；比值越低，土壤中养分循环越慢，越有利于土壤有机物质的积累（李富等，2019）。

土壤酶与土壤活性有机碳关系密切，参与了土壤活性有机碳的分解和转化过程，是土壤生物过程的主要调节者。酶活性的高低直接影响土壤碳循环速率。尤其是参与有机质矿化过程的纤维素酶、蔗糖酶和淀粉酶，对土壤生态系统中的碳循环具有重要作用（Liu et al.，2019b）。当土壤中易分解有机碳含量较高时，土壤酶活性高可以加速土壤有机碳的分解；当土壤中难分解有机碳含量较高时，土壤酶活性高反而抑制土壤有机碳的分解（Pastor et al.，2019）。

土壤微生物直接参与土壤物质循环，是湿地土壤有机碳分解周转的主要内在驱动因子，是反映土壤有机碳早期变化的敏感性指标（Luo et al.，2020）。多数研究者认为湿地土壤微生物群落组成、功能多样性及活性的改变都将在一定程度上影响土壤有机碳矿化（Zheng et al.，2018）。自然或人为干扰诱导土壤理化性质的改变主要通过影响土壤微生物群落与有机碳的生物可利用性而间接影响有机碳矿化速率（Yin and Yan，2020）。也有研究者指出外界干扰诱导微生物群落的改变并不一定会对有机碳矿化速率产生影响（Yang et al.，2018a）。土壤中栖息着数量巨大且种类繁多的微生物，虽然外界干扰会造成一定量的微生物丰度降低、物种的消亡，但这部分消亡微生物的功能将迅速由其他微生物替代，并不会很大程度影响土壤功能的正常运转。当微生物数量或物种低于消亡极限值时，土壤功能将显著降低，从而影响土壤有机碳的微生物矿化（Kemmitt et al.，2008）。

1.2.1.2　湿地土壤碳库稳定性机制

土壤有机碳库稳定性指土壤有机碳在目前情况下抵挡外界环境的干预，并能通过自身调节回到原来状况的能力。土壤有机碳稳定机制是控制土壤碳库容量的核心，决定土壤固碳潜力（Yang et al.，2020）。湿地土壤有机碳的稳定性是多种保护机制共同影响的结果，在不同条件下，主导保护机制会有所不同。土壤有机碳稳定机制主要包括三种：①团聚体物理保护机制。有机碳被团聚体包围，或者以颗粒状存在于团聚体的空隙中，或与矿物颗粒密切结合而形成"隔离"或"吸附"状态（He et al.，2020b）。团聚体的物理保护可以隔离生物与有机碳的空间接触，使土壤有机碳可以免受矿化分解（Hou et al.，2018）。②化学键合保护机制。土壤中的黏粒和粉粒与有机酸通过化学键的形式相结合而达到化学稳定状态，进而抵抗微生物分解（Kida et al.，2018）。土壤矿物吸附有机碳形成有机-无机复合体后有机碳与酶的亲和力降低，生化反应速率降低（Dungait et al.，2012）。土壤有机碳有机-无机复合体的存在形式是通过钙键或铁铝键的结合，相比钙镁氧化物，铁铝氧化物对土壤有机碳与土壤黏粒吸附作用的影响更大（Wagai et al.，2013）。③微生物保护机制。细菌与真菌是土壤中最主要的两大微生物类群，与土壤碳库稳定性密切相关（Ma et al.，2018）。细菌是通过胶结作用稳定土壤团聚体，真菌通过促进微团聚体的形成间接发挥作用（Xiao et al.，2018）。在微生物对有机碳的利用和转化途径中，以真菌占优势的微生物群落更有利于土壤有机碳的积累和稳定性的提高（Chaudhary et al.，2019），其原因可能在于微生物对基质的利用程度和代谢产物的差异。当湿地在淹水环境下时，微生物生理活动受到低氧浓度的限制，长期积水会抑制微生物的活性，降低有机碳分解速率，从而增加土壤碳库积累（Yin and Yan，2020）。

1.2.1.3 湿地土壤有机碳矿化研究

土壤有机碳矿化伴随着土壤有机碳的分解和 CO_2 的释放，在全球气候变化中起着关键性的作用（Oorts et al.，2006）。土壤有机碳矿化是土壤物质循环重要的生物化学过程之一，与全球温室气体的排放以及土壤性质的维持密切相关。近年来，土壤有机碳矿化及其影响因素研究受到广泛关注。

土壤有机碳矿化受到生物因子、非生物因子和人类活动等多种因素的影响。其中，生物因子指植物、土壤动物和土壤微生物；非生物因子包括土壤温度、土壤水分、土壤 pH、土壤碳氮含量等（Jia and Zhou，2009）。土壤温度与土壤有机碳矿化量呈显著正相关关系（Song et al.，2010），土壤有机碳矿化速率随着温度升高而显著增加（Taggart et al.，2012）。但是温度过高不利于土壤酶促反应，将会导致土壤有机碳矿化速率下降（杨庆朋等，2011）。

水分状况影响着土壤有机碳组分、土壤微生物数量和活性，进而影响土壤有机碳矿化（李忠佩等，2004）。当土壤含水量处于适度条件时，土壤微生物活性增强，土壤微生物数量增加，促进土壤有机碳矿化（王红等，2008）。缺水条件下，土壤微生物的种类、数量及活性受到限制，微生物对土壤有机碳的利用能力降低，限制土壤微生物对土壤有机碳的转化利用（肖巧琳和罗建新，2009）。土壤含水量过高会导致土壤孔隙阻塞，限制土壤有机碳矿化（Yuste et al.，2003）。好气条件较淹水条件更有利于土壤有机碳分解（郝瑞军等，2006）。淹水条件下，土壤微生物活性会受到抑制，土壤有机碳矿化速率降低，利于土壤有机碳的累积（郝瑞军等，2010）。

大气氮沉降促进土壤的硝化作用，使得土壤 pH 降低，降低土壤碳的有效性，本来易被利用的碳源反而不易被微生物利用，从而导致整体微生物活性的降低，抑制土壤有机碳矿化过程（Thirukkumaran and Parkinson，2000）。长期氮输入降低土壤的 C/N 值，改变土壤理化性质。土壤 C/N 值越低，土壤中的 NH_4^+ 释放量越高，使得土壤中大分子有机质木质素的分解速率降低。较高的外源氮输入，能够通过抑制土壤微生物木质素分解酶活性延缓枯落物和土壤中惰性有机质的分解（Magill and Aber，1998）。

微生物活性显著影响土壤碳循环。碳和氮添加显著改变土壤的养分供应，进而改变土壤中微生物群落结构和数量，最终影响土壤有机质的分解（Min et al.，2011）。不同的微生物群落能够利用不同的碳组分（Wang et al.，2014b），因此，动物排泄物输入可能通过改变土壤中的碳源和氮源改变微生物群落结构。Tixier 等（2015）研究发现，牛粪输入显著影响土壤中微生物的数量和结构，进而影响土壤有机质的分解。Min 等（2011）研究指出，施肥能够显著地改变土壤 pH 和酶活性，进一步影响土壤 CO_2 释放。

目前，国内外已在土壤有机碳矿化规律、矿化量估算、影响因素及环境效应等方面开展了大量研究，并取得了许多重要成果，我国现有研究集中在三江平原沼泽湿地、若尔盖高原湿地、青藏高原湿地、沿海地区潮汐湿地土壤有机碳矿化特征、影响因素的相关探讨。对于处于低纬度、高海拔云南高寒湿地碳矿化特征、规律和机理研究涉及较少。

1.2.1.4　放牧对湿地土壤碳动态的影响研究

放牧是影响湿地土壤碳动态的主要人为干扰因素之一。放牧改变湿地土壤的水热条件、土壤理化性质（Wang et al.，2018b）和微生物群落特征（陈梨等，2020），从而对湿地土壤碳动态造成影响（Di et al.，2015）。放牧强度的增加，以及牲畜对植物地上部分的采食，导致地上生物量逐渐减少，从而减缓地上部分碳进入土壤的再循环速率，影响碳在整个生态系统中的分布格局（Olsen et al.，2011；Yang et al.，2019c）。

放牧过程中牲畜践踏改变地上植被群落的结构（Boughton et al.，2016），减少地上生物量，从而降低植物的自养呼吸（Ford et al.，2013），同时降低对地下根和微生物碳的供应，从而降低土壤呼吸，抑制湿地土壤碳排放（余磊朝等，2016）。翻拱干扰型放牧破坏湿地土壤原有结构，使土壤有机碳含量降低，改变土壤自养呼吸和异养呼吸，破坏高原湿地碳循环的正常进程（展鹏飞等，2019；Wang et al.，2017a）。藏香猪在寻觅食物的过程中对土壤进行剧烈翻拱，一方面破坏地表植物，造成亚表层土壤裸露；另一方面破坏地下草根层，造成土壤结构发生改变。土壤有机质矿化、养分流失，湿地碳储量降低，严重影响湿地生态系统的碳汇功能（Xiao et al.，2019）。

放牧过程中牲畜排泄物的归还，增加湿地生态系统中易于降解的有机碳源，促进湿地土壤碳排放。牦牛排泄物输入促进云南高原湿地土壤 CO_2 排放（余磊朝等，2016），且粪便的促进作用比尿液的促进作用更显著。牦牛排泄物输入对湿地土壤碳排放的影响与土壤 pH、微生物群落和酶活性有关（Liu et al.，2019a）。

综上所述，国内外学者已在天然湿地土壤碳组分、碳排放、碳储量估算、影响因素及环境效应等方面开展了大量研究，并取得了许多重要成果。我国现有研究集中在三江平原沼泽湿地、若尔盖高原湿地、青藏高原湿地、沿海潮汐湿地土壤碳组分、碳排放特征及影响因素的相关探讨。对于处于低纬度、高海拔云南高寒湿地土壤碳库稳定性缺乏研究。放牧过程中动物的践踏、排泄物的输入对湿地土壤物理性状、化学组成、微生物群落等均产生影响,这必将影响湿地土壤碳动态,威胁湿地土壤碳库稳定性。目前,关于放牧对湿地土壤碳库的影响研究集中在放牧对土壤有机碳含量、碳排放、碳储量等的影响研究方面,关于放牧以何种方式、如何影响湿地土壤碳库稳定性还不清楚。因此,系统开展放牧对湿地土壤碳库稳定性的影响研究,深入探讨其影响的内在机制十分必要。

1.2.2 放牧对湿地土壤氮循环的影响研究

1.2.2.1 湿地土壤氮矿化作用研究

氮素矿化过程指土壤有机氮在微生物作用下分解成无机氮的过程(杨路华等,2003);与此同时进行着相反的过程,即已矿化的氮被土壤中微生物同化而形成有机氮,这一过程称为矿化氮的固持(沈善敏,1998)。矿质氮生物固持作用的表现就是土壤微生物量氮的消长变化。微生物在矿化有机氮的同时会同化一部分矿质氮并合成自身的细胞和组织,使其不断增殖、生长。因此,矿质氮生物固持作用的相对强弱主要是通过研究土壤微生物量氮的变化来加以表达的(鲁彩艳和陈欣,2003)。土壤微生物量氮是土壤有机氮的一部分,在土壤氮素的转化过程中发挥着一定的作用,同时它也是易被作物吸收的养分库,据估计植物吸收的氮素中有 60%来自微生物量氮(陶水龙和林启美,1998)。

氮矿化过程受气候条件(主要是温度和湿度)的重要影响。湿地中有机氮的矿化速率随着环境温度的变化而改变。在一定温度范围内,氮矿化速率随温度的升高而增加(Sierra,1996)。水的可利用性是微生物过程和植物生长的主要限制因子,大气降水引起的土壤水分状况的季节性变化可能会影响到氮的矿化过程。一般而言,适度的水分条件能够促进氮的矿化,但当土壤含水量增加到一定值时,氮矿化速率会迅速下降(Marrs et al.,1991)。土壤的理化性质也是影响土壤氮供给的重要因素之一。土壤质地是影响微生物生物量和活性的重要因子,它间接影响着土壤氮矿化(Prescott et al.,2000;Guo et al.,2019);湿地土壤氮矿化过程还受土壤总磷有效性(Chen and Twilley,1999)和总氮含量(Groffman et al.,1996)的影响。

植物、土壤动物和微生物以及它们之间的相互关系均会对土壤氮矿化过程产生重要影响。一方面,植物对土壤氮矿化的影响是通过根系分泌的 H^+ 和某些具有解胶性的有机酸促进土壤有机氮的矿化;另一方面,根际某些生物活性较强的微生物的富集也是促进氮矿化的重要原因之一。此外,植物根系脱落物的 C/N 较宽,也可促进生物固持作用(鲁彩艳和陈欣,2003)。一般来说,土壤氮矿化与枯落物 C/N 呈负相关,当 C/N 较高时,氮源缺乏,土壤矿化产生的氮将迅速被微生物固持,此时矿化速率较低;当 C/N 较低时,氮源充足,土壤矿化产生的氮很少被微生物固持,此时矿化速率较高(Arunachalam et al.,1998)。枯落物质量对氮净矿化有良好的指示作用,当枯落物的木质素/N 增加时,净矿化速率呈强烈非线性下降,氮矿化速率被限制在一个较低的水平上;而当木质素/N 降低至一个较低值时,氮矿化速率将迅速增加(Satti et al.,2003)。此外,不同植物种(Lovett et al.,2004)、不同植被类型(Catherine and Daniel,2006)及不同植物组成(Liu and Muller,

1993）对土壤有机氮矿化作用的影响不同。土壤动物的存在常常会增加有机质的分解和氮素的矿化（Ferris et al.，1998）。由于土壤微生物作为"矿化-固持"中易矿化氮的源与库而存在，土壤微生物是氮通量的转换者，土壤微生物群落常常控制着土壤的氮净矿化动态（Bengtsson et al.，2003）。

1.2.2.2　湿地土壤硝化作用研究

硝化作用通常发生在具有充足氧气的条件下，将铵态氮转化为硝态氮。作为负离子，硝酸根不会被带负电荷的土壤颗粒固定，因此它在溶液中活动性更强。如果硝酸根不能马上被植物和细菌吸收、同化，则会随地下水流发生淋溶损失，硝酸根可能发生异化氮氧化物还原。影响湿地土壤硝化作用的因素主要有土壤质地、容重、pH、氧化还原电位（Eh）、C/N 和 TC、TN 等。土壤硝化速率与黏粒含量呈显著负相关（Li et al.，1986）。土壤 pH 低会抑制自养硝化，而 pH 在 6～8 时会促进硝化（Page et al.，2002）。河流沉积物的硝化作用在很大程度上取决于 C/N，当 C/N<20 时，硝化作用受 NH_4^+ 可利用性控制；当 C/N>20 时，硝化作用受有机碳可利用性控制（Strauss，2000）。黄河三角洲湿地硝化强度随着铵态氮浓度的增加而增大；低盐度条件下，含盐量的变化对土壤的硝化强度影响不明显，高盐度条件下，硝化作用明显受到抑制；在偏碱性的环境中硝化作用较强，较低的 pH 严重抑制硝化作用（吕艳华等，2008）。黄河口典型潮滩湿地土壤净氮硝化量与土壤 pH 呈显著负相关（牟晓杰等，2015）。

硝化作用的最适温度范围为 25～35℃，低于 5℃或高于 50℃硝化作用基本停止（Brady，1999）。水分状况通过影响土壤通气状况对硝化细菌活性产生影响（Marife et al.，2002）。滞水/淹水的湿地土壤条件会抑制硝化作用的进行（Haynes，1978）。张树兰等（2002）的研究也发现，与其他温度相比，30℃时土壤硝化率最高，20℃对硝化作用有一定的抑制，40℃时土壤硝化作用非常微弱；土壤含水量为 60% WFPS（田间持水量）时，硝化速率及硝化率最高，过高的含水量又会因通气状况较差而抑制硝化作用的进行。珠江入海口处沉积物硝化和反硝化速率与沉积物中 NO_3^- 和 NH_4^+ 的含量、Eh 值和水相中的 DO 浓度有关（徐继荣等，2005）。温度、降水、土壤有机质含量、C/N 和 pH 是引起典型草甸小叶章湿地和沼泽化草甸小叶章湿地硝化速率差异的重要原因（孙志高和刘景双，2007）。土壤 NO_3^--N 含量是闽江河口地区不同人为干扰方式下土壤硝化-反硝化作用差异的重要指示指标，土壤 pH 与土壤硝化-反硝化作用也具有密切关系（牟晓杰等，2013）。辽河口芦苇湿地沉积物硝化作用主要受上覆水温度、DO、NH_4^+-N 浓度和沉积物 pH、有机质含量、TN 含量及氨氧化细菌（AOB）数量等的影响（陈春涛，2010）。

1.2.2.3　湿地土壤反硝化作用研究

反硝化作用是将 NO_3^--N 转化为 NO_2^--N、NO、N_2O，最终转化为 N_2 的过程（Zumft，1997）。湿地土壤反硝化作用主要受温度、水分、土壤理化性质等的影响（孙志高和刘景双，2008）。河流湿地反硝化速率主要受河流水文情况、硝酸盐含量和温度的影响（Song

et al.，2014）。水深和氮素输入量对苏必利尔湖路易河口沉积物反硝化速率产生影响
（Bellinger et al.，2014）。温度和水分都是显著影响东北平原小叶章湿地草甸沼泽土和腐
殖质沼泽土反硝化速率的因素（孙志高和刘景双，2007）。温度和土壤含水量是影响三
峡库区消落带土壤反硝化作用的重要因素（方芳等，2014）。pH 主要影响反硝化产物
N_2O/N_2 比，当 pH<6 时，N_2 产生受到抑制，N_2O 为主要产物，原因在于低 pH 下 N_2O
还原酶受到抑制（Mekm and Cooper，2002）。人工湿地土壤反硝化酶活性（表征反硝化
潜力）与土壤容重、有机质含量、含水量、TOC 含量和 TN 含量均有明显的相关性关系
（Ahn and Peralta，2012）。短叶茳芏湿地各层土壤的反硝化速率和反硝化活性与土壤的
黏粒含量、有机质含量、pH、NO_3^--N 含量和土壤最大持水量（WHC）均呈正相关关系，
与土壤砂粒含量呈负相关关系（刘荣芳等，2013）。上海城市河岸带土壤反硝化速率与
温度、总有机碳含量、总氮含量呈正相关关系，与 pH 呈负相关关系（娄焕杰等，2013）。
崇明岛不同土地利用类型河岸带土壤反硝化酶活性与土壤有机碳含量、全氮含量和硝态
氮含量呈极显著正相关关系（陈刚亮等，2013）。

1.2.2.4　湿地土壤 N_2O 排放研究

（1）湿地土壤 N_2O 生成机制研究

湿地生态系统的 N_2O 来源于土壤排放 N_2O 和植物释放 N_2O（李俊等，2002）。其
中，植物产生的 N_2O 可达湿地系统 N_2O 生成总量的 12%（Smart and Bloom，2001）。植
物释放 N_2O 的 3 个可能机制包括：①叶片中 NO_3^- 的光同化作用产生 N_2O；②根的 NO_3^-
光同化作用产生 N_2O；③地上植株传输土壤中硝化作用和反硝化作用产生 N_2O（Smart
and Bloom，2001）。土壤是湿地系统 N_2O 的重要排放源，湿地土壤产生的 N_2O 主要来
自硝化和反硝化两个过程。硝化和反硝化作用是土壤氮循环的重要环节，是土壤氮损失
的重要途径。硝化作用是指在硝化细菌的作用下土壤中的氨（或铵）转化成硝酸盐的过
程；反硝化作用是指把硝酸盐等较复杂的含氮化合物转化为 N_2、NO 和 N_2O 的过程
（Jacinathe and Groffman，2006）。由于土壤中好气和厌气微区同时存在，因此两个过程
同时发生。土壤 N_2O 排放是硝化和反硝化共同作用的结果。土壤中的一些专性原核细菌
的硝化和反硝化过程被认为是大气 N_2O 的主要来源（Yokoyama and Ohama，2005）。然
而，研究表明，实际过程很复杂，除了原核细菌还发现真菌（包括菌根真菌）也能参与
土壤的硝化和反硝化过程并排放 N_2O（Spott et al.，2001）。章伟等（2013）的研究表明，
真菌活性是细菌的两倍，但是对 N_2O 排放的贡献却与细菌相当。也许在某些条件下，真
菌的贡献会更大。可见，土壤的硝化-反硝化作用是一个微生物过程，凡是影响土壤微生
物活动的因素均影响土壤硝化和反硝化作用。由于湿地的淹水条件，较低的氧含量和丰
富的碳、氮营养物质，反硝化作用被看作湿地 N_2O 排放的主要因素。

（2）湿地土壤 N_2O 排放的影响因素研究

国内外对沼泽湿地生态系统 N_2O 排放的影响因素进行了广泛研究。Tjaša 等（2010）
对欧洲南部泥炭沼泽地的 N_2O 排放研究表明，N_2O 通量的变化与水位和土壤碳含量有关。
Jennifer 和 Emily（2013）应用 [15]N 示踪对美国沿海平原沼泽湿地 N_2O 的排放研究，表明
高湿度和高有机质的土壤能产生相对较高的 N_2O。Zhu 等（2008）的研究表明，南极洲

东部苔原沼泽 N_2O 的排放峰与地面最高温度同时发生。刘景双等（2003）对三江平原沼泽湿地的研究表明，三江平原沼泽湿地近地气层 N_2O 排放与土壤温度和湿地有关。卢妍等（2010）研究三江平原小叶章草甸 N_2O 通量日变化特征中认为小叶章草甸土壤-植物系统和土壤 N_2O 排放通量的变化趋势与气温、地温均呈正相关关系。而宋长春等（2006）研究淡水沼泽湿地 N_2O 排放通量年际变化时认为 N_2O 排放通量与土壤温度和水深相关性不显著。Sun 等（2013）研究黄河口碱蓬属沼泽时认为，一天中 N_2O 的日排放与任何环境因子相关性不大。万晓红等（2008）对白洋淀湖泊湿地 N_2O 的排放研究表明，土壤含水量的变化与 N_2O 排放通量有着较好的相关性；白洋淀湖泊湿地水中亚硝态氮质量浓度与 N_2O 的产生和排放关系密切，随着亚硝态氮质量浓度的增加，N_2O 排放通量呈对数增长。

不同类型湿地影响 N_2O 排放的因子不同，但是土壤水分和土壤温度是影响 N_2O 排放的主要控制因素（Lohila et al.，2010；Regina et al.，1999）。N_2O 排放通量季节性变化模式随沼泽湿地沉积物土壤的升温而变化，表明土壤温度对 N_2O 排放具有重要影响（Zhu et al.，2008）。温度是影响排放模式的主要因素。地表积水情况和土壤水分状况则是影响 N_2O 排放的另一个重要因素。当土壤中有机碳和无机氮含量充足时，土壤充水孔隙率控制着 N_2O 的排放（Kachenchart et al.，2012），并且水位降低能够促进 N_2O 排放（Regina et al.，1999）。然而，Lohila 等（2010）通过对芬兰北部矿养沼泽研究发现，当水位低于 2.3 cm 时出现了 N_2O 的吸收现象，原因可能是当土壤中的 NO_3^- 缺乏时，大气中的 N_2O 被吸收到土壤中充当电子载体。徐华等（1999）发现，当稻田干湿交替时，N_2O 排放是持续淹水时的 23 倍，干湿交替促进 N_2O 的排放。Eh 是决定沼泽湿地 N_2O 排放特征的关键因子，土壤中 N_2O 生成与 Eh 密切相关。Kralova 等（1992）利用土壤悬液研究反硝化时发现，当 Eh 为 0 mV 时，N_2O 排放量最多，进一步降低 Eh 将使 N_2O 排放量减少。侯爱新等（1997）利用土壤悬液实验则发现，当 Eh 为 150 mV 时，N_2O 产生速率最高，而当 Eh<0 mV 时，N_2O 产生速率为负值。Smith 和 Patrick（1982）报道长期厌氧环境下几乎没有 N_2O 排放。可见，Eh 是决定沼泽湿地 N_2O 生成的关键因子，并且决定 N_2O 长期排放的模式。

（3）干扰对湿地土壤 N_2O 排放影响研究

湿地是 N_2O 重要的源、汇和转换器。在全球变化过程中起着重要作用。湿地 N_2O 排放受诸多因子的影响，其中干扰是一个重要的因素。干扰可分为自然和人为两大类，自然干扰主要为火烧、台风等自然因素的干扰，而人为干扰较为多样，主要包括采伐、放牧（强度、类型）、耕种（排水疏干湿地、面源污染）、外来物种入侵等（杨平和仝川，2012）。这些干扰都不同程度地影响湿地植物生长及群落结构特征（Teuber et al.，2013）、土壤理化性质（范桥发等，2014；Dahwa et al.，2013）、微生物群落结构特征（Zhao et al.，2012），进而影响湿地作为 N_2O 排放源、汇的功能。张永勋等（2013）对闽江河口湿地 N_2O 排放研究表明，潮汐在不同干扰方式对短叶茳芏湿地 N_2O 通量影响程度中起重要作用。养分输入极显著增加短叶茳芏湿地 N_2O 通量，踩踏降低短叶茳芏湿地 N_2O 通量。刘霞等（2009）研究发现，不同采伐干扰对小兴安岭山区毛赤杨沼泽 N_2O 排放影响显著，皆伐沼泽和择伐沼泽 N_2O 排放通量明显高于自然沼泽。于丽丽等（2011）

通过研究火烧干扰对小兴安岭落叶松-苔草沼泽温室气体排放的影响发现,火烧干扰使沼泽湿地 N_2O 吸收转化为排放。

目前,国内外已在天然沼泽湿地 N_2O 排放规律、排放量估算、影响因素及环境效应等方面开展了大量研究,并取得了许多重要成果,我国现有研究集中在三江平原沼泽湿地、若尔盖高原湿地、青藏高原湿地、长江口和珠江口潮滩湿地及南极海岸苔原或沼泽湿地 N_2O 释放特征、影响因素的相关探讨。而对高海拔、低纬度沼泽湿地 N_2O 排放的研究鲜见,因此,细化云南高寒湿地 N_2O 通量的观测,将补充和促进对区域湿地 N_2O 排放量的精确估算。

现有研究表明,多种干扰不同程度地对湿地 N_2O 排放通量产生影响。踩踏干扰降低 N_2O 排放通量,而养分输入、采伐和火烧干扰均促进 N_2O 排放。放牧通过动物的踩踏、动物排泄物的输入对湿地土壤理化性质、微生物群落结构特征产生影响,这必将影响湿地土壤 N_2O 排放。而关于放牧对湿地 N_2O 排放的研究尚未见报道。湿地土壤是 N_2O 产生和排放的条件,土壤中发生着的微生物作用下的硝化和反硝化作用是 N_2O 产生和排放的控制机制。然而,关于放牧过程中动物踩踏、动物排泄物输入对湿地 N_2O 产生和排放的影响机制尚不清楚,有待深入研究。

1.2.2.5 湿地土壤氨氧化微生物群落研究

氮循环不仅影响着湿地生态系统的结构与功能,还在一定程度上决定湿地生态系统的演化方向。湿地生态系统中广泛分布氨氧化古菌(AOA)和 AOB。红壤稻田中蕴藏着丰富的 AOA 和 AOB 资源(宋亚娜和林志敏,2010)。若尔盖高原湿地中 AOA 多样性较低,均属于泉古菌,且与土壤中的铵态氮(NH_4^+-N)和硝态氮(NO_3^--N)含量密切相关,但没有扩增到 AOB amoA 基因,且 AOA 生态位分布相对较窄(郑有坤等,2014)。Li 等(2018)的研究表明,沉积物/土壤的亚硝态氮(NO_2^--N)和 TN 含量是影响湿地 AOA 和 AOB 丰度的重要因素,然而,AOA 和 AOB 丰度及其多样性与湿地沉积物/土壤的环境变量之间的关系尚不明确。Lee 等(2014)研究发现,湿地植被影响 AOA 群落组成,对 AOB 群落组成的影响比较小,但沉积物的深度影响 AOB 群落的转变。若尔盖高原不同退化阶段湿地土壤中的优势细菌类群是变形菌门(Proteobacteria)(唐杰等,2011)。He 等(2017a)研究表明天然淡水湿地中的 AOA 和 AOB 的主要物种分别为亚硝化侏儒菌属(*Nitrosopumilus*)和亚硝化单胞菌属(*Nitrosomonas*),但 Zhang 等(2015a)研究发现,亚硝化球菌属(*Nitrososphaera*)和亚硝化螺菌属(*Nitrosospira*)在天然淡水湿地中占主导地位。Wang 等(2011)研究发现,在富含氮的湿地表层沉积物中是 AOB 主导的微生物氨氧化作用,而不是 AOA。

(1)土壤理化性质对氨氧化微生物群落的影响

AOA 和 AOB 对复杂的土壤环境有不同的反应(Liu et al.,2018)。周雪等(2014)研究表明,在风干土壤的恢复研究中,AOA 比 AOB 更好地适应风干土的极端缺水环境。郭佳等(2015)在重庆段万州、丰都和长寿 3 个典型消落带的研究发现,土壤由于受到周期性的淹水-落干水分胁迫的影响,硝化作用强度增加,导致其 AOA 和 AOB 的群落结构可能发生改变。土壤含水量和枯落物质量对干旱土壤 AOB 的丰度均产生积极的影响，但对 AOA 的影响不显著（Marcos et al., 2016）。Hu 等（2013）利用高通量测序技术对我国不同土壤中的氨氧化微生物多样性数据的整合分析和大范围土壤（65 个样品）的研究发现，土壤 pH 是影响 AOA 和 AOB 分布的主要驱动因子。pH 为 7.0~8.5 的环境有利于 AOB 生长，而土壤 pH 从 7.1 降至 6.8 时，会减少 AOB 的多样性，在降水和温度不变的情况下，氮沉降的增加能够显著改变氨氧化微生物的群落结构（Wang et al., 2013a）。土壤的 NO_3^--N 含量是导致 AOA 群落产生差异的主要因素（周晶等，2016）。氮素和水分的添加改变了氨氧化微生物的群落结构，AOB 的多样性指数在高氮素处理下呈现下降的趋势，而 AOA 的多样性指数呈现升高的趋势且生长更加活跃（Wang et al., 2015a）。AOA 的群落组成在 20℃和 30℃温度下培养后产生不同的变化，并且在 40℃温度下其细胞死亡，表明 AOA 群落生长状况受温度条件的限制（Carey et al., 2016）。AOA 具有更高的生物多样性和更广泛的环境适应能力（Zeng et al., 2011），AOA 更能应对堆肥中（如生物毒性或高温）的恶劣环境（Ren et al., 2018）。

（2）土壤硝化潜势（PNR）对氨氧化微生物群落的影响

学者在碱性潮土（Xie et al., 2014）、人工湿地（Li et al., 2018a）和云南高原（Dai et al., 2015）的不同类型土壤的研究中发现土壤 PNR 与 AOB 丰度呈显著正相关关系。Xiao 等（2017）的研究也发现，AOB 丰度与土壤 PNR 呈正相关，AOA 丰度与土壤 PNR 并没有呈显著相关性（Xiao et al., 2017），但 Wessén 等（2010）研究发现土壤 PNR 与 AOA 丰度呈显著正相关，与 AOB 丰度没有呈显著相关性（Wessén et al., 2010）。红壤稻田土壤 PNR 与 AOA 群落多样性指数呈显著正相关，与 AOB 群落多样性指数相关性不显著（宋亚娜等，2010）。土壤 PNR 受长期施肥和水处理的影响可能反映 AOA 和 AOB 群落大小的相对差异（Wang et al., 2015b）。Fan 等（2011）在施肥对寒冷气候土壤影响的研究中发现土壤 PNR 与 AOB 群落结构呈显著相关关系，但与 AOA 群落结构并没有明显的相关性。半干旱土壤的 PNR 与 AOB 群落结构紧密相关（Gleeson et al., 2008）。得到不同结论的原因是不同土壤中的 AOA 和 AOB 在氨氧化过程中所占主导地位不同。大量的研究发现，在酸性土壤环境中，AOA 在硝化作用过程中占主导地位（Sterngren et al., 2015；Zhang et al., 2012），而在富含氮或碱性环境中，AOB 主导硝化作用（Ouyang et al., 2016；Ying et al., 2017）。

（3）不同土地利用方式对土壤氨氧化微生物群落的影响

苹果园土壤在长期施肥的作用下逐渐酸化，AOA 成为土壤硝化作用的优势类群（李景云等，2016）。长期施肥显著增加土壤 AOA 与 AOB 的丰度（李晨华等，2012）。草地细菌、泉古菌和 AOA 的丰度显著高于农田和裸地，且农田土壤的不同作物对这三种微生物丰度的影响不显著（王影等，2013）。农田、果园、自然恢复地和退化土壤间古菌、AOA 群落结构差异显著（Shen et al., 2013）。高盐度的咸水灌溉会减少土壤 AOB 的丰度（马丽娟等，2014）。酸性红壤中，恢复区、退化区、农作区和马尾松区 AOA 群落结构差异显著（Ying et al., 2010）。长期蔬菜连作改变土壤中 AOA 和 AOB 的群落组成，导致 AOB 优势种群富集，使土壤硝化能力逐渐增强（孟德龙等，2012）。无论是十溴联苯醚的单独使用，还是其与植物的结合，都会使沉积物土壤中的固氮菌（NFB）、AOA 和 AOB 群落发生改变（Chen et al., 2017a）。在重金属污染土壤的修复过程中，生物炭和堆肥改变氮循环微生物种群结构，增加群落的丰富度（Ahmad et al.，2014）。在连续 3 年施加尿素的青藏高寒草原土壤中，AOA 和 AOB 的群落组成产生不同的变化（Xiang et al.，2017），氮肥的施加改变华北平原地区碱性土壤 AOB 的数量及其群落结构，且该地区小麦土壤中 AOA 对氮肥施加响应不如 AOB 敏感（杨亚东等，2017）。此外，间作和豆科植物根瘤菌接种也会对土壤中 AOA 和 AOB 的丰度及其群落组成产生重要的影响（Zhang et al.，2015b）。松树种植（30 年）及养羊（30 年）和奶牛养殖（12 年）的研究表明，土地利用和土地利用变化对氨氧化微生物群落产生重要的影响（Li et al.，2016）。

（4）放牧对土壤氨氧化微生物群落的影响

放牧改变硝化和反硝化微生物的丰度，AOB 和反硝化细菌 nirK 比 AOA 和 nirS 对放牧的响应更加敏感（Xie et al.，2014；Chen et al.，2021）。不同的放牧强度对草地土壤不同微生物群落的影响不同，变形菌门（Proteobacteria）在 G1 处理（1.5 只绵羊/hm^2）中富集，硝化螺旋菌门（Nitrospirae）和厚壁菌门（Firmicutes）仅在 G2 处理（6 只绵羊/hm^2）中富集（Pan et al.，2018a）。不同放牧强度对不同植被覆盖区土壤细菌多样性的影响不同（Olivera et al.，2016）。在冬季，牧场受限区域内的动物活动影响 AOA 和 AOB 的丰度与多样性（Radl et al.，2014），在不受牲畜影响的地区，AOA 是氨氧化微生物群落发生变化的主导因素（Schauss et al.，2009）。此外，在放牧过程中，60%～99%的养分以牲畜粪便和尿液的形式返回牧场，其中主要以动物尿液的形式返还（Haynes and Williams，1993），尿液中含有大约 90%的尿素，当其与土壤接触时会发生水解生成 NH$_4^+$，然后氧化成 NO$_3^-$-N（Guo et al.，2014），高 NH$_4^+$含量可促进湿地土壤的硝化作用（Enriquez et al.，2014）。Xiang 等（2017）的研究证明，尿素的添加显著改变 AOB 群落的丰度、多样性及其群落组成。Suleiman 等（2016）的研究发现，猪粪肥（排泄物和水混合）的施用降低土壤 AOB 的多样性，也改变 AOB 的群落结构。Orwin 等（2010）研究发现，在草原生态系统中牛尿液施用改变土壤 AOB 的群落结构。此外，在农田生态系统中，牛的尿液沉积会影响 AOB 群落结构的变化（O'Callaghan et al.，2010）。

目前，国内外已对草地、农田、稻田、湖泊和湿地等生态系统的氨氧化微生物开展了大量的研究，集中于土壤的理化性质、PNR、植被类型、不同干扰条件及不同土地利用方式等变化对氨氧化微生物群落结构多样性的研究，并取得很多重要成果。土地利用方式的研究主要包括不同的施肥及农作物的种植和放牧等；对氨氧化微生物群落研究的领域涉及农田、种植园、高寒草甸、草原及森林土壤等。放牧对氮循环的影响受到关注，关于放牧干扰对氨氧化微生物群落的研究重点涉及农田和草地生态系统，对湿地领域的研究较少。关于放牧强度的研究较多，然而关于不同放牧的研究较少。关于动物排泄物输入对氨氧化微生物群落的影响研究主要集中在草原等生态系统，更多是堆肥和施肥的应用研究，关于放牧过程中排泄物输入在湿地生态系统内的研究仍鲜见报道。湿地中的微生物种类十分丰富，可作为功能微生物新物种的发掘基地，这是未来发展可切入的方面。

1.2.2.6 湿地土壤反硝化微生物群落研究

人类活动影响湿地中的植物和土壤微生物，导致湿地生态系统氮循环过程发生改变

（宋长春等，2018）。若尔盖沼泽湿地三个不同分区 *nirK* 群落结构中优势种群均为变形菌门，并且具有较高的多样性指数 （王蓥燕等，2017）。青藏高原沼泽湿地 *nirS* 多样性指数明显高于草甸，并且变形菌是优势物种（Yunfu et al.，2017）。不同区域滨海湿地 *nirS* 多样性表现出明显的空间差异，而无明显的季节性变化（Gao et al.，2016）。长江中下游湖泊沉积物 *nirS* 多样性受气候和湖泊环境影响，而 *nirK* 多样性在很大程度上受气候因素的影响 （Jiang et al.，2017）。滇池和洱海沉积物的 *nirS* 丰富度和多样性随沉积物层深度的增加而增加，并且洱海 *nirS* 丰富度和多样性高于滇池（Mao et al.，2017）。与天然湿地相比，人工湿地中，*nirS* 和 *nirK* 的丰富度指数及群落组成存在较大差异，*nirS* 中罗思河小杆菌属（*Rhodanobacter*）和红长命菌属（*Rubrivivax*）是优势物种，而根瘤菌属（*Rhizobium*）和慢生根瘤菌属（*Bradyrhizobium*）在 *nirK* 中占优势地位，并且受季节及植被类型影响较为明显（Wu et al.，2017）。

（1）土壤环境对反硝化微生物群落的影响

土壤中反硝化微生物群落结构主要受土壤水分、有机碳含量、NO_3^--N、pH 等土壤环境影响（王莹和胡春胜，2010）。

土壤含水量可以通过影响土壤通气性及养分运输，进而影响反硝化微生物群落。土壤短期淹水并未显著改变 *nirS* 及 *nirK* 的丰富度和多样性指数，但显著改变土壤 *nirS* 及 *nirK* 群落组成（Wang et al.，2017b）。Qin 等（2020）发现，与其他处理相比，25%不同土壤充水孔隙度（WFPS）的 *nirK* 的多样性指数最高，而 *nirS* 最低值出现在 100% WFPS 处理，此外随着 WFPS 增加，*nirS* 群落中节杆菌属（*Arthrobacter*）呈现增加趋势，而贪铜菌属（*Cupriavidus*）呈现降低趋势，而 *nirK* 以慢生根瘤菌属为主，且未发生明显变化。长期灌溉增加了 *nirS* 的多样性指数，显著增加了红杆菌科（Rhodobacteraceae）比例却降低了黄单胞菌比例，但对 *nirK* 的多样性指数及群落组成没有显著影响（Yang et al.，2018b）。

有机碳不仅为土壤反硝化微生物提供电子供体及碳源，而且也可以影响微生物呼吸，进而导致土壤氧气含量变化，从而影响反硝化微生物群落（Loick et al.，2016）。*nirK* 群落的丰富度及多样性指数随着有机碳含量增加而增加（Jones et al.，2017）。较其他环境因子，有机碳含量高的土壤中，*nirS* 的多样性指数也较高，并且有机碳是解释有机肥及化肥应用导致紫色土 *nirS* 群落发生差异的最重要因子（Huang et al.，2020）。罗蓉（2018）以黄土高原不同林龄的人工林为研究对象，发现有机碳对 *nirK* 群落结构影响较大，而对 *nirS* 群落结构影响较小。

NO_3^--N 作为反硝化进程的重要底物及电子供体，许多研究发现 NO_3^--N 含量与反硝化微生物群落密切相关。Hu 等（2015）综述陆地生态系统中反硝化作用的关键微生物途径及关键环境因素，发现反硝化微生物的群落与 NO_3^--N 等环境因子密切相关。Sun 等（2018a）研究发现，添加氮肥导致土壤 NO_3^--N 含量改变是 *nirK* 基因群落结构产生差异的关键因素。曾希柏等（2014）研究施肥对甘肃设施土壤 *nirK* 基因群落结构的影响也得出类似的结论。与上述研究相反，植被覆盖下河滨带土壤 *nirS* 及 *nirK* 的多样性和 NO_3^--N 无显著相关关系，而与 pH、有机碳等其他环境因子呈显著相关关系（Ye et al.，2017），显示反硝化微生物多样性影响因子在生态系统中存在一定差异。

土壤 pH 的变化可以改变反硝化微生物生长环境及养分有效性，从而导致反硝化微生物群落发生改变。pH 是影响莱州湾沉积物 *nirS* 及 *nirK* 优势种群多样性指数的主要因子（Wang et al.，2014a）。尽管施肥处理下 pH 变化很小，但 pH 的变化是导致黑土 *nirS* 及 *nirK* 群落结构发生改变的关键因素（Yin et al.，2015）。Samad 等（2016）研究 pH 变化（5.57～7.03）对草地土壤 *nirS* 及 *nirK* 群落多样性的影响，发现随着土壤 pH 增加，土壤 *nirS* 及 *nirK* 群落多样性也呈现增加趋势。在弱碱性条件（7.60～8.25）下，*nirS* 的多样性指数与 pH 呈显著正相关关系，而 *nirK* 的多样性指数与沉积物 pH 不存在显著相关关系（张盛博等，2017）。在酸性土壤中，*nirK* 群落对反硝化作用驱动力高于 *nirS* 群落，而在碱性土壤中呈现相反趋势（Bowen et al.，2020），表明 pH 对反硝化微生物群落影响具有复杂性。

（2）土地利用对土壤反硝化微生物群落的影响

土地利用变化会导致土壤 C 和 N 含量及水分条件的变化，进而影响反硝化微生物的群落。随着泥炭地比例的增加，*nirK* 多样性显著增加，而 *nirS* 多样性与沉积物中 C、N 比例呈显著相关关系。农田土壤 *nirS* 及 *nirK* 布鲁氏菌科及黄单胞菌科比例明显高于其他土壤类型（Aalto et al.，2019）。Wang 等（2019）对比三江平原湿地、恢复湿地及农田土壤 *nirS* 及 *nirK* 多样性及群落组成差异，发现农田土壤 *nirS* 及 *nirK* 的多样性均高于其他两种土壤，*nirK* 中慢生根瘤菌属在所有土地利用类型中均有发现，而盐杆菌科仅分布于湿地土壤中。在自然土壤 *nirS* 丰富度及多样性总体上高于恢复的土壤，并且 *nirS* 群落受土地利用的影响大于季节变化的影响。在 *nirS* 群落组成中，固氮螺菌属、假单胞菌属及慢生根瘤菌属对土地利用敏感（Yu et al.，2018）。在水稻土壤中，*nirS* 及 *nirK* 丰富度显著高于其他土壤，并且 *nirS* 多样性也显著高于其他土壤，而 *nirK* 多样性在不同作物种植土壤中没有显著差异。在水稻土壤中，*nirS* 的固氮弧菌属和假单胞菌属及 *nirK* 的根瘤菌属和产碱杆菌属主导着反硝化过程；而在大豆土壤中，起主要作用的是 *nirS* 的罗思河小杆菌属、固氮螺菌属及磁螺菌属和 *nirK* 的剑菌属、慢生根瘤菌属、根瘤菌属、红假单胞菌属、中华根瘤菌属等（戴九兰和苗永君，2019）。

（3）放牧对土壤反硝化微生物群落的影响

目前，放牧对土壤反硝化微生物群落影响的研究集中在不同放牧管理措施及动物排泄物输入对土壤反硝化微生物群落影响方面。

半干旱草地所有放牧管理措施中，土壤反硝化微生物多样性均呈现 *nirS* 多样性高于 *nirK* 多样性，并且不同放牧管理显著影响 *nirK* 及 *nirS* 群落；禁牧时间不同也导致 *nirS* 群落发生较大差异；土壤水分和无机氮含量是影响反硝化细菌群落结构的主要土壤环境变量（Pan et al.，2018a；Fang et al.，2021）。Xie 等（2014）基于非度量多维尺度（NMDS）分析，发现禁牧、季节性放牧及连续放牧土壤 *nirS* 及 *nirK* 群落均存在较大差异，并且土壤 C/N 显著影响 *nirS* 群落，而 *nirK* 群落受 TOC 和 NO_3^--N 影响。

牛尿液输入刺激 *nirK* 的生长，而对 *nirS* 没有明显影响（Treweek et al.，2016）。随着羊尿液输入量的增加，*nirK* 中的根瘤菌目比例显著增加而红细菌目呈现相反趋势，并且当尿液输入量达到最高值时，红细菌目消失，粪便输入量达到最大时观察到假单胞菌目，红细菌目比例在粪便输入处理中也明显降低（Pan et al.，2018b）。在水稻土壤中，施用猪粪便加传统化肥处理中 $nirK$ 的碱基对数目明显高于传统化肥处理,而 $nirS$ 没有明显差别,此外红细菌目和根瘤菌目在 $nirK$ 中分布较多,而伯克氏菌目的草螺菌属在 $nirS$ 中所占比例超过 40%(Duan et al., 2018)。在盐碱土中,以施用猪粪便为主的有机肥增加 $nirK$ 的丰富度却降低 $nirS$ 丰富度,而 $nirK$ 及 $nirS$ 多样性均呈现增加趋势,从群落组成上看,有机肥施用导致 $nirK$ 的优势物种根瘤菌属、中慢生根瘤菌属明显增加而假单胞菌属明显降低,并且中慢生根瘤菌属仅在有机肥处理中占优势地位,$nirS$ 的优势物种和对照没有明显差别,但固氮弧菌属和考克氏菌属在有机肥处理中富集(Shi et al., 2019)。在农田土壤的 0~20 cm 土层中,$nirS$ 群落对经过厌氧处理的牛粪尿等不同处理条件不敏感,但较常规施肥,肥水处理对 0~20 cm 土层中 $nirS$ 群落结构影响更大,此外 $nirS$ 群落与假单胞菌属、贪铜菌属和副球菌属具有较近的亲缘关系(高文萱等,2019)。在 0~20 cm 土层中,施用猪粪及牛粪的有机肥处理的 $nirK$ 群落与其他处理差异较大,多样性指数略低于未施肥处理,并且施用有机肥导致以根瘤菌属和土壤杆菌属为主的优势种群取代以亚硝化单胞菌属为优势种的种群(曾希柏等,2014)。

目前,放牧对反硝化微生物的影响研究受到关注,现有研究关注放牧强度、时间及排泄物输入对反硝化微生物影响的研究较多,而关于不同放牧干扰对反硝化微生物影响的对比研究较少(Fang et al., 2020)。此外,现有的放牧干扰对反硝化微生物群落影响的研究集中在草地生态系统,对湿地领域的研究鲜见报道。在全球变暖的趋势下,动物排泄物输入对反硝化作用过程中 N_2O 排放的影响研究受到关注,而关于排泄物驱动的 N_2O 释放的微生物过程及其内在机制研究较少。湿地为反硝化作用的重要源或汇,而排泄物输入对湿地生态系统反硝化微生物群落影响的研究还鲜有报道。此外,关于湿地反硝化作用影响研究集中在沉积物、人工湿地及滨海湿地等类型,但由于湿地具有较高的生物多样性,并且同一种湿地系统内由于土壤环境等差异,反硝化微生物群落生态位发生差异,因此不同放牧干扰及排泄物输入对湿地土壤反硝化微生物的影响及其内在机制是以后值得研究之处。

第 2 章 云南高寒湿地环境特征

2.1 纳帕海湿地环境特征

2.1.1 地理位置

纳帕海湿地（99°37′10.6″E～99°40′20.0″E，27°48′55.6″N～27°54′28.0″N）行政上隶属云南省迪庆藏族自治州香格里拉市，距市区 8 km，平均海拔为 3260 m。该湿地地处青藏高原东南缘横断山腹地的纵向岭谷区，位于长江上游，是我国长江流域重要的生态屏障。纳帕海湿地 1986 年被列为省级自然保护区，以保护黑颈鹤、黑鹳为代表的珍稀濒危越冬候鸟和迁徙过境停歇候鸟及其栖息地安全为主要管理目标。纳帕海自然保护区总面积为 2400 hm²，其中，核心区面积为 1092.4 hm²，占保护区总面积的 45.5%，主要为浅水区域、沼泽化草甸及地下水位较高的草甸；季节性核心区面积为 505.2 hm²，占保护区总面积的 21.1%，包括部分雁鸭类水禽栖息区域、利用率相对较低的黑颈鹤觅食地以及对湿地有重要影响的沼泽草甸及泉眼水源处；实验区面积为 802.4 hm²，占保护区总面积的 33.4%，主要是湖滨带以外的草甸和湖岸陆地部分。2004 年纳帕海湿地被列入《国际重要湿地名录》，国际重要湿地面积为 2083 hm²。

纳帕海湿地所在流域东西高、中间坝区低，是一个半封闭型流域，流域汇水在坝区北部经由若干喀斯特落水洞下泄汇入金沙江。发源于四周山地的纳赤（曲）河、奶子河、达拉河等河流及山泉汇入坝区，形成季节性纳帕海湖泊-沼泽-沼泽化草甸湿地。湿地位于流域中西部偏北。

2.1.2 地质地貌

纳帕海湿地地处青藏高原东南缘横断山脉三江纵谷区东部，为镶嵌于横断山系高山峡谷区断陷盆地中的高原沼泽湿地，地质构造上属滇西地槽褶皱系，古生界印支槽褶皱带，中甸剑川岩相带，分布有从寒武纪到三叠纪各时代的石灰岩，大量的冰碛物及河流相沉积物，第三系砾石、砂石，以及第四系冲积、洪积、冰碛、湖积、坡积残积物等（李宁云，2006）。纳帕海地貌形态较为复杂，具有冰川地貌、流水地貌、湖成地貌、喀斯特地貌、构造地貌等地貌类型及其组合特征，四周山岭环绕。湖盆发育在石灰岩母质的中甸高原上，湖盆一侧为中甸主断裂带，另一侧具有宽阔的浅水带，呈簸箕形，南北长 12 km、东西宽 6 km，受喀斯特作用的强烈影响，纳帕海湖盆底部被蚀穿形成落水洞。

2.1.3 气候

纳帕海湿地属寒温带山地季风气候,主要受西南季风和南支西风急流的交替控制,全年盛行南风和南偏西风。该地具有干湿季分明,四季不明显,夏、秋季多雨,冬、春季干旱的气候特征。香格里拉气象资料记载,该地年平均气温 5.8℃,最冷月平均气温–8.7℃,最热月平均气温 19.7℃,极端最低温–20.1℃,极端最高温 25.6℃,≥10℃积温 1529.8℃。年平均降水量 618.4 mm,雨季(6~9 月)降水量占全年降水量的 80%~90%。年蒸发量 1643.6 mm,年平均相对湿度 70%,日照时数 2180.3 h,日照百分率 50%。太阳总辐射 122.8~142.6 kcal[①]/cm²。霜期 244 天,初雪多在 10 月,终雪在 4 月底,降雪期约 6 个月。

2.1.4 水环境

2.1.4.1 水文状况

纳帕海湿地是香格里拉市境内最大的季节性高原湖泊湿地,湖盆南北长 12 km、东西宽 6 km,最大库容量 4225 万 m³,常年水深 3.7 m,正常水位为海拔 3264.30 m,50 年一遇洪水位为海拔 3266.65 m。湖周围为海拔 3800~4449 m 的高山所环绕,南部与建塘坝相连,是香格里拉市的汇水低地和出水口。纳帕海湿地属金沙江(长江)水系,集水面积 660 km²,有青龙潭、纳赤河、旺赤河、达浪河等 10 余条汇集流域山地的短小溪流注入湖内,流域径流以降水补给为主,东部和西部山前裂隙水的地下水源补量不大。夏季丰水期水深可达 4~5 m,水面面积可达 31.25 km²,秋、冬季(10 月后)降水急剧减少,由于受喀斯特作用的强烈影响,湖底部被蚀穿而形成落水洞,湖水从西北部岸边 9 个落水洞泄入地下河,潜流 10 km 后,在尼西乡的汤堆出露,汇入金沙江。

纳帕海流域位于西南季风气候区。流域区雨季(5~10 月)、干季(11 月~次年 4 月)分明。流域多年平均降水约为 658 mm,雨季约占 80%,干季约占 20%(图 2.1)。流域地形地貌、水文地质、降水年内季节性分配和年际变化等特征,决定了纳帕海湿地水文情势的独特性——湿地区水位(水面)年内季节性变化和年际变化都十分显著。以

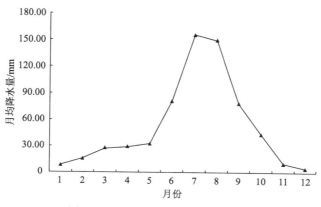

图 2.1 纳帕海流域多年月均降水量

---

① 1kcal=4.184kJ。

2001 年 11 月～2002 年 12 月为例（图 2.2），2001 年 11 月～2002 年 6 月，湿地区明水面变化不大（低水位期）；至 7 月明水面开始增加，在 8～9 月形成洪泛，9 月明水面几乎覆盖整个湖盆区；10 月下旬至 11 月下旬水位开始快速回落、明水面大幅萎缩；11 月底至第二年春季（5 月）湿地区水位又降至最低、明水面也萎缩至最小。

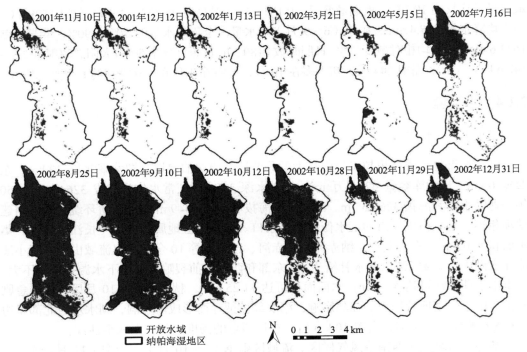

图 2.2　2001 年 11 月～2002 年 12 月纳帕海湿地区明水面季节性变化（李杰，2013）

这一独特的水文情势导致纳帕海湿地的季节性变化，也使纳帕海湿地成为重要的水源补给区，从监测数据看，自 2014 年以来草甸面积逐年增加，湿地退化萎缩，陆地化进程加快，显示了水源补给减少的变化，这一现象与纳赤河实施的河道整治工程阻滞了最主要的汇水河流纳赤河的水源泛滥补给有着密切关系。

2.1.4.2　水质状况

2016 年 6 月中旬，采用均匀布点与敏感区布点相结合的方法，选取了 27 个点对纳帕海湿地水质进行监测。根据地表水采样方法，以水样采集器采集水面以下 0.5 m 深水样，将其置于恒温箱带回实验室，采用连续流动分析仪进行水质监测分析，监测指标包括总氮、总磷、高锰酸盐指数、氨氮、化学需氧量、五日生化需氧量。温度、电导率、盐度、pH、氧化还原电位、浊度、透明度、叶绿素、蓝绿藻藻蓝蛋白和溶解氧采用便携式水质分析仪现场测定。

纳帕海湿地 2016 年水质监测结果见表 2.1，依据《地表水水环境质量标准》（GB 3838—2002）进行评估，纳帕海湿地水体各监测指标超标情况如表 2.2 所示。根据《云南省地

表 2.1 纳帕海湿地水质监测结果

样品编号	温度/℃	电导率/(μS/cm)	盐度/ppt[①]	pH	氧化还原电位/mV	浊度/NTU	叶绿素/(μg/L)	蓝绿藻蓝蛋白/(cells/mL)	溶解氧/(mg/L)	透明度/m	化学需氧量/(mg/L)	五日生化需氧量/(mg/L)	高锰酸盐指数/(mg/L)	总氮/(mg/L)	总磷/(mg/L)	氨氮/(mg/L)
1	18.42	185	0.1	9.24	14.4	8.7	1.1	777	6.63	1	26	5.6	5.8	0.3238	0.2651	0.0961
2	18.41	186	0.1	9.98	9.7	8.7	1.1	777	6.63	1.8	27	4.4	6	0.3178	0.2774	0.1232
3	18.39	184	0.1	10.11	-23.3	8.7	1.1	777	6.63	1.3	28	4.6	6.5	0.3862	0.2801	0.1613
4	18.23	186	0.1	10.18	18.7	-181.6	0.5	3894	6.01	1.5	26	3	6.2	0.3453	0.2574	0.1102
5	18.64	184	0.1	10.17	-16.3	455.6	1.1	14108	5.94	1.3	25	5.5	6.8	0.3512	0.283	0.0861
6	18.57	191	0.1	10	20.4	5.3	17.9	1643	8.34	1.4	22	5.3	6.3	0.3563	0.2965	0.1246
7	18.95	197	0.11	9.84	47.1	7.8	11.1	3137	9.02	0.8	23	5.1	6.3	0.38	0.3047	0.1386
8	18.09	198	0.11	9.81	72.6	28.2	5	15833	8.51	1.4	22	4.7	6.1	0.4312	0.3226	0.1466
9	17.98	192	0.11	9.78	88.8	1078.3	5	14185	8.83	1.4	22	2.6	6	0.3973	0.2765	0.1288
10	18.01	188	0.1	10	91.6	1078.5	5	14185	8.82	1.5	22	3	5.8	0.4351	0.3725	0.1559
11	18.85	194	0.1	10.34	78.1	1.4	8.3	1536	8.88	1.3	22	2.8	6.6	0.3077	0.2631	0.0743
12	18.79	188	0.1	10.25	83.6	1.4	8.3	1536	8.89	1.4	29	5.7	7	0.3252	0.3004	0.0769
13	18.1	188	0.1	10.33	78.4	1.4	5.4	17400	9.22	1.4	22	4.6	6.5	0.3317	0.3771	0.0807
14	17.85	231	0.13	9.51	107.5	1.4	5.4	17400	9.3	1.2	21	4.6	5.6	0.7015	0.2293	0.7159
15	18.88	259	0.14	9.18	106.2	5.2	2	900	7.44	0.4	18	2.6	4.8	1.3565	0.104	1.8809
16	18.37	224	0.12	9.44	93.9	5.1	2	900	7.57	1	20	4.8	5.7	0.6364	0.2648	0.5588
17	19.08	216	0.12	9.49	94.9	5.2	2	900	7.39	1	23	4.3	6.2	0.3772	0.0999	0.1502
18	19.32	241	0.13	9.33	93.3	-5.3	1.4	7863	6.21	0.4	23	1.5	5.8	0.3531	0.0712	0.0923
19	19.75	248	0.13	9.01	114.7	399.9	0.5	15994	7.45	0.3	28	6.4	7.1	0.529	0.1273	0.2671
20	19.94	247	0.13	8.75	131.7	704.8	1	1386	5.71	0.5	31	5.9	7.4	0.5148	0.1268	0.1743
21	15.44	107	0.06	9.17	-76.7	683.4	1	1386	6.66	0.3	70	18	29.6	0.7798	0.0632	0.1392

续表

样品编号	温度/℃	电导率/(μS/cm)	盐度/ppt①	pH	氧化还原电位/mV	浊度/NTU	叶绿素/(μg/L)	蓝绿藻蓝蛋白/(cells/mL)	溶解氧/(mg/L)	透明度/m	化学需氧量/(mg/L)	五日生化需氧量/(mg/L)	高锰酸盐指数/(mg/L)	总氮/(mg/L)	总磷/(mg/L)	氨氮/(mg/L)
22	25.5	262	0.12	8.45	42.8	731.5	1	1386	4.78	0.5	32	7	7.6	0.5799	0.1047	0.2675
23	—	—	—	—	—	—	—	—	—	—	9	1.6	2.9	0.0452	0.0227	0.0805
24	—	—	—	—	—	—	—	—	—	—	22	4.6	4.1	2.169	0.1459	3.2013
25	—	—	—	—	—	—	—	—	—	—	38	9.2	11.1	0.6697	0.0803	0.1579
26	—	—	—	—	—	—	—	—	—	—	37	7.1	11.1	0.5286	0.0447	0.1292
27	—	—	—	—	—	—	—	—	—	—	38	8.4	12.3	0.5463	0.0704	0.332

① 1ppt=10⁻¹²。

表 2.2 纳帕海湿地水体各监测指标超标情况

(单位: mg/L)

样品编号	高锰酸盐指数 超Ⅲ类标准倍数	高锰酸盐指数 超Ⅳ类标准倍数	高锰酸盐指数 超Ⅴ类标准倍数	总氮 超Ⅲ类标准倍数	总氮 超Ⅳ类标准倍数	总氮 超Ⅴ类标准倍数	总磷 超Ⅲ类标准倍数	总磷 超Ⅳ类标准倍数	总磷 超Ⅴ类标准倍数	氨氮 超Ⅲ类标准倍数	氨氮 超Ⅳ类标准倍数	氨氮 超Ⅴ类标准倍数	化学需氧量 超Ⅲ类标准倍数	化学需氧量 超Ⅳ类标准倍数	化学需氧量 超Ⅴ类标准倍数	五日生化需氧量 超Ⅲ类标准倍数	五日生化需氧量 超Ⅳ类标准倍数	五日生化需氧量 超Ⅴ类标准倍数
1	(0.03)	(0.42)	(0.61)	(0.68)	(0.78)	(0.84)	4.30	1.65	0.33	(0.90)	(0.94)	(0.95)	0.30	(0.13)	(0.35)	0.40	(0.07)	(0.44)
2	0.00	(0.40)	(0.60)	(0.68)	(0.79)	(0.84)	4.55	1.77	0.39	(0.88)	(0.92)	(0.94)	0.35	(0.10)	(0.33)	0.10	(0.27)	(0.56)
3	0.08	(0.35)	(0.57)	(0.61)	(0.74)	(0.81)	4.60	1.80	0.40	(0.84)	(0.89)	(0.92)	0.40	(0.07)	(0.30)	0.15	(0.23)	(0.54)
4	0.03	(0.38)	(0.59)	(0.65)	(0.77)	(0.83)	4.15	1.57	0.29	(0.89)	(0.93)	(0.94)	0.30	(0.13)	(0.35)	(0.25)	(0.50)	(0.70)
5	0.13	(0.32)	(0.55)	(0.65)	(0.77)	(0.82)	4.66	1.83	0.42	(0.91)	(0.94)	(0.96)	0.25	(0.17)	(0.38)	0.38	(0.08)	(0.45)
6	0.05	(0.37)	(0.58)	(0.64)	(0.76)	(0.82)	4.93	1.97	0.48	(0.88)	(0.92)	(0.94)	0.10	(0.27)	(0.45)	0.33	(0.12)	(0.47)
7	0.05	(0.37)	(0.58)	(0.62)	(0.75)	(0.81)	5.09	2.05	0.52	(0.86)	(0.91)	(0.93)	0.15	(0.23)	(0.43)	0.28	(0.15)	(0.49)
8	0.02	(0.39)	(0.59)	(0.57)	(0.71)	(0.78)	5.45	2.23	0.61	(0.85)	(0.90)	(0.93)	0.10	(0.27)	(0.45)	0.18	(0.22)	(0.53)

续表

样品编号	高锰酸盐指数			总氮			总磷			氨氮			化学需氧量			五日生化需氧量		
	超Ⅲ类标准倍数	超Ⅳ类标准倍数	超Ⅴ类标准倍数	超Ⅲ类标准倍数	超Ⅳ类标准倍数	超Ⅴ类标准倍数	超Ⅲ类标准倍数	超Ⅳ类标准倍数	超Ⅴ类标准倍数	超Ⅲ类标准倍数	超Ⅳ类标准倍数	超Ⅴ类标准倍数	超Ⅲ类标准倍数	超Ⅳ类标准倍数	超Ⅴ类标准倍数	超Ⅲ类标准倍数	超Ⅳ类标准倍数	超Ⅴ类标准倍数
9	0.00	(0.40)	(0.60)	(0.60)	(0.74)	(0.80)	4.53	1.77	0.38	(0.87)	(0.91)	(0.94)	0.10	(0.27)	(0.45)	(0.35)	(0.57)	(0.74)
10	(0.03)	(0.42)	(0.61)	(0.56)	(0.71)	(0.78)	6.45	2.73	0.86	(0.84)	(0.90)	(0.92)	0.10	(0.27)	(0.45)	(0.25)	(0.50)	(0.70)
11	0.10	(0.34)	(0.56)	(0.69)	(0.79)	(0.85)	4.26	1.63	0.32	(0.93)	(0.95)	(0.96)	0.10	(0.27)	(0.45)	(0.30)	(0.53)	(0.72)
12	0.17	(0.30)	(0.53)	(0.67)	(0.78)	(0.84)	5.01	2.00	0.50	(0.92)	(0.95)	(0.96)	0.45	(0.03)	(0.28)	0.43	(0.05)	(0.43)
13	0.08	(0.35)	(0.57)	(0.67)	(0.78)	(0.83)	6.54	2.77	0.89	(0.92)	(0.95)	(0.96)	0.10	(0.27)	(0.45)	0.15	(0.23)	(0.54)
14	(0.07)	(0.44)	(0.63)	(0.30)	(0.53)	(0.65)	3.59	1.29	0.15	(0.28)	(0.52)	(0.64)	0.05	(0.30)	(0.48)	0.15	(0.23)	(0.54)
15	(0.20)	(0.52)	(0.68)	0.36	(0.10)	(0.32)	1.08	0.04	(0.48)	0.88	0.25	(0.06)	(0.10)	(0.40)	(0.55)	(0.35)	(0.57)	(0.74)
16	(0.05)	(0.43)	(0.62)	(0.36)	(0.58)	(0.68)	4.30	1.65	0.32	(0.44)	(0.63)	(0.72)	0.00	(0.33)	(0.50)	0.20	(0.20)	(0.52)
17	0.03	(0.38)	(0.59)	(0.62)	(0.75)	(0.81)	1.00	(0.00)	(0.50)	(0.85)	(0.90)	(0.92)	0.15	(0.23)	(0.43)	0.08	(0.28)	(0.57)
18	(0.03)	(0.42)	(0.61)	(0.65)	(0.76)	(0.82)	0.42	(0.29)	(0.64)	(0.91)	(0.94)	(0.95)	0.15	(0.23)	(0.43)	(0.63)	(0.75)	(0.85)
19	0.18	(0.29)	(0.53)	(0.47)	(0.65)	(0.74)	1.55	0.27	(0.36)	(0.73)	(0.82)	(0.87)	0.40	(0.07)	(0.30)	0.60	0.07	(0.36)
20	0.23	(0.26)	(0.51)	(0.49)	(0.66)	(0.74)	1.54	0.27	(0.37)	(0.83)	(0.88)	(0.91)	0.55	0.03	(0.23)	0.48	(0.02)	(0.41)
21	3.93	1.96	0.97	(0.22)	(0.48)	(0.61)	0.26	(0.37)	(0.68)	(0.86)	(0.91)	(0.93)	2.50	1.33	0.75	3.50	2.00	0.80
22	0.27	(0.24)	(0.49)	(0.42)	(0.61)	(0.71)	1.09	0.05	(0.48)	(0.73)	(0.82)	(0.87)	0.60	0.07	(0.20)	0.75	0.17	(0.30)
23	(0.52)	(0.71)	(0.81)	(0.95)	(0.97)	(0.98)	(0.55)	(0.77)	(0.89)	(0.92)	(0.95)	(0.96)	(0.55)	(0.70)	(0.78)	(0.60)	(0.73)	(0.84)
24	(0.32)	(0.59)	(0.73)	1.17	0.45	0.08	1.92	0.46	0.27	2.20	1.13	0.60	0.10	(0.27)	(0.45)	0.15	(0.23)	(0.54)
25	0.85	0.11	(0.26)	(0.33)	(0.55)	(0.67)	0.61	(0.20)	(0.60)	(0.84)	(0.89)	(0.92)	0.90	0.27	(0.05)	1.30	0.53	(0.08)
26	0.85	0.11	(0.26)	(0.47)	(0.65)	(0.74)	(0.11)	(0.55)	(0.78)	(0.87)	(0.91)	(0.94)	0.85	0.23	(0.08)	0.78	0.18	(0.29)
27	1.05	0.23	(0.18)	(0.45)	(0.64)	(0.73)	0.41	(0.30)	(0.65)	(0.67)	(0.78)	(0.83)	0.90	0.27	(0.05)	1.10	0.40	(0.16)
平均	0.25	(0.25)	(0.50)	(0.46)	(0.64)	(0.73)	3.02	1.01	0.01	(0.64)	(0.76)	(0.82)	0.34	(0.10)	(0.33)	0.32	(0.12)	(0.47)

注：" ( ) " 表示未超标。

表水环境功能区划（2010—2020 年）》，纳帕海全湖水质类别应为Ⅲ类。而监测结果表明纳帕海全湖水体总氮和氨氮未超过地表水水质Ⅲ类标准，高锰酸盐指数、化学需氧量和五日生化需氧量均未超过地表水水质Ⅳ类标准，总磷超过地表水水质Ⅴ类标准，说明纳帕海水环境质量已经恶化。

根据《湖泊（水库）富营养化评价方法及分级技术规定》（中国环境监测总站，总站生字〔2001〕090 号），采用综合营养状态指数法对纳帕海湿地水体富营养化水平进行评价。纳帕海湿地水体营养状况评价如表 2.3 所示，在所监测的 22 个测试点（23～27 号测试点数据缺失）中有 10 个测试点营养水平均达到轻度富营养，其他监测点的营养水平为中营养。纳帕海全湖水体的综合营养状态指数平均值为 48.5，处于中营养水平。

表 2.3　纳帕海湿地水体营养状况评价

样点号	综合营养状态指数	营养等级
1	45.1	中营养
2	43.3	中营养
3	45.4	中营养
4	41.8	中营养
5	45.4	中营养
6	53	轻度富营养
7	53.9	轻度富营养
8	50	轻度富营养
9	49.2	中营养
10	50	轻度富营养
11	50.5	轻度富营养
12	51.1	轻度富营养
13	50.2	轻度富营养
14	50.8	轻度富营养
15	50.7	轻度富营养
16	48.8	中营养
17	44.7	中营养
18	45.3	中营养
19	47.4	中营养
20	47.7	中营养
21	55.4	轻度富营养
22	47.6	中营养

2.1.5　土壤环境

2.1.5.1　土壤类型

纳帕海湿地土壤类型主要有沼泽土、沼泽草甸土、草甸土、泥炭土几种类型。土壤有机碳含量表现为泥炭土＞沼泽草甸土＞沼泽土＞草甸土，活性有机碳占总有机碳的比例表现为草甸土＞沼泽草甸土＞沼泽土。纳帕海湿地处于不同水分梯度上的典型沼泽（沼泽土）、沼泽化草甸（沼泽草甸土）、草甸（草甸土）景观，如图 2.3 所示。沼泽、沼泽化草甸和草甸湿地土壤环境的基本情况如表 2.4 所示。

(a)沼泽　　　　　　　　(b)沼泽化草甸　　　　　　　　(c)草甸

图 2.3　纳帕海不同类型湿地景观

表 2.4　纳帕海湿地不同土壤类型环境特征

类型	优势物种	水文状况	土壤类型
沼泽	杉叶藻（*Hippuris vulgaris*）、菰（*Zizania latifolia*）、水葱（*Schoenoplectus tabernaemontani*）、水蓼（*Polygonum hydropiper*）等	常年积水	沼泽土
沼泽化草甸	无翅苔草（*Carex pleistoguna*）、华扁穗草（*Blysmus sinocomopressus*）、云雾薹草（*Carex nubigena*）、发草（*Deschampsia caespitosa*）、矮地榆（*Sanguisorba filiformis*）等	季节性积水	沼泽草甸土
草甸	鹅绒委陵菜（*Potentilla anserina*）、斑唇马先蒿（*Pedicularis longiflora* var. *tubiformis*）、车前（*Plantago asiatica*）、牡蒿（*Artemisia japonica*）、云南紫菀（*Aster yunnanensis*）、蒲公英（*Taraxacum mongolicum*）、肉果草（*Lancea tibetica*）等	地表无积水，地下水位埋藏较深	草甸土

2.1.5.2　土壤剖面特征

沼泽、沼泽化草甸和草甸土壤剖面特征如图 2.4 所示。沼泽土表面常年积水，表层覆盖少量枯落物，表层土壤主要为淤泥质，根系主要分布在 0～20 cm 土层，有明显潜育层分布。沼泽化草甸地表季节性积水，表层覆盖大量枯落物，表层土壤有机质含量高，呈黑褐色，根系主要分布在 0～40 cm，有明显潜育层分布，土质较黏。草甸土地表无积水，表层枯落物很少，根系主要分布在 0～20 cm 土层，土质松散。

| (a) 沼泽 | (b) 沼泽草甸土 | (c) 草甸 |

图 2.4 土壤剖面特征

2.1.5.3 湿地土壤理化性质

（1）土壤温度

纳帕海湿地沼泽、沼泽化草甸和草甸土壤温度变化特征如表 2.5 所示。沼泽和沼泽化草甸土壤温度均表现为 5 cm 土层＞10 cm 土层＞15 cm 土层；而草甸土壤温度表现为 15 cm 土层＞10 cm 土层＞5 cm 土层。5 cm 和 10 cm 土层沼泽、沼泽化草甸和草甸土壤温度均表现为沼泽化草甸土壤最高，沼泽土壤其次，草甸土壤最低。

表 2.5 纳帕海湿地土壤温度变化特征

				湿地类型				
	沼泽			沼泽化草甸			草甸	
深度/cm	5	10	15	5	10	15	5	10	15
温度/℃	21.6	20.13	17.97	24.93	22.8	17.97	16.13	17.1	17.13

（2）土壤容重

纳帕海湿地沼泽、沼泽化草甸和草甸 0～80 cm 土层土壤容重差异显著，80～100 cm 土层土壤容重没有显著差异（图 2.5）。沼泽和沼泽化草甸湿地土壤容重差异不大，0～40 cm 土层土壤容重较低（0.294～0.716 g/cm³），40～80 cm 土层土壤容重迅速增加到 0.942 g/cm³ 以上，80 cm 以下土层土壤容重稳定在 1.3～1.5 g/cm³。0～60 cm 草甸土壤容重明显高于沼泽和沼泽化草甸，0～40 cm 土层土壤容重在 1.362～1.648 g/cm³，40～80 cm 土层土壤容重迅速降低到 1.136 g/cm³，80 cm 以下土层土壤容重稳定在 1.386 g/cm³ 左右。

（3）土壤含水量

纳帕海湿地沼泽、沼泽化草甸和草甸土壤含水量变化特征如表 2.6 所示。沼泽化草甸土壤含水量最高，沼泽土壤含水量其次，草甸土壤含水量最低。沼泽和沼泽化草甸土壤含水量均表现为 0～10 cm＞20～30 cm＞10～20 cm＞30～40 cm，而草甸土壤含水量随着土壤深度增加而降低。

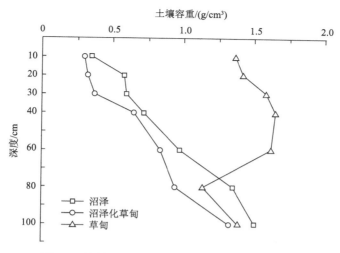

图 2.5　纳帕海湿地土壤容重随剖面深度变化特征

表 2.6　纳帕海湿地土壤含水量变化特征　（单位：%）

土层	沼泽	沼泽化草甸	草甸
0~10 cm	56.36	69.22	11.39
10~20 cm	48.74	57.26	10.47
20~30 cm	50.09	60.47	7.54
30~40 cm	41.19	42.12	6.38

（4）土壤全氮含量

纳帕海湿地沼泽、沼泽化草甸、草甸土壤全氮含量变化特征如图 2.6 所示。0~100 cm 土层内，土壤全氮含量基本表现为沼泽化草甸＞沼泽＞草甸。0~30 cm 土层，3 种湿地土壤中全氮含量差异显著，30~100 cm 土层，3 种湿地土壤中全氮含量差异不大。沼泽、沼泽化草甸和草甸土壤全氮含量的变化趋势相同，均随深度的增加逐渐减少。其中，沼泽和沼泽化草甸土壤全氮含量最高值出现在 10~20 cm 土层，而草甸土壤全氮含量最高值出现在 0~10 cm 土层，三者全氮含量的最低值均出现在 60 cm 以下土层。不同类型湿地土壤全氮含量及其分布存在差异，这种差异受养分空间分布异质性、地貌条件、水文条件、土壤质地状况和生物过程等众多因素的共同影响。

（5）土壤剖面有机碳含量

纳帕海湿地草甸土壤剖面有机碳含量明显低于沼泽和沼泽化草甸土壤（图 2.7）。沼泽土有机碳含量随土层深度增加呈现先增加后持续降低趋势，80 cm 以下深度均低于 30 g/kg。沼泽化草甸土壤有机碳含量最高值（255.370 g/kg）也出现在 10~20 cm，向剖面下层含量持续下降，80 cm 以下深度均低于 40 g/kg。草甸土壤表层有机碳含量最高（40.917 g/kg），向剖面下层含量持续下降，20 cm 以下深度均低于 30 g/kg。

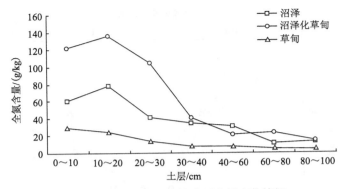

图 2.6　纳帕海湿地土壤全氮含量变化特征

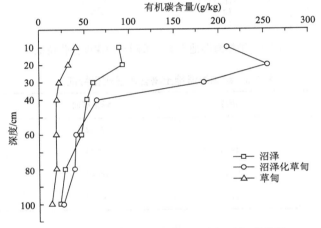

图 2.7　纳帕海湿地土壤有机碳含量变化特征（郭雪莲等，2010）

（6）土壤氮储量

纳帕海湿地沼泽、沼泽化草甸、草甸土壤氮储量变化特征如图 2.8 所示。0～100 cm 土层内，沼泽、沼泽化草甸和草甸土壤氮储量表现为沼泽化草甸（196.98 g/m²）>沼泽（178.03 g/m²）>草甸（136.76 g/m²），三者氮储量的变化趋势相同，均表现为随土层深度增加，氮储量降低。沼泽和沼泽化草甸土壤氮储量最高值出现在 10～20 cm 土层，而草甸土壤氮储量的最高值出现在 0～10 cm 土层，这与不同湿地土壤腐殖质的分布特征有关。

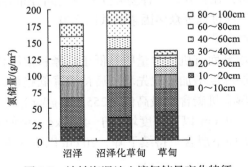

图 2.8　纳帕海湿地土壤氮储量变化特征

（7）土壤有机碳储量

纳帕海湿地沼泽、沼泽化草甸和草甸土壤有机碳储量明显不同（图 2.9）。0～10 cm 沼泽、沼泽化草甸和草甸土壤有机碳储量分别为 31.07 t/hm²、59.79 t/hm² 和 59.28 t/hm²，10～20 cm 分别为 53.28 t/hm²、82.24 t/hm² 和 45.33 t/hm²，1 m 深度以内有机碳储量分别为 393.53 t/hm²、458.81 t/hm² 和 305.78 t/hm²。以上研究结果表明，纳帕海湿地沼泽化草甸湿地具有巨大的碳储存功能，碳储量明显高于沼泽和草甸。在人类活动和气候变化影响下，沼泽和沼泽化草甸进一步旱化演替为草甸，原来储存在沼泽和沼泽化草甸土壤中的有机碳会以 CO_2 和 CH_4 的形式释放出来，加剧温室效应，影响区域乃至全球气候变化。

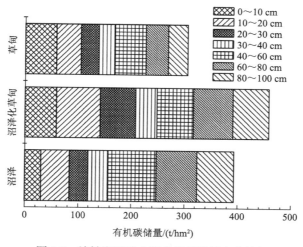

图 2.9　纳帕海湿地土壤有机碳储量变化特征

2.1.5.4　纳帕海湿地土壤特征分析

纳帕海湿地沼泽、沼泽化草甸和草甸土壤剖面特征和土壤理化性质存在显著差异。沼泽和沼泽化草甸湿地土壤容重较小、含水量较高、土壤通气性差、有机质含量高，而草甸土壤容重较大、含水量较低、土壤通气性好、有机质含量低。纳帕海湿地中沼泽化草甸土壤是主要的碳、氮储库。1 m 深度以内沼泽化草甸土壤储存的碳分别是沼泽土壤和草甸土壤的 1.27 倍和 1.64 倍；储存的氮分别是沼泽土壤和草甸土壤的 1.11 倍和 1.44 倍。

2.1.6　湿地生物

2.1.6.1　湿地植物

（1）植被类型

根据 2016 年两次调查监测的结果，纳帕海湿地植被分类主要有 4 种植被类型和 9 种群落类型（表 2.7）。其中沼泽、沼泽化草甸、水生植被所占面积最大，草甸草原出现在边缘水分较少的区域。与过去多年的干旱相比，2015 年至今，纳帕海保持高水位运行，平地的草原区域逐渐演变成沼泽化草甸和沼泽。水面面积不断增大，水生植被所占面积也有所增加。

表 2.7　纳帕海湿地植被分类表

植被类型	群落类型
草甸	莎草-禾草群落
	杂草群落
沼泽化草甸	莎草-禾草-杂草群落
沼泽	眼子菜-水毛茛群落
	莎草-禾草群落
水生植被	水葱群落
	眼子菜群落
	水毛茛群落
	杉叶藻群落

Ⅰ. 草甸

该种植被类型是从水生、湿生向旱生转变的类型，因此，双子叶植物和其他适应旱生的类群在此发育。

A. 莎草-禾草群落

该群落类型出现在环湖路附近地势较高、水分相对较少的区域，代表一定的旱生性质。群落中包含莎草科苔草属、嵩草属，禾本科早熟禾（*Poa annua*）、歧颖剪股颖（*Agrostis inaequiglumis* var. *nana*）、细弱剪股颖（*Agrostis tenuis*）、看麦娘（*Alopecurus aequalis*）、无芒雀麦（*Bromus inermis*）、假枝雀麦（*Bromus pseudoramosus*）、沿沟草（*Catabrosa aquatica*）、假花鳞草（*Roegneria anthosachnoides*）、狗尾草（*Setaria viridis*）、中华沙蚕（*Tripogon chinensis*）等。群落中还会伴生肉果草（*Lancea tibetica*）、偏花报春（*Primula secundiflora*），唇形科白苞筋骨草（*Ajuga lupulina*）、青兰属（*Dracocephalum*）、香薷属（*Elsholtzia*）、荆芥属（*Nepeta*）、夏枯草属（*Prunella*）、鼠尾草属（*Salvia*）等，龙胆属（*Gentiana*）、漆姑草属（*Sagina*），毛茛科各属均是该类型植物群落的组成部分。

该类型群落的组成和外貌特征根据自然条件和人为干扰的不同各有差别，主要表现在耐旱生的嵩草属植物的含量和覆盖度上。以益司以西的样地为例，这里的人为干扰较为严重，旅游、放牧的踩踏已经导致草甸草原严重退化，干旱化和沙化现象较为明显，样地内植被覆盖度很低，耐旱莎草科、禾本科植物含量增加，湿地植物种类几乎消失，小区域景观与周边保护地迥异。

B. 杂草群落

该类型群落主要出现在靠近沼泽化草甸的区域，这些区域土壤含水量适中，也是纳帕海地区放牧等土地利用活动较为集中的区域。群落外貌结构受水分和干扰强度的影响，逐渐形成禾草-莎草类草甸向双子叶植物含量更高的五花杂草草甸过渡的序列。物种组成主要包括青蒿（*Artemisia carvifolia*）、倒提壶（*Cynoglossum amabile*）、毛蕊花（*Verbascum thapsus*）、匍匐风轮菜（*Clinopodium repens*）、獐牙菜（*Swertia bimaculata*）、尼泊尔酸模（*Rumex nepalensis*）、牛蒡（*Arctium lappa*）、香薷属

（*Elsholtzia*）、蒲公英（*Taraxacum mongolicum*）、车前（*Plantago asiatica*）、堇菜
（*Viola*）、肉果草、老鹳草（*Geranium*）、嵩草属（*Kobresia* sp.）、委陵菜（*Potentilla*）、
蓼属（*Polygonum*）、云南狗尾草（*Setaria yunnanensis*）、点地梅（*Androsace*）、龙
胆（*Gentiana*）、漆姑草等。

该类型群落靠近沼泽草甸的区域土质松软，有时含有较多的泥炭，是藏香猪经常光
顾的区域，因此，这类草原的外貌特征也与猪拱强度密切相关。猪拱强度较高的区域，
虽然土壤湿润，但是植被覆盖度极低，甚至形成裸地。翻拱之后的地面会被蓼属等双子
叶植物迅速占领，形成新的杂草型草原的先导群落。此时作为湿地标志的莎草、禾草类
植物几乎全部消失。

该类型群落所占面积变化较为显著，伴随着牲畜翻拱而不断发生变化。但是值得注
意的是，在演化过程中毛茛科、大戟科等有毒植物会倾向于成为新生成杂草草甸的主要
组成物种，虽然在景观上形成美丽的花海，但是却让草原的功能损失不小。

Ⅱ. 沼泽化草甸

沼泽化草甸仍然是纳帕海地区的主要植被类型，分布范围最广，但其群落组成较为
简单，只包含一种群落，即莎草-禾草-杂草群落。

莎草-禾草-杂草群落较为稳定，但是受到放牧等人类活动干扰也发生动态变化。其
主要的组成物种包括：莎草科苔草属、莎草属、嵩草属，禾本科早熟禾、蔷薇科矮地榆、
委陵菜，石竹科漆姑草，十字花科葶苈菜属、独行菜属，沼生的马先蒿等类群。由此可见，
该类型群落植物物种组成的湿地属性较为显著。

该类型植被的覆盖度一般较高，普遍在 80% 以上，除少数水洼、河沟外，几乎全部
覆盖植被。但是纳帕海地区最脆弱、容易受到威胁的也是这种湿地植被类型。人为活动
（旅游、放牧等）多发生在此类植被类型上。踩踏导致土壤孔隙减少，涵养水源的能力下
降；牲畜啃食、翻拱直接导致生物量无法积累，植被有性生殖世代交替无法实现，同时
翻拱还会导致植被根部裸露，脱水死亡。

该类型植被同时受到水位上升的影响，2015 年以来纳帕海来水增多，水位上升，部
分沼泽化草甸转变成沼泽和浅水区域，沼泽化草甸的面积进一步缩小。因此，应该着重
保护该类型植被，防止人为干扰导致其向草甸草原和荒漠转变。

Ⅲ. 沼泽

纳帕海的沼泽植被发育也很广泛，主要分布在纳帕海入湖河流末端、纳帕海水陆交
汇处，突出特点是土壤基质水分饱和。

A. 眼子菜-水毛茛群落

该类型群落多分布在湖岸的水陆交互带，水分饱和，水深一般不超过 5 cm，浮叶眼
子菜、篦齿眼子菜和水毛茛分布其中，总覆盖度为 20%～60%。该类型群落可能来自浅
水水生群落向陆生演化的过程，但眼子菜、水毛茛等水生性质的植物类群暂未有显著的
衰退迹象。西南毛茛、水葱等沼泽植物开始发育，群落形态开始发生转变。

B. 莎草-禾草群落

沼泽中占比最大的是莎草-禾草群落，其组成成分比较简单，以莎草科苔草属、莎
草属，以及禾本科早熟禾、看麦娘为主。伴生种包括报春、水毛茛、西南毛茛等，群落

总体覆盖度一般在 40%~70%,无裸露土地,空白部分为浅水所覆盖。

该类型群落较为稳定,物种组成体现云南高原沼泽湿地植被类型,由于长时间浸泡,受到的人为干扰也较少,总体来说属于健康状态。

Ⅳ. 水生植被

水生植被分布在常年积水的湖泊本体、河沟,以及季节性流水的河沟和季节性积水的深水沼泽中。其中,季节性流水、积水的河沟和深水沼泽中往往生长水葱、莐茅等挺水植物,也有水毛茛等露出水面生长。

A. 水葱群落

纳帕海水葱群落零散分布在沼泽向深水区域的过渡地带,以及静水水洼、沟渠等地,或形成单一优势的纯群落,或与少量沉水、浮叶植物共生组成群落。水葱的生长期较晚,一般在 6 月萌动,因此在这个季节无法观察到典型的水葱群落。但盛夏之后,水葱群落繁茂、高大,下层的共生物种略有减少。

常见伴生物种有眼子菜、水毛茛、莐茅、穗状狐尾藻,在静水水洼还有浮萍等漂浮植物伴生其中。在纳帕海东岸,水葱群落中还常见水苦荬等能够耐受淹水的沼泽植物。

B. 眼子菜群落

眼子菜群落是高原湿地水生生境的代表性群落。该区域最大的眼子菜群落分布区位于纳帕海北部落水洞一侧的湖区内。由于纳帕海地处高原、水温常年不高、透明度很高,因此,眼子菜群落在此得以充分发展。不同种类眼子菜在此混生,形成大规模的杂生群落,总体覆盖度最高可达 80%。穗状狐尾藻也是该种群落的重要组成部分,但数量不多。

纳帕海沿岸的水沟中也有眼子菜群落,其中以纳帕海以东的积水水洼和沟渠中最为典型,优势物种是浮叶眼子菜,篦齿眼子菜也分布其间,它们形成共生群落。

眼子菜群落在纳帕海也表现出一定的多样性,主要表现在物种组成上。但其共同特点是,集中在静水水面,流水、河曲内分布较少。纳帕海较高的水体透明度是促使眼子菜群落发育发展的重要原因。另外,如此茂盛的眼子菜群落可能预示着纳帕海水体发生富营养化。

C. 水毛茛群落

水毛茛群落在纳帕海地区主要分布在周边流动的河曲之中,共生物种较少,仅少量水葱杂生于水岸附近的泥质基质上,水毛茛在这些水体形成单种优势群落,覆盖度常超过30%。

水毛茛生活的水体温度较湖水更低,对水质要求也更高。因此,它多见于纳帕海西岸的河曲之中。东岸纳帕海的入湖河沟中也有发现水毛茛,但是水毛茛在其他沼泽植物之间杂生,已经无法建立优势群落,成为沼泽群落的组成成分。

D. 杉叶藻群落

杉叶藻群落在纳帕海地区的分布独具特色。杉叶藻小群丛可以分布在退化的沼泽化草甸中,即使没有水,也依然长成较密集的群落,似乎脱离了其水生植物的生态习性,但是无水的杉叶藻群落未见开花。该群落最主要的分布区是环湖水的沼泽、浅水区域,多形成单种优势群落,密集分布在沼泽、水体中。

水生的杉叶藻群落在 6 月集中进入花期,表现出极强的生命力和繁殖力。穗状狐尾藻会在不浅于 40 cm 的水体中与之共生,但种群数量较少,与香格里拉地区其他静水水体中穗状狐尾藻的分布模式相区别。

（2）物种多样性

根据 2016 年 6 月、8 月两次实地调查、采集和历史资料，纳帕海国际重要湿地目前记载维管植物 52 科 145 属 228 种（附录Ⅰ，扫描封底二维码获取）。其中，陆生植物 159 种，湿地植物（含沼泽草甸、沼泽、水生等）69 种。纳帕海湿地是我国生物多样性较为丰富和集中的地区，其中，面山针叶林、高山灌丛、草甸、沼泽草甸、水生植被是该区域植被的基本组成成分。

（3）植物入侵

纳帕海湿地范围内暂未发现明显的外来入侵植物生长，但纳帕海湿地依然面临着植物入侵的压力。与纳帕海湿地毗邻的区域内常见的外来植物有鬼针草（*Bidens pilosa*）、一年蓬（*Erigeron annuus*）、圆叶牵牛（*Ipomoea purpurea*）、土荆芥（*Dysphania ambrosioides*）、野燕麦（*Avena fatua*）。鬼针草、一年蓬原产于新世界热带至温带地区，尤其是中北美地区。这些物种已经在全球温带地区广泛分布，在纳帕海地区仅分布在农田、房前屋后等地，在湿地、面山林地中未发现。这些物种在纳帕海地区并未造成大规模入侵危害，其生长繁殖基本处于可控的平衡状态。圆叶牵牛、土荆芥、野燕麦在纳帕海地区分布较广，主要分布在人为活动较为密集的地区，暂无大规模入侵危害。

2.1.6.2　湿地动物

（1）鸟类

A. 物种数量

2016 年野外调查共观察到水鸟 35 种（附录Ⅱ，扫描封底二维码获取），隶属 10 目 12 科 19 属，数量共计 16791 只次，优势种为骨顶鸡（*Fulica atra*）、斑头雁（*Anser indicus*）、赤麻鸭（*Tadorna ferruginea*）、红头潜鸭（*Aythya ferina*）、绿头鸭（*Anas platyrhynchos*）等，分别占到总数量的 37.3%、20.5%、12.5%、6.9%、6.2%（图 2.10）；常见种为赤膀鸭（*Anas strepera*）、普通秋沙鸭（*Mergus merganser*）、红嘴鸥（*Larus ridibundus*）、普通鸬鹚（*Phalacrocorax carbo*）等。记录的鸟类中，属于国家Ⅰ级保护的有 3 种：黑颈鹤（*Grus nigricollis*）、黑鹳（*Ciconia nigra*）、白尾海雕（*Haliaeetus albicilla*）；国家Ⅱ级保护的有 1 种：灰鹤（*Grus grus*）。其中，黑颈鹤记录到 311 只、黑鹳 350 只、白尾海雕 18 只、灰鹤 5 只。黑颈鹤与往年比较种群数量基本持平，比较稳定。黑鹳种群数量较往年有所增加。

B. 居留类型及区系组成

从居留类型来看，纳帕海水鸟有繁殖鸟 7 种（夏候鸟 1 种，留鸟 6 种），占总物种数的 20%，非繁殖鸟 28 种（冬候鸟 27 种，旅鸟 1 种），占 80%。纳帕海鸟类以冬候鸟为主，其次为留鸟，夏候鸟与旅鸟较少。其中，绿头鸭与凤头䴙䴘在纳帕海夏季虽观察到有少量个体繁殖，但整体仍是呈现冬候鸟的特点，所以居留类型仍列为冬候鸟。从鸟类居留类型来看，纳帕海是水鸟越冬与迁徙途中重要的栖息地之一。

参照张荣祖（2011）对我国动物分布型的划分，纳帕海 35 种鸟类中，仅有繁殖鸟 7 种，均为广布种。也能看出，在区系上，纳帕海水鸟构成并不能体现东洋界或古北界的特征。

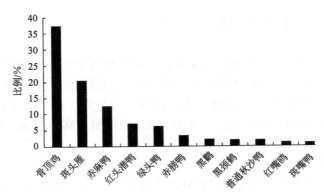

图 2.10 纳帕海丰富度位居前 11 位的水鸟物种及其所占总丰富度比例

（2）鱼类

A. 物种数量

2016 年，在纳帕海采集到的鱼类共计 9 种，分属 4 目 5 科。鲤形目共计 6 种，分别为鲤科的鲫鱼（*Carassius auratus*）、鲤鱼（*Cyprinus carpio*）、草鱼（*Ctenopharyngodon idellus*）、麦穗鱼（*Pseudorasbora parva*）及鳅科的泥鳅（*Misgurnus anguillicaudatus*）、大鳞副泥鳅（*Paramisgurnus dabryanus*）等，占 66.7%。鲇形目共计 1 科 1 种，为鲇（*Silurus asotus*）。鲈形目 1 科 1 种，为小黄黝鱼（*Micropercops swinhonis*）。鳉形目 1 科 1 种，为中华青鳉（*Oryzias sinensis*）。资料所记载的中甸叶须鱼（*Ptychobarbus chungtienensis*）及短须裂腹鱼（*Schizothorax wangchiachii*）未采集到实物标本。如附录Ⅲ所示（扫描封底二维码获取附录），迄今为止，纳帕海区域内监测记录到的鱼类物种名录共计 11 种，而现存 9 种，且均为入侵物种。其中，鲤鱼、草鱼、大鳞副泥鳅、鲇及中华青鳉为其入侵鱼类新记录。

B. 濒危物种

纳帕海湿地无列入国家重点保护名录及云南省鱼类物种。列入期刊《生物多样性》2016 专刊系列名录的物种为中甸叶须鱼、中华青鳉。中甸叶须鱼在纳帕海已经多年无采集记录，由于当前纳帕海水体污染较为严重，水环境并不适合中甸叶须鱼栖息，可以基本确定其在纳帕海区域已经灭绝。

中华青鳉数量在纳帕海数量较大，虽然为外来种群，项目组利用分子生态学手段分析显示该种群具有有别于云南其他区域种群的线粒体基因单倍型，由于该地为中华青鳉已知海拔最高的栖息区域，该地种群具有重要的保护生物学研究价值。

C. 入侵物种

监测显示，在纳帕海湿地现存鱼类均为外来种，鲤鱼、草鱼、大鳞副泥鳅、鲇及中华青鳉为本次监测所发现的入侵鱼类新纪录。外来鱼类除不能自然繁殖的草鱼外均为产黏性卵鱼类，一年中在繁殖期内可多次产卵，种群增长迅速，世代更新周期短，能够为鱼食性水鸟提供丰富饵料，这可能是近年来纳帕海鸟类种群增长迅速的重要影响因素之一。

（3）兽类

纳帕海湿地周边地区缺少大中型兽类栖息所需生境。在 2002 年开展的纳帕海保护区综合科学考察，以及 2013 年至今开展的第二次全国陆生野生动物资源调查中，纳帕海水域及其附近地区没有观察记录到大中型兽类栖息活动，湖滨带山脚耕地灌丛和村落附近偶尔观察记录到的兽类有豹猫、黄鼬、赤腹松鼠、珀氏长吻松鼠、隐纹花鼠等小型兽类。2005 年冬季开展水禽观察期间，曾在纳帕海草地上观察到狼，随后多年监测未再观察到。访问调查获悉有狐狸在山脚地带活动。

通过实地调查，野外观察动物实体、足迹及访问证实，在纳帕海保护区周边分布的兽类共有 19 种（附录Ⅳ，扫描封底二维码获取），隶属 3 目 8 科，兽类物种多样性较低。兽类物种组成以东洋种（12 种，63.2%）为主，广布种（6 种，31.6%）次之，古北种少（仅狼 1 种）。

纳帕海保护区的兽类种类相对单调且数量极少，通常可见的是高原兔、赤腹松鼠等一些常见小型兽类，其原因是该保护区主要为高山湖泊湿地类型保护区，坐落在人烟稠密、农耕发达的大中甸坝子，保护区生境单一，全为湖泊沼泽湿地和草甸，对哺乳动物的承载能力有限，大多数兽类不适宜在这样开阔的生境中栖息。保护区偶见狐狸、狼等肉食性兽类活动。在冬季雪天周边森林中的兽类因食物缺乏而到草甸中觅食，因此在保护区偶尔能见到这些肉食性兽类出现。

（4）两栖爬行类

纳帕海国际重要湿地以及周边地区栖息分布的两栖爬行类动物共 8 种（附录Ⅴ，扫描封底二维码获取），隶属 3 目 6 科。本区两栖爬行类物种组成以东洋界西南区成分为主（5 种，62.5%）；分布跨东洋界和古北界的种类仅西藏蟾蜍 1 种，属于古北界向东洋界渗透的类型；另外 2 种（多疣壁虎和铜蜓蜥）属于东洋界华中—华南区种类向西南区渗透的类型。两栖动物以西藏蟾蜍较为常见。

纳帕海地区生态条件不利于两栖爬行类物种存活，一些广泛分布种类在该地区难以见到，两栖爬行类的种类十分匮乏，只有少数适应高原特殊环境的特化种类栖息，如西藏蟾蜍和高原蝮，它们是高原特有物种。这些适应特殊环境的物种通常种群数量很低，影响它们存活的干扰主要来自污染和栖息地的丧失。

2.1.7　湿地放牧干扰现状

纳帕海国际重要湿地地处农牧交错带，放牧是当地居民对纳帕海湿地利用的主要方式之一。近年来，随着香格里拉经济的迅速发展，当地畜牧业发展较快，放牧的强度不断增大，放牧的类型由原来单一的牦牛放牧类型向牛、羊、马、猪等多元放牧类型转变。根据纳帕海湿地周边牲畜量的调查结果，纳帕海湿地周边有牲畜 11443 头，其中，牛、马、猪、羊分别为 4699 头、1740 匹、2949 头、2055 只，计算得到纳帕海湿地湖盆区域（沼泽化草甸和草甸）的实际载畜量为 4.58 头（只、匹）/亩①。而纳帕海湿地理论载畜量为 1.57 头（只、匹）/亩，超载率为 191.72%。纳帕海湿地超载过牧情况严重，超出环境容量的放牧不仅使可食优质牧草大量消耗，失去有性繁殖，劣质牧草大量增殖，不可食的有毒杂草大狼毒出现（图 2.11），而且过度放牧降低湿地初级生产力，引起沼泽化草甸土壤生态系统物质循环中有机物质的归还量减少，影响腐殖质积累，干扰和破坏土

① 1 亩≈666.7m²。

壤生态系统正常的物质循环。

图 2.11 纳帕海湿地过度放牧

　　放牧活动对纳帕海的保护造成巨大压力,尤其是家猪的放养翻拱沼泽化草甸找食,对湿地造成的破坏极为严重,影响面积超过 3000 亩(图 2.12),约占沼泽化草甸面积的25%。放养家猪的严重后果是湿地草根层被啃食而枯死,泥炭土层破坏殆尽,下覆层出露,有的地方已开始沙化,破坏性极大。

图 2.12 纳帕海湿地家猪放牧对湿地的破坏

2.2 碧塔海湿地环境特征

2.2.1 地理位置

　　碧塔海国际重要湿地位于云南省迪庆藏族自治州境内,地处 27°46′N～27°57′N、99°54′E～100°08′E。海拔最高点为弥里塘(4159.1 m),最低点为洛吉乡的河岔沟(3180 m),湖面海拔 3568 m。

2.2.2 地质地貌

　　碧塔海地处青藏高原东南缘横断山脉三江纵谷区东部,为镶嵌于横断山系高山峡谷区断陷盆地中的高原沼泽湿地，地质构造上属滇西地槽褶皱系，古生界印支地槽褶皱带，中甸剑川岩相带，在东部出口处分布有少量石灰岩，还有大量分布的砂岩、板岩、千枚岩以及玄武岩，以及第四系冲积、洪积、冰碛、湖积、坡积和残积物等。碧塔海的主要土壤类型为沼泽土和泥炭土，由于冷凉气候及厌氧条件下有机质难以分解，形成的沼泽土和泥炭土有机质含量较高。

2.2.3　气候

碧塔海气候为西部型季风气候。受南北向排列山地和大气环流的影响，全年盛行南风和南偏西风；干湿季分明，11 月～次年 5 月为明显干季，晴天多、光照充足，日照时数占全年日照时数的 69%，但该季几乎为积雪期；5～11 月为明显湿季，阴雨天多，日照时数占全年日照时数的 12%；且具有明显的高原气候特征，太阳辐射强，年日照时数平均为 2180.3 h，气温年较差小、日较差大，长冬无夏，春、秋季短，年均气温 3.3℃。虽具高原气候特征，但由于湖泊和湖周森林的调节，气候与同海拔相比较为温暖湿润；碧塔海湿地保护区内海拔相对高差为 979 m，立体气候明显，具有山地温带和山地寒温带两种主要气候类型。

2.2.4　水环境

2.2.4.1　水文状况

碧塔海属典型的闭合型湿地，被山地完全包围，其主要水源补给为降雨和冰雪融水，其次，来源于湖西岸的泉水。其出水口为湖东部的一条小河，雨季湖泊水量丰溢时其会沿小河东流出 500 m 后，落入地下溶洞，经地下河潜流后流入洛吉河，再经尼汝河汇入金沙江。碧塔海湖面周围的山地上有茂密的原始森林，为森林涵养的复合湿地生态系统，碧塔海湿地集水面积约为 20 km²，湖区多年平均降水量为 1100 mm（包括降雨和降雪）。保存完整的大面积原始寒温性针叶林是天然的储水库，平均年产水量为 1080 万 m³，发挥着巨大的水源涵养功能，确保了碧塔海水量的充足补给，湖面变化较小，水位也较为恒定，历史资料和 20 世纪 50 年代以来的影像资料判读表明，无论旱涝，几十年来碧塔海水位均保持稳定，即便是经历连续干旱也保持水位稳定，碧塔海湿地是我国天然湿地中由森林涵养水源稳定补给水源的最为典型的湿地。

2.2.4.2　水质状况

2016 年，本课题组采用均匀布点与敏感区布点相结合的方法，选取了 29 个点对碧塔海湿地水质进行监测。根据地表水采样方法，采用水样采集器采集水面以下 0.5 m 深水样，将其置于恒温箱带回实验室进行水质检测，检测指标包括总氮、总磷、高锰酸盐指数、氨氮、化学需氧量、五日生化需氧量。温度、电导率、盐度、pH、氧化还原电位、浊度、透明度、叶绿素、蓝绿藻藻蓝蛋白和溶解氧采用便携式水质分析仪测定。

碧塔海湿地水质监测结果如表 2.8 所示，根据《地表水水环境质量标准》（GB 3838—2002）进行评估，碧塔海湿地水体各监测指标超标情况如表 2.9 所示。根据《云南省地

表 2.8 碧塔海湿地水质监测结果

样品编号	温度/℃	电导率/(μS/cm)	盐度/ppt	pH	氧化还原电位/mV	浊度/NTU	叶绿素/(μg/L)	蓝绿藻藻蓝蛋白/(cells/mL)	溶解氧/(mg/L)	透明度/m	化学需氧量/(mg/L)	五日生化需氧量/(mg/L)	高锰酸盐指数/(mg/L)	总氮/(mg/L)	总磷/(mg/L)	氨氮/(mg/L)
1	16.75	69	0.04	9.01	43.3	1	4.8	3088	7	1.4	21	4.3	3.3	0.1442	0.044	0.0745
2	16.96	72	0.04	9.2	27.9	-180.2	10.2	25515	7.15	1.6	40	12.3	19.1	0.1569	0.0454	0.0831
3	16.94	69	0.04	9.01	43.3	1	1.6	2597	6.9	1.8	16	1.3	2.5	0.1472	0.0435	0.0853
4	16.99	70	0.04	8.97	43	0.9	4	3478	6.78	1.4	13	2.5	2.4	0.1872	0.054	0.0767
5	17.01	73	0.04	9.2	31.8	1	2.1	1863	7.09	1.2	14	1.6	2	0.1548	0.0439	0.0715
6	16.86	74	0.04	9.28	33.8	1	1.8	1485	7.18	0.8	14	2.2	2.1	0.1385	0.0434	0.0669
7	16.3	74	0.04	9.13	54.4	1	1.8	1485	7.31	1.6	14	2.1	3.6	0.1393	0.0439	0.0917
8	16.34	74	0.04	9.04	54	0.8	1.7	1648	6.96	1.6	15	1.8	3.8	0.1322	0.0419	0.0795
9	16.85	74	0.04	9.03	53.2	0.8	1.1	2080	6.85	1.5	14	2.6	3.9	0.1357	0.0404	0.0827
10	17.23	74	0.04	9.07	51.9	0.9	4	2423	6.98	1.2	12	1.1	3.8	0.135	0.0409	0.0823
11	17.73	74	0.04	9.17	49.8	2	3.4	3031	7.14	0.9	16	2.8	4.3	0.1414	0.04	0.0817
12	17.24	75	0.04	9.15	52.1	-180.5	2.5	2991	7.31	0.8	18	3.1	3.2	0.211	0.0488	0.1693
13	16.65	74	0.04	9.13	51.5	0.6	0.7	2262	7	1.5	15	2.7	3.1	0.1463	0.0439	0.0845
14	16.48	74	0.04	9.09	54.4	0.6	1.5	2071	7.12	1.5	24	5.7	3.6	0.1536	0.0456	0.0921
15	16.27	74	0.04	9.08	55.7	0.7	0.7	2276	6.98	1.8	19	4.2	4.2	0.1393	0.0456	0.0891
16	16.65	74	0.04	9	60.8	520.1	1.1	2135	6.92	1.5	16	3.5	3.7	0.1329	0.047	0.0723
17	16.5	72	0.04	9.05	58.3	1.5	1.9	3279	7.06	1.4	19	3.8	4	0.1514	0.0555	0.0813
18	16.87	69	0.04	9.12	82.2	2	2.3	2989	7.03	1.2	23	5	4.6	0.1916	0.0658	0.0865
19	16.47	67	0.04	9.28	69.5	1.6	2.6	3309	7.33	1.5	20	6.2	4.3	0.1458	0.0514	0.0773
20	17.24	68	0.04	9.24	65.8	-180.5	2.2	2726	7.3	1.6	31	7.5	12.4	0.1626	0.0519	0.0901
21	17.03	73	0.04	9.27	63.4	0.3	1.4	3540	7.11	1.7	18	2.4	3.4	0.1474	0.0545	0.0807
22	16.64	74	0.04	9.19	66.2	0.3	0.8	3163	7.24	1.7	23	3.6	3.3	0.1286	0.065	0.0801

续表

样品编号	温度/℃	电导率/(μS/cm)	盐度/ppt	pH	氧化还原电位/mV	浊度/NTU	叶绿素/(μg/L)	蓝绿藻蓝蛋白/(cells/mL)	溶解氧/(mg/L)	透明度/m	化学需氧量/(mg/L)	五日生化需氧量/(mg/L)	高锰酸盐指数/(mg/L)	总氮/(mg/L)	总磷/(mg/L)	氨氮/(mg/L)
23	16.47	74	0.04	9.16	66	0.9	0.8	1956	7.01	1.8	14	2	3.1	0.1334	0.0499	0.0697
24	16.35	74	0.04	9.11	67.4	0.9	1	2359	7.05	1.8	17	3.9	3.2	0.1817	0.0657	0.0743
25	16.42	74	0.04	9.11	67.6	0.4	4	2085	6.97	1.9	17	2.9	3.2	0.1394	0.0512	0.0719
26	16.88	75	0.04	9.07	69.7	471.6	1.9	2608	6.87	1.7	16	2.7	3.3	0.1265	0.044	0.0727
27	17.39	71	0.04	9.1	67.4	0.6	3.1	2184	6.8	1.8	18	2.1	4	0.1758	0.0518	0.0989
28	10.76	75	0.05	9.03	60.2	0.6	3.2	2590	8.61	—	16	2.6	6.7	0.0523	0.0356	0.0472
29	11.08	81	0.05	8.7	67.6	0.6	3.2	2590	8.51	—	13	1.7	4.3	0.0521	0.0366	0.0683

表 2.9 碧塔海湿地水体各监测指标超标情况

样点号	高锰酸盐指数/(mg/L)	II类标准/(mg/L)	超标倍数	总氮/(mg/L)	II类标准/(mg/L)	超标倍数	总磷/(mg/L)	II类标准/(mg/L)	超标倍数	氨氮/(mg/L)	II类标准/(mg/L)	超标倍数	化学需氧量	II类标准	超标倍数	五日生化需氧量	II类标准	超标倍数
1	3.3	4	-0.175	0.1442	0.5	-0.7116	0.044	0.025	0.76	0.0745	0.5	-0.851	21	15	0.4	4.3	3	0.433333
2	19.1	4	3.775	0.1569	0.5	-0.6862	0.0454	0.025	0.816	0.0831	0.5	-0.8338	40	15	1.666667	12.3	3	3.1
3	2.5	4	-0.375	0.1472	0.5	-0.7056	0.0435	0.025	0.74	0.0853	0.5	-0.8294	16	15	0.066667	1.3	3	-0.56667
4	2.4	4	-0.4	0.1872	0.5	-0.6256	0.054	0.025	1.16	0.0767	0.5	-0.8466	13	15	-0.13333	2.5	3	-0.16667
5	2	4	-0.5	0.1548	0.5	-0.6904	0.0439	0.025	0.756	0.0715	0.5	-0.857	14	15	-0.06667	1.6	3	-0.46667
6	2.1	4	-0.475	0.1385	0.5	-0.723	0.0434	0.025	0.736	0.0669	0.5	-0.8662	14	15	-0.06667	2.2	3	-0.26667
7	3.6	4	-0.1	0.1393	0.5	-0.7214	0.0439	0.025	0.756	0.0917	0.5	-0.8166	14	15	-0.06667	2.1	3	-0.3
8	3.8	4	-0.05	0.1322	0.5	-0.7356	0.0419	0.025	0.676	0.0795	0.5	-0.841	15	15	0	1.8	3	-0.4
9	3.9	4	-0.025	0.1357	0.5	-0.7286	0.0404	0.025	0.616	0.0827	0.5	-0.8346	14	15	-0.06667	2.6	3	-0.13333
10	3.8	4	-0.05	0.135	0.5	-0.73	0.0409	0.025	0.636	0.0823	0.5	-0.8354	12	15	-0.2	1.1	3	-0.63333
11	4.3	4	0.075	0.1414	0.5	-0.7172	0.04	0.025	0.6	0.0817	0.5	-0.8366	16	15	0.066667	2.8	3	-0.06667

续表

样点号	高锰酸盐指数/(mg/L)	Ⅱ类标准/(mg/L)	超标倍数	总氮/(mg/L)	Ⅱ类标准/(mg/L)	超标倍数	总磷/(mg/L)	Ⅱ类标准/(mg/L)	超标倍数	氨氮/(mg/L)	Ⅱ类标准/(mg/L)	超标倍数	化学需氧量	Ⅱ类标准	超标倍数	五日生化需氧量	Ⅱ类标准	超标倍数
12	3.2	4	-0.2	0.211	0.5	-0.578	0.0488	0.025	0.952	0.1693	0.5	-0.6614	18	15	0.2	3.1	3	0.033333
13	3.1	4	-0.225	0.1463	0.5	-0.7074	0.0439	0.025	0.756	0.0845	0.5	-0.831	15	15	0	2.7	3	-0.1
14	3.6	4	-0.1	0.1536	0.5	-0.6928	0.0456	0.025	0.824	0.0921	0.5	-0.8158	24	15	0.6	5.7	3	0.9
15	4.2	4	0.05	0.1393	0.5	-0.7214	0.0456	0.025	0.824	0.0891	0.5	-0.8218	19	15	0.266667	4.2	3	0.4
16	3.7	4	-0.075	0.1329	0.5	-0.7342	0.047	0.025	0.88	0.0723	0.5	-0.8554	16	15	0.066667	3.5	3	0.166667
17	4	4	0	0.1514	0.5	-0.6972	0.0555	0.025	1.22	0.0813	0.5	-0.8374	19	15	0.266667	3.8	3	0.266667
18	4.6	4	0.15	0.1916	0.5	-0.6168	0.0658	0.025	1.632	0.0865	0.5	-0.827	23	15	0.533333	5	3	0.666667
19	4.3	4	0.075	0.1458	0.5	-0.7084	0.0514	0.025	1.056	0.0773	0.5	-0.8454	20	15	0.333333	6.2	3	1.066667
20	12.4	4	2.1	0.1626	0.5	-0.6748	0.0519	0.025	1.076	0.0901	0.5	-0.8198	31	15	1.066667	7.5	3	1.5
21	3.4	4	-0.15	0.1474	0.5	-0.7052	0.0545	0.025	1.18	0.0807	0.5	-0.8386	18	15	0.2	2.4	3	-0.2
22	3.3	4	-0.175	0.1286	0.5	-0.7428	0.065	0.025	1.6	0.0801	0.5	-0.8398	23	15	0.533333	3.6	3	0.2
23	3.1	4	-0.225	0.1334	0.5	-0.7332	0.0499	0.025	0.996	0.0697	0.5	-0.8606	14	15	-0.06667	2	3	-0.33333
24	3.2	4	-0.2	0.1817	0.5	-0.6366	0.0657	0.025	1.628	0.0743	0.5	-0.8514	17	15	0.133333	3.9	3	0.3
25	3.2	4	-0.2	0.1394	0.5	-0.7212	0.0512	0.025	1.048	0.0719	0.5	-0.8562	17	15	0.133333	2.9	3	-0.03333
26	3.3	4	-0.175	0.1265	0.5	-0.747	0.044	0.025	0.76	0.0727	0.5	-0.8546	16	15	0.066667	2.7	3	-0.1
27	4	4	0	0.1758	0.5	-0.6484	0.0518	0.025	1.072	0.0989	0.5	-0.8022	18	15	0.2	2.1	3	-0.3
28	6.7	4	0.675	0.0523	0.5	-0.8954	0.0356	0.025	0.424	0.0472	0.5	-0.9056	16	15	0.066667	2.6	3	-0.13333
29	4.3	4	0.075	0.0521	0.5	-0.8958	0.0366	0.025	0.464	0.0683	0.5	-0.8634	13	15	-0.13333	1.7	3	-0.43333

注:"—"表示未超标。

表水环境功能区划（2010—2020 年）》，碧塔海全湖水质类别为Ⅱ类。总磷、总氮、氨氮的全水体平均值分别为 0.048 mg/L、0.144 mg/L、0.082 mg/L；高锰酸盐指数、化学需氧量、五日生化需氧量的全水体平均值分别为 4.43 mg/L、18.14 mg/L、3.46 mg/L。单项指标中总磷、高锰酸盐指数、化学需氧量、五日生化需氧量均超过Ⅱ类水指标，水环境质量呈现恶化趋势。

根据《湖泊（水库）富营养化评价方法及分级技术规定》（中国环境监测总站，总站生字〔2001〕090 号），采用综合营养状态指数法对碧塔海湿地水体富营养化水平进行评价。碧塔海湿地水体营养状况评价如表 2.10 所示，所测试的 27 个区样点（28 号、29 号点数据缺失）均处于中营养水平，其中 2 号采样点的营养状况接近轻度富营养化水平，全湖水体的综合营养状态指数平均值为 35.8。

表 2.10　碧塔海湿地水体营养状况评价

样点号	综合营养状态指数	营养等级
1	37.5	中营养
2	48.1	中营养
3	32.1	中营养
4	36.8	中营养
5	33.4	中营养
6	34.2	中营养
7	34.5	中营养
8	34.3	中营养
9	33.4	中营养
10	37.8	中营养
11	39	中营养
12	38.9	中营养
13	31.4	中营养
14	34.6	中营养
15	32.2	中营养
16	33.5	中营养
17	36.6	中营养
18	39.6	中营养
19	37.5	中营养
20	42.1	中营养
21	34.1	中营养
22	32.5	中营养
23	31.3	中营养

续表

样点号	综合营养状态指数	营养等级
24	33.8	中营养
25	36.1	中营养
26	33.7	中营养
27	37.4	中营养
28	—	—
29	—	—

2.2.5 湿地生物

2.2.5.1 湿地植物

（1）物种多样性

本课题组于 2016 年 6 月植物生长旺季对碧塔海湿地内的沼泽化草甸（弥里塘、吉利古、海头湿地、五花草甸）和浅水湿地植物群落开展野外实地调查。根据典型性和代表性原则选择植被监测固定样方，并结合前人的考察报告等发现，碧塔海湿地共计有维管植物 82 科 258 属 577 种。其中，湿地植物（含水生、沼泽和中生）124 种，水生植物（沉水和挺水）5 种，陆生植物 453 种。

湿地中含有国家二级保护植物两种：油麦吊云杉（*Picea brachytyla* var. *complanata*）、松茸（*Tricholoma matsutake*），为该区域常见种，是本地特有或者资源植物（真菌），具有显著的本土特色。

（2）植物入侵

2011 年国家安排了迪庆藏族自治州碧塔海湿地保护补助资金项目，在该项目的资助下，开展了碧塔海海尾面山植被恢复工作，在进行植被恢复时直接采用碧塔海湿地区域外的草皮植入，在此区域发现外来物种白车轴草（*Trifolium repens*），主要分布在 2 m² 的面积内，尚未形成入侵趋势，没有对碧塔海自然保护区内的土著物种构成危害和威胁。该物种是在北半球广泛分布的物种，有的植物学家已经将其列为归化物种，暂无大规模入侵危害。

2.2.5.2 湿地动物

（1）鸟类

A. 物种组成

2016～2017 年，在碧塔海进行的两次水鸟调查中，记录到水鸟 14 种，隶属 8 目 9 科 12 属，数量共计 211 只次。冬季共观察到 11 种，共计 135 只次。冬季优势种为绿头鸭、小䴙䴘（*Tachybaptus ruficollis*）、黑颈鹤、普通秋沙鸭等，分别占到总数量的 50.4%、19.3%、11.1%、8.1%；常见种为赤麻鸭、赤膀鸭、骨顶鸡等（图 2.13）。冬季记录的鸟类中，属于国家一级保护的有 1 种：黑颈鹤。夏季共观察到 6 种，共计 76 只次。夏季优势种为小鹀鹛、绿头鸭等，分别占到总数量的 34.2%、23.7%。

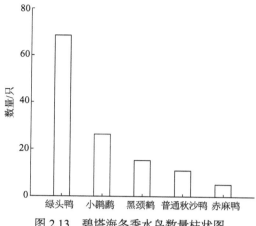

图 2.13　碧塔海冬季水鸟数量柱状图

B. 居留类型及区系组成

从居留类型来看，碧塔海鸟类有繁殖鸟 6 种，均为留鸟，占总物种数的 46.15%，非繁殖鸟 7 种（冬候鸟 6 种，旅鸟 1 种），占 53.85%。可见，碧塔海水鸟以冬候鸟为主，其次为留鸟，旅鸟有 1 种。

参照张荣祖（2011）对我国动物分布型的划分，碧塔海 6 种鸟类中，古北界共 9 种，占 64.29%，广布种有 4 种，占 28.57%，东洋种 1 种，占 7.14%，充分显示出该区域的鸟类组成成分具有古北界特征。

（2）鱼类

A. 物种数量

调查期间，在碧塔海采集到的鱼类共计 4 种，分属 1 目 2 科 4 属，均为鲤形目鱼类，分别为鲤科的中甸叶须鱼、鲫鱼及鳅科的泥鳅、大鳞副泥鳅等。其中鲫鱼、泥鳅、大鳞副泥鳅为入侵物种（附录Ⅲ，扫描封底二维码获取附录）。

B. 濒危物种

碧塔海湿地无列入国家重点保护名录鱼类物种及云南省珍稀保护动物名录鱼类物种。列入期刊《生物多样性》2016 专刊系列名录的物种为中甸叶须鱼。

中甸叶须鱼在碧塔海仍存有较大种群，由于当前碧塔海已经出现多种入侵鱼类，该种群的可持续发展前景堪忧。

C. 入侵物种

项目组前期研究显示入侵物种与中甸叶须鱼存在较大食物重叠，且在大鳞副泥鳅消化道中发现鱼类残骸，怀疑其对中甸叶须鱼仔幼鱼可能存在捕食作用。由于泥鳅、大鳞副泥鳅种群数量增长迅速、寿命较长，监测鉴别最大年龄已达 7+龄，亟须采取有力措施控制其种群增长及生态危害。特别需引起高度重视的是要严密限制麦穗鱼（*Pseudorasbora parva*）的可能入侵，已有案例显示，麦穗鱼的入侵是导致泸沽湖三种裂腹鱼灭绝的关键因素，而它在邻近的纳帕海已经存有庞大种群，一旦由于游客在碧塔海放生鱼类时无意引入，该湖的中甸叶须鱼可能迅速灭绝。

（3）两栖爬行和兽类

碧塔海共有两栖动物 12 亚种，隶属 2 目 4 科。刺胸齿突蟾和西藏蟾蜍既属古北界青藏区又属东洋界西南区，占全部两栖种类的 17%。其余 10 种均属东洋界西南区，占全部两栖类的 83%。以昭觉林蛙、西藏蟾蜍和腹斑倭蛙等为优势种（潘晓赋等，2002）。

碧塔海共有爬行动物 6 亚种，隶属于 2 目 3 科，除铜蜓蜥外，其余均属东洋界西南区。以高原腹雪山亚种等为优势种群（潘晓赋等，2002）。

根据文献报道，碧塔海湿地记录有哺乳动物 7 目 18 科 38 种，主要有猕猴、狼、豺、黑熊、棕熊、小熊猫、青鼬、水獭、马麝、林麝、喜马拉雅鬣羚、斑羚等，其中，豺和林麝为国家 I 级保护动物。

2.2.6 湿地放牧干扰现状

2015 年，本课题组就放牧对碧塔海湿地的影响情况进行了调查，弥里塘湿地面积 223.4 hm^2，主湿地面积 19.3 hm^2。弥里塘内放牧牲畜有牦牛 900 多头、马 130 匹、猪 20 多头，地表践踏、翻拱严重（图 2.14）。主湿地内放牧牲畜有牦牛和马 50 多头（匹），地表践踏有明显痕迹，但践踏程度较轻（图 2.15）。

图 2.14　弥里塘湿地牦牛、猪放牧

图 2.15　主湿地牦牛、马放牧

　　放牧过程中牲畜践踏和猪翻拱对湿地植被及土壤理化性质产生较大影响。本课题组对放牧区的植被进行调查发现，猪翻拱显著降低植物覆盖度，减少植物地上生物量，同时破坏植物地下根系部分，明显减少地下生物量，猪翻拱过的区域 80% 植物会在太阳的暴晒下死亡，因此，猪翻拱对湿地植物会产生致命的影响。

第 3 章 放牧对湿地土壤硝化、反硝化作用的影响

3.1 研究内容及方法

3.1.1 研究内容

3.1.1.1 动物活动对湿地土壤硝化、反硝化作用的影响

本课题组以纳帕海国际重要湿地纳帕村附近的沼泽化草甸为研究对象，研究放牧过程中牲畜践踏和猪翻拱对沼泽化草甸湿地土壤理化性质及氮转化的影响。在纳帕村环湖路以西的围栏禁牧区设置对照样地，在纳帕村环湖路以东，根据地表植被和土壤物理状况设置猪翻拱扰动样地、牲畜践踏样地，取原位土柱进行室内培养，测定湿地土壤的矿化速率、硝化速率和反硝化速率，同时测定土壤容重、土壤 pH、土壤含水量、土壤总有机碳含量、土壤总氮含量、土壤总磷含量、铵态氮含量、硝态氮含量，对比分析动物活动（猪翻拱、牲畜践踏）对湿地土壤氮转化和理化性质的影响。

3.1.1.2 排泄物输入对湿地土壤硝化、反硝化作用的影响

本课题组以碧塔海国际重要湿地弥里塘泥炭沼泽地为研究对象，研究放牧过程中牦牛排泄物（粪便、尿液）输入对泥炭沼泽地土壤理化性质及氮转化的影响。在弥里塘设置对照区采集原位土柱，再分别设置粪便输入处理和尿液输入处理实验，按周期取土测定粪便输入处理、尿液输入处理影响下湿地土壤的矿化速率、硝化速率、反硝化速率、反硝化酶活性，以及总有机碳、总氮、铵态氮、硝态氮等土壤理化性质，对比分析排泄物输入（粪便、尿液）对湿地土壤氮转化及理化性质的影响。

3.1.2 技术路线

本章以湿地生态学、环境化学、土壤学等学科理论为指导，依据典型性和代表性原则，在云南高原沼泽湿地进行取样分析，采用野外采样和室内培养分析相结合的方法监测对照、牲畜践踏、猪翻拱、牦牛粪便输入、牦牛尿液输入等不同影响下湿地土壤的理化性质和矿化速率、硝化速率及反硝化速率的特征。分析不同放牧干扰对湿地土壤氮转化的影响，技术路线图见图 3.1。

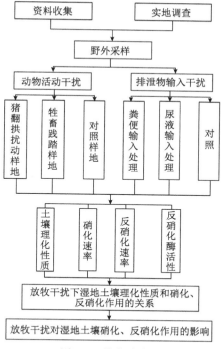

图 3.1　技术路线图

3.1.3　研究方法

本研究采用原位土柱室内控制实验方法，研究放牧过程中动物活动（猪翻拱、牲畜践踏）和排泄物输入（粪便、尿液）对沼泽湿地土壤硝化、反硝化作用的影响。

3.1.3.1　动物活动对湿地土壤硝化、反硝化作用的影响研究方法

（1）样地设置

2016 年 6 月，本课题组通过野外调查，依据典型性和代表性原则，在纳帕海国际重要湿地纳帕村附近设置研究区。在纳帕村环湖路以西的围栏禁牧区设置对照样地（CK），在纳帕村环湖路以东，根据地表植被和土壤物理状况设置猪翻拱扰动样地（ZG）、牲畜践踏样地（JT）（图 3.2）。样地大小为 10 m×10 m，沿对角线选 3 个取样点，每个取样点用 PVC 管（内径 10 cm、长 30 cm）取 0~10 cm 土柱 2 个（分别用于矿化/硝化和反硝化实验），共取土柱 18 个。取土柱前去除地上植被，用塑料薄膜封住 PVC 管上下口带回实验室。同时用自封袋取 0~10 cm 土壤样品带回实验室用于土壤理化性质的测定。

（2）土壤理化性质的测定

土壤容重和含水量的测定采用烘干法，野外利用铝盒测定土壤容重，先测量盒重、体积和土壤湿重，然后在（105±2）℃的烘箱中烘 48 h 至恒重后称量干重，根据测量的体积、湿重、干重计算土壤容重，根据烘干前后土壤的质量计算含水量；土壤 pH 的测定采用 PH400 便携式土壤原位 pH 计测定。

(a) 对照样地　　　　　　(b) 践踏样地　　　　　　(c) 翻拱样地

图 3.2　实验样地图

土壤铵态氮（NH₄⁺-N）和硝态氮（NO₃⁻-N）的测定：称取采集的新鲜土壤 5 g 放入 100 mL 的烧杯中，每个土壤样品设置 3 个重复，按照土：水比 1：10 加入 1 mol/L KCl 溶液 50 mL，之后在振荡机上振荡 1 h 后取出，静置 30 min 后，提取上清液，用 AA3 连续流动分析仪（SKALAR San++, Skalar Co., Netherlands）进行测定（Keeney and Nelson, 1982）。

土壤总有机碳（TOC）的测定：将采集的土壤样品风干后过 2 mm 筛，称取 5 g 风干土放入培养皿中，每个土壤样品设置 3 个重复，向其中加入 1%盐酸溶液完全淹没土壤样品，充分搅拌后放入烘箱内，温度设置为 105℃，将烘干后的土壤样品称取 3 mg 用锡纸包好，采用德国 Elementar 公司的 vario TOC select 总有机碳分析仪测定（何海龙等，2014）。

土壤总氮（TN）、总磷（TP）的测定：将采集的土壤样品风干后过 2 mm 筛，称取 0.2 g 研磨土壤置于 100 mL 消煮管中，先用水润湿样品，然后加入 5 mL 浓硫酸，轻轻摇匀过夜，在瓶口放一个弯颈漏斗，在消煮炉上低温缓缓加热，待浓硫酸分解冒白烟逐渐升高温度。当溶液呈棕黑色时从消煮炉上取下消煮管冷却，逐渐滴入 300 g/L H₂O₂ 10 滴并不断摇动消煮管使之充分混合，再加热 10～20 min，如此重复直到消煮液呈无色或清亮色后再加热 5～10 min 以除尽过剩的 H₂O₂。取出消煮管冷却，将消煮液定容到 100 mL 容量瓶中取过滤液，用 AA3 连续流动分析仪测定总氮、总磷含量。

（3）土壤矿化速率和硝化速率的测定

将取回的原位土柱打开上口，在 25℃恒温箱内预培养 24 h（Bonnett et al., 2013）。在预培养后的土柱内取少量土壤样品用于土壤铵态氮、硝态氮初始含量的测定；然后，将预培养的土柱重新封住上口，在 25℃恒温箱内培养 30 天，打开土柱封口取土样测定培养结束时土壤铵态氮、硝态氮的含量，分别计算矿化量及矿化速率、氨化量及氨化速率、硝化量及硝化速率。

$$矿化量（mg/L）=（NH_4^+-N+NO_3^--N）_后-（NH_4^+-N+NO_3^--N）_前$$

$$矿化速率[mg/（L·d）]=矿化量/30$$

$$氨化量（mg/L）=NH_4^+-N_后-NH_4^+-N_前$$

$$氨化速率[mg/（L·d）]=氨化量/30$$

$$硝化量（mg/L）=NO_3^--N_{后}-NO_3^--N_{前}$$

$$硝化速率[mg/（L\cdot d）]=硝化量/30$$

（4）土壤反硝化速率的测定

土壤反硝化速率的测定采用乙炔抑制法（Maag and Vinther，1996）。将预培养后的土柱重新封住上口，用注射器抽取顶部 10%（V/V）的气体置换成乙炔气体。注射乙炔气体后的土柱在黑暗环境下 25℃培养 24 h，抽取 150 mL 气体，用超痕量温室气体分析仪（N$_2$O/CO LOS GATOS RESEARCH.）测定 N$_2$O 浓度，计算反硝化速率。

$$反硝化速率[（mg/（m^2\cdot d）]=44/22.4 \times M \times 273/（273+T）\times（V_1-V_2）/S$$

式中，M 为气体浓度，ppm[①]；T 为培养温度；V_1、V_2 分别为 PVC 管体积和土壤有效体积；S 为土柱底面积。

3.1.3.2　排泄物输入对湿地土壤硝化、反硝化作用影响研究方法

（1）培养实验

2016 年 10 月，本课题组在弥里塘典型泥炭沼泽地选择地表植被未受牲畜啃食、土壤未受踩踏干扰影响的 20 m×20 m 样地作为对照地（CK），随机用内径 20 cm、高 30 cm 的 PVC 管取 9 个 0～15 cm 土柱用于矿化/硝化作用的实验，再用内径 10 cm、高 30 cm 的 PVC 管取 9 个 0～15 cm 土柱用于反硝化作用的实验，共取土柱 18 个。取土柱前去除地上植被，用塑料薄膜封住 PVC 管上下口带回实验室。

实验中所需排泄物的收集：本课题组于清晨 5 点前去牧场找寻牦牛新鲜粪便，用塑料桶收集，并测定粪便斑块的半径、厚度及质量，以确定培养实验所需粪便质量；尿液是在当地牧民的帮助下进行收集的。

实验中所添加排泄物（粪便、尿液）质量：根据野外测定所得数据，按照单位面积粪便质量（直径 18 cm，高度 5 cm，质量约 1.25 kg）计算室内培养实验粪便输入处理（FB）所需粪便质量为 46.6 kg/m^2 进行设置，即用于矿化/硝化作用实验的粪便输入量为 1.45 kg，用于反硝化作用实验的粪便输入量为 0.45 kg；尿液输入处理（NY）按照 Lin 等（2009）报道的野外放牧平均尿液量 6.25 L/m^2 进行设置，即用于矿化/硝化作用实验的尿液输入量为 196 mL，用于反硝化实验的尿液输入量为 60 mL。

实验所需土柱均采用对照样地土壤，其基本理化性质如表 3.1 所示。

表 3.1　泥炭沼泽土壤理化性质

土壤	容重/（g/cm^3）	含水量/%	pH	NH$_4^+$-N/（mg/L）	NO$_3^-$-N/（mg/L）	TOC/（g/kg）	TN/（g/kg）	TP/（g/kg）
泥炭沼泽	0.45±0.05	51	5.44±0.45	3.49±0.74	0.12±0.04	345.61±2.41	27.08±1.03	4.53±0.78

---

① 1ppm=10^{-6}。

实验中所取排泄物碳、氮含量：粪便的全碳含量为 483.6 g/kg，全氮含量为 24.1 g/kg；尿液全碳含量为 170.2 g/kg，全氮含量为 8.7 g/kg。

将取回的土柱打开上口按照调查计算所得排泄物（粪便、尿液）输入量进行添加，每个处理设置 3 个重复。将称取的用于矿化/硝化作用实验的粪便装入尼龙网袋子铺在土柱表层（约 5 cm），称取的用于反硝化作用实验的粪便平铺在土柱表层，量取对应实验所需尿液量并将其均匀地洒在土柱表层，将添加排泄物（粪便、尿液）后的土柱在 25℃ 恒温箱内预培养 24 h。预培养结束后在土柱内取少许土样用于土壤铵态氮、硝态氮初始含量的测定。

（2）土壤理化性质的测定

分别对排泄物（粪便、尿液）输入后土壤的铵态氮、硝态氮、总氮及总有机碳初始含量和培养结束后的含量进行测定。方法同 3.1.3.1 节（2）。

（3）土壤矿化和硝化速率的测定

在添加排泄物（粪便、尿液）预培养后的土柱取少量土壤样品重新封住上口，在恒温培养箱继续进行培养实验，实验共进行 6 周，按照前两周每两天一次，第 3~6 周每三天一次的频率进行取样，每次取样尽可能取到土柱的每层土（0~15 cm），完成取样后重新封住土柱上口继续培养。

将每次所取土壤样品称取 5 g 用 2 mol/L 的 KCl 溶液振荡浸提，过滤待测液进行冷冻保存。统一测定所取土样的铵态氮及硝态氮的含量。

$$矿化量（mg/L）=（NH_4^+-N+NO_3^--N）_后-（NH_4^+-N+NO_3^--N）_前$$

$$矿化速率[mg/（L·d）]=矿化量/2 或矿化量/3$$

$$氨化量（mg/L）=NH_4^+-N_后-NH_4^+-N_前$$

$$氨化速率[mg/（L·d）]=氨化量/2 或氨化量/3$$

$$硝化量（mg/L）=NO_3^--N_后-NO_3^--N_前$$

$$硝化速率[mg/（L·d）]=硝化量/2 或硝化量/3$$

矿化量、氨化量和硝化量均按照 6 周 $d=6$ 作为结束值进行计算；矿化速率、氨化速率和硝化速率均按照前两周 $d=2$、后四周 $d=3$ 计算。

（4）土壤反硝化速率的测定

将预培养后添加排泄物的土柱重新封住上口，用注射器抽取顶部 10%（V/V）的气体置换成乙炔气体，注射乙炔气体后的土柱在黑暗环境下 25℃ 培养 24 h，抽取 150 mL 气体，用超痕量温室气体分析仪（N_2O/CO LOS GATOS RESEARCH.）测定 N_2O 浓度，计算反硝化速率。

反硝化作用实验同样进行 6 周，按照前两周每两天一次，第 3~6 周每三天一次的频率进行取样，每次均在取样前的 24 h 进行乙炔气体置换。

$$反硝化速率[mg/（m^2·d）]=44/22.4×M×273/（273+T）×（V_1-V_2）/S$$

式中，M 为气体浓度，ppm；T 为培养温度；V_1、V_2 分别为 PVC 管体积和添加排泄物（粪便）后土柱有效体积；S 为土柱底面积。

（5）土壤反硝化酶活性的测定

反硝化酶活性是表征反硝化潜力的指标，需要在厌氧条件下进行，采用硝态氮剩余量法测定反硝化酶活性（和文祥等，2006；王阳和章明奎，2010）。该方法的原理是在三角瓶中加入一定量的硝态氮，加入三角瓶中的硝态氮去向只能是淋失、土壤吸附和反硝化 3 个途径之一。在三角瓶中可不考虑淋失问题，而土壤对硝态氮的吸附力很弱。因此，在厌氧条件下，培养前后硝态氮的变化（损失量）基本上可反映反硝化作用（反硝化酶活性）的强弱。具体方法：称取相当于 1 g 烘干样的新鲜土壤样品于 50 mL 平底三角瓶中，加入 10 g/L 的 KNO_3 溶液 20 mL，加塞密封并在恒温箱内 35℃ 环境条件下培养 48 h，然后采用离心机（设定 3500 r/min）离心 10 min，分离过滤后，测定硝态氮含量。为确定新鲜土壤样品的硝态氮含量，称取相同质量的新鲜土壤样品，加入 4 mol/L KCl 溶液 20 mL，采用 3500 r/min 离心 10 min 后过滤提取待测液，测定硝态氮含量并将其作为初始量，用硝态氮的变化量除以培养时间（48 h）计算反硝化速率，从而表征反硝化酶活性。

这里需要指出的是，反硝化酶活性的测定用的是新鲜土壤样品，不同处理间的含水量差异可能较大，为便于样本结果的比较，有必要消除这一干扰因素，即在称取样品前需要对每个样品的含水量进行测定，之后按照含水量的比例称取相当于 1 g 干土重的土壤样品进行实验。

3.1.3.3　数据处理

实验数据统计分析采用 SPSS 19.0 软件，采用单因素方差分析法分析动物活动（猪翻拱、牲畜践踏）干扰对沼泽化草甸湿地土壤理化性质影响的差异性，矿化速率、硝化速率和反硝化速率间的差异性，以及排泄物（粪便、尿液）输入对泥炭沼泽湿地土壤理化性质影响的差异性。采用皮尔逊（Pearson）相关系数法分析动物活动（猪翻拱、牲畜践踏）干扰下沼泽化草甸湿地土壤氮转化与土壤环境的关系，$P < 0.05$ 表示差异显著。图件制作采用 SigmaPlot 10.0 软件。

3.2　动物活动对沼泽化草甸湿地土壤硝化、反硝化作用的影响

3.2.1　动物活动对沼泽化草甸湿地土壤理化性质的影响

放牧干扰在一定程度上影响沼泽化草甸湿地土壤的理化性质（表 3.2）。CK 地的土壤容重仅为 0.21 g/cm³，而 ZG 和 JT 地的土壤容重达到 0.60 g/cm³ 和 0.62 g/cm³，放牧活动显著提高沼泽化草甸湿地土壤容重（$P < 0.05$）；CK 地土壤的含水量高达 66.31%，而 ZG 和 JT 地土壤含水量分别为 43.82% 和 43.34%，放牧干扰使沼泽化草甸土壤含水量显

著下降（$P<0.05$）；CK 地土壤 pH<7，呈酸性，ZG 和 JT 地土壤 pH>7，呈碱性，放牧活动使得沼泽化草甸湿地土壤 pH 增大；放牧干扰下土壤 TOC 含量表现为 CK>JT>ZG（$P<0.05$）；TN、TP、NH_4^+-N 和 NO_3^--N 含量均表现为 CK>ZG>JT，放牧活动显著降低沼泽化草甸湿地土壤表层的 TN、TP、NH_4^+-N 含量（$P<0.05$），而对 NO_3^--N 含量影响不显著（$P>0.05$）。

表 3.2　动物活动对沼泽化草甸湿地土壤理化性质的影响

样地	容重/（g/cm³）	含水量/%	pH	TOC/（g/kg）	TN/（g/kg）	TP/（g/kg）	NH_4^+-N/（mg/L）	NO_3^--N/（mg/L）
ZG	0.60（0.11）[b]	43.82（5.95）[b]	7.43（0.14）[b]	70.94（19.41）[c]	13（3.02）[b]	1.69（0.05）[b]	3.29（0.09）[b]	2.34（0.99）[a]
JT	0.62（0.10）[a]	43.34（4.88）[c]	7.65（0.21）[a]	111.63（11.31）[b]	11.13（3.31）[c]	1.18（0.04）[c]	2.89（0.44）[c]	1.24（0.58）[a]
CK	0.21（0.03）[c]	66.31（3.42）[a]	6.75（0.28）[c]	142.58（40.56）[a]	22.67（3.35）[a]	1.74（0.02）[a]	4.88（0.11）[a]	1.78（0.33）[a]

注：括号内数值为标准差；同列内含有不同上标字母表示差异显著（$P<0.05$）。

3.2.2　动物活动对沼泽化草甸湿地土壤氮矿化和硝化特征的影响

放牧干扰对沼泽化草甸湿地土壤氮矿化和硝化作用的影响如表 3.3 所示。放牧干扰下沼泽化草甸湿地土壤净氮矿化量和矿化速率均为负值，说明 ZG、JT 和 CK 地土壤微生物的固持作用均高于矿化作用，固持作用占据主导地位，可能是由于实验期为植物生长旺季，植物大量吸收无机氮而使土壤表现为氮素固持状态。放牧干扰下沼泽化草甸湿地土壤净氮矿化量和矿化速率均表现为 ZG>JT>CK（$P>0.05$），说明猪翻拱活动比牲畜践踏活动对土壤氮矿化作用的促进作用更显著。放牧干扰下沼泽化草甸湿地土壤净氨化量和净氨化速率均表现为 JT>CK>ZG（$P>0.05$），说明牲畜践踏活动促进土壤氨化作用，而猪翻拱活动抑制土壤氨化作用。放牧干扰下沼泽化草甸湿地土壤净硝化量和净硝化速率均表现为 ZG>JT>CK（$P<0.05$），说明猪翻拱活动比牲畜践踏活动对土壤硝化作用的促进作用更显著。ZG 和 JT 地土壤的净硝化量和净硝化速率均为正值，说明其硝化作用产生的 NO_3^--N 被微生物固持后有较多剩余，而 CK 地硝化作用产生的 NO_3^--N 被微生物固持后没有剩余。

表 3.3　动物活动对沼泽化草甸湿地土壤氮矿化和硝化作用的影响

项目	ZG	JT	CK
氮矿化量/（mg/L）	−0.584（0.51）[a]	−0.675（1.03）[a]	−2.647（0.60）[a]
氮矿化速率/[mg/（L·d）]	−0.020（0.02）[a]	−0.023（0.03）[a]	−0.088（0.02）[a]
氨化量/（mg/L）	−1.690（0.32）[a]	−1.479（0.42）[a]	−1.517（0.39）[a]
氨化速率/[mg/（L·d）]	−0.056（0.01）[a]	−0.049（0.01）[a]	−0.051（0.01）[a]
硝化量/（mg/L）	1.106（0.34）[a]	0.803（0.61）[b]	−1.130（0.27）[c]
硝化速率/[mg/（L·d）]	0.037（0.01）[a]	0.027（0.02）[b]	−0.038（0.01）[c]

注：括号内的数值为标准差；同行内含有不同上标字母表示差异显著（$P<0.05$）。

　　土壤的净矿化/硝化作用通常用于指示土壤氮的有效性，净氮矿化量高说明土壤氮的有效性高，同时硝化作用的产物 NO_3^--N 易淋失或经反硝化作用发生气态损失，所以净硝化量越大，氮损失的可能性就越大。ZG 和 JT 地土壤的净氮矿化量和净硝化量均高于 CK 地，说明放牧干扰会在一定程度上造成沼泽化草甸湿地土壤的氮损失。

3.2.3　动物活动对沼泽化草甸湿地土壤反硝化特征的影响

　　动物活动对沼泽化草甸湿地土壤反硝化速率的影响如图 3.3 所示。ZG、JT 和 CK 地土壤的平均反硝化速率分别为（8.42±3.38）[mg/（L·d）]、（1.79±0.25）[mg/（L·d）] 和（2.35±0.66）[mg/（L·d）]，表现为 ZG>CK>JT。ZG 地土壤的平均反硝化速率分别为 JT 地和 CK 地土壤平均反硝化速率的 4.7 倍和 3.6 倍（$P<0.05$）。结果表明猪翻拱活动促进土壤 N_2O 气体的释放，而牲畜践踏活动抑制土壤 N_2O 气体的排放。

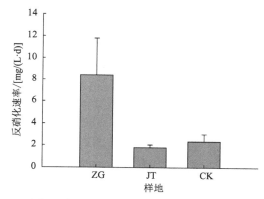

图 3.3　动物活动对沼泽化草甸湿地土壤反硝化速率的影响

3.2.4　讨论

3.2.4.1　动物活动对沼泽化草甸湿地土壤理化性质的影响分析

　　放牧干扰不同程度地影响着沼泽化草甸湿地土壤的理化性质，牲畜践踏和猪翻拱活动导致土壤容重增大，土壤含水量降低。这主要是牲畜践踏引起土壤空间结构的变化，导致土壤总孔隙度的减少，使得土壤变得紧实，从而加大土壤容重（李香真和陈佐忠，1998），降低土壤含水量。猪翻拱活动使沼泽化草甸土壤下层被翻拱裸露，下层比表层土壤容重大，因此测定的猪翻拱区比对照区表层土壤容重大。同时，猪翻拱活动利于土壤水分蒸发，从而导致猪翻拱区土壤含水量下降（王向涛，2010）。

　　放牧干扰使得沼泽化草甸湿地土壤 pH 增大，呈碱性。这是由于放牧活动影响土壤水分及土壤可溶性盐类的迁移、转化，使得放牧地土壤中部分可溶性盐类累积在土壤表层，从而提高放牧地表层土壤的 pH。此外，牲畜排泄物的输入也会导致土壤 pH 增大（周丽艳等，2005）。

　　放牧干扰降低沼泽化草甸湿地土壤表层的 TOC、TN、TP 含量。一方面，这与牲畜践踏和猪翻拱活动降低沼泽化草甸的初级生产力，进而减少有机质向土壤的输入有关（仁青吉等，2008；Desjardins et al.，1994）；另一方面，牲畜践踏和猪翻拱有利于植物枯落物的物理破碎，使之与表层土壤更好地搅拌融合，进而提高植物枯落物分解速率和碳周转速率（Mekuria et al.，2007）。猪翻拱区比牲畜践踏区土壤表层 TN、TP、NH_4^+-N 和 NO_3^--N 含量高。牲畜践踏可大幅度降低植物地上生物量，减少向土壤的归还，使得 TN、TP 含量相对较低。牲畜践踏增加土壤紧实度和容重，使得土壤有机质矿化作用减弱，NH_4^+-N、NO_3^--N 含量较低（刘楠和张英俊，2010）。而猪翻拱使得地表植物根系裸露甚至死亡，短期内增加有机质分解归还，TN、TP 含量较高，长期作用将加剧土壤养分衰竭退化。说明放牧大大减小沼泽化草甸湿地的碳储量，降低湿地发挥氮库的功能（Yang et al.，2010）。

3.2.4.2 动物活动对沼泽化草甸湿地土壤氮转化的影响

放牧干扰促进沼泽化草甸湿地土壤氮矿化和硝化作用，猪翻拱活动比牲畜践踏活动对土壤氮矿化和硝化作用的促进作用更显著。如表 3.4 所示，土壤氮矿化速率和硝化速率均与土壤容重呈极显著正相关，而均与含水量呈极显著负相关，表明放牧促进土壤氮矿化和硝化作用是由于放牧活动改变土壤容重和含水量，从而改变土壤的透气性（Haramoto and Brainard，2012；张树兰等，2002），利于土壤氮矿化和硝化作用的进行。猪翻拱活动比牲畜践踏活动使得土壤更加松散透气，从而更有利于土壤矿化和硝化作用的进行；而对照地土壤的含水量高，处于厌氧还原状态，不利于 O_2 的传输，从而阻碍矿化和硝化作用的进行。土壤氮矿化速率和硝化速率均与土壤 pH 呈显著正相关，说明放牧促进土壤氮矿化和硝化作用可能是由于放牧活动改变土壤 pH，而 pH 增加会促进氮矿化作用，尤其是对硝化作用影响明显（田茂洁，2004），低 pH 会抑制自养硝化作用的进行，即在偏酸性土壤的环境中硝化作用会比较弱（Bai et al.，2010）。放牧干扰使得沼泽化草甸湿地土壤 pH 增大，呈碱性，促进矿化和硝化作用的进行。而对照地土壤 pH 呈酸性，抑制矿化和硝化作用的进行。此外，土壤氮矿化速率和硝化速率均与土壤 TOC、TN 含量呈显著负相关，而与 NH_4^+-N 含量呈极显著负相关，说明放牧干扰对促进湿地土壤氮矿化和硝化作用与放牧活动改变土壤的 TOC、TN、NH_4^+-N 含量有关。

表 3.4 动物活动干扰下沼泽化草甸湿地土壤氮转化与土壤环境的关系

类型	指数	容重	含水量	pH	TOC	TN	NH_4^+-N	NO_3^--N	C/N
矿化速率	相关性	0.817**	−0.817**	0.679*	−0.679*	−0.721*	−0.852**	−0.274	0.369
	显著性	0.007	0.007	0.044	0.039	0.028	0.004	0.475	0.328
硝化速率	相关性	0.960**	−0.912**	0.779*	−0.757*	−0.742*	−0.911**	−0.109	0.374
	显著性	0.001	0.001	0.013	0.018	0.022	0.001	0.780	0.322
氨化速率	相关性	0.028	−0.010	−0.051	−0.051	−0.182	−0.123	−0.550	0.109
	显著性	0.942	0.979	0.897	0.896	0.639	0.753	0.125	0.780
反硝化速率	相关性	0.377	−0.291	0.065	−0.841**	0.059	−0.266	0.094	−0.495
	显著性	0.317	0.448	0.869	0.004	0.879	0.558	0.809	0.176

**在 0.01 水平（双侧）上极显著相关。
*在 0.05 水平（双侧）上显著相关。

厌氧环境下，土壤氮矿化速率与培养前 TOC 含量呈负相关关系（Kader et al., 2013；解成杰等，2013）。本研究中，CK 地土壤含水量高达 66.31%，处于厌氧环境，受放牧干扰湿地土壤的氮矿化速率低可能受培养前 TOC 含量较高的影响。矿质氮含量也是影响湿地土壤氮矿化速率的重要因素，Kader 等（2013）的研究表明，矿质氮含量与培养期间土壤氮矿化速率呈负相关，本研究也发现放牧干扰下沼泽化草甸湿地土壤的氮矿化速率均与土壤的 NH_4^+-N 含量呈极显著负相关。这说明土壤中存在一个控制氮矿化的反馈机制，即较高的矿质氮含量初始值限制土壤氮矿化作用的进行。此外，Bianchi 等（1999）通过对地中海西北部一河口湿地土壤硝化作用的研究表明，有大于 74% 的硝化速率差异可由 NH_4^+-N 浓度来解释，而硝化作用的 NH_4^+-N 源于矿化作用，所以硝化作用往往受制于湿地土壤的矿化速率。本研究中由于放牧干扰下沼泽化草甸湿地土壤的矿化速率受制于 NH_4^+-N 较高浓度初始值的影响，而硝化作用又受制于矿化速率的影响，进而 NH_4^+-N 较高浓度初始值也可能对硝化速率产生抑制作用。

不同放牧类型对沼泽化草甸湿地土壤的反硝化作用的影响不同，猪翻拱活动促进反硝化作用，而牲畜践踏活动抑制反硝化作用。这是由于猪翻拱活动增加土壤的松散度和透气性，更有利于 N_2O 气体的排放，而牲畜践踏活动则使土层压实，不利于 N_2O 气体的排放。此外，碳源的输入可以提高反硝化速率（Lu et al., 2009），本研究中 CK 地土壤的 TOC 含量要明显高于 JT 地，其反硝化速率也高于 JT 地，这可能与 CK 地土壤的 TOC 含量高，可以提供源源不断的碳源供应相关。

3.2.5 小结

1）放牧活动影响沼泽化草甸湿地土壤的理化性质，牲畜践踏和猪翻拱活动使得沼泽化草甸湿地土壤容重增大，含水量降低，pH 增大，TOC、TN、TP 含量降低。

2）放牧干扰下沼泽化草甸湿地土壤的矿化和硝化速率均表现为 ZG＞JT＞CK，牲畜践踏和猪翻拱均促进沼泽化草甸湿地土壤的矿化和硝化作用。矿化速率和硝化速率均与土壤容重呈极显著正相关关系，与 pH 呈显著正相关关系，与土壤含水量及 NH_4^+-N 含量呈极显著负相关关系，与 TOC 和 TN 含量呈显著负相关关系。

3）放牧干扰下沼泽化草甸湿地土壤的反硝化速率表现为 ZG＞CK＞JT，表明猪翻拱活动促进土壤 N_2O 温室气体的排放，而牲畜践踏活动抑制土壤 N_2O 的排放。反硝化速率与土壤 TOC 含量呈极显著负相关关系。

3.3 排泄物输入对泥炭沼泽湿地土壤硝化、反硝化作用的影响

3.3.1 排泄物输入对泥炭沼泽湿地土壤理化性质的影响

粪便输入处理、尿液输入处理及对照在培养前土壤的 TOC 含量分别为（363.18±8.30）g/kg、（323.08±9.89）g/kg、（345.61±2.41）g/kg，表现为 FB＞CK＞NY（*P*＜

0.05），说明粪便输入后会促进泥炭沼泽湿地土壤表层 TOC 的积累，而尿液输入则无显著影响；培养后土壤的 TOC 含量分别为（320.54±20.49）g/kg、（300.49±18.38）g/kg、（328.25±21.72）g/kg，表现为粪便输入处理和尿液输入处理均略小于对照，并未达到差异的显著性（表 3.5）。从长远看，粪便和尿液输入泥炭沼泽湿地会导致湿地土壤的 TOC 含量降低，不利于碳的积累。

表 3.5 排泄物输入对湿地土壤理化性质的影响

样地	时期	TOC/(g/kg)	TN/(g/kg)	TP/(g/kg)	NH_4^+-N/(mg/L)	NO_3^--N/(mg/L)
FB	培养前	363.18±8.30[Aa]	30.21±0.13[Aa]	5.56±0.12[Aa]	5.48±0.46[Ba]	0.02±0.01[Ab]
	培养后	320.54±20.49[Aa]	25.29±5.40[Aa]	5.30±0.21[Ba]	1.96±0.75[Cb]	0.22±0.05[Ca]
NY	培养前	323.08±9.89[Ba]	25.05±5.96[Aa]	5.76±3.15[Aa]	55.84±7.52[Aa]	0.09±0.03[Aa]
	培养后	300.49±18.38[Aa]	27.89±1.10[Aa]	8.38±1.16[Aa]	20.94±8.92[Ab]	1.92±1.16[Ba]
CK	培养前	345.61±2.41[Aa]	27.08±1.03[Aa]	4.53±0.78[Ab]	3.49±0.74[Ca]	0.12±0.04[Ab]
	培养后	328.25±21.72[Aa]	27.58±4.27[Aa]	7.11±0.91[ABa]	9.31±3.45[Ba]	3.74±0.89[Aa]

注：含有不同上标大写字母表示不同处理培养前后差异显著（$P<0.05$）；含有不同上标小写字母表示相同处理培养前后差异显著（$P<0.05$）。

粪便输入处理、尿液输入处理及对照在培养前土壤的 TN 含量分别为（30.21±0.13）g/kg、（25.05±5.96）g/kg、（27.08±1.03）g/kg，表现为 FB>CK>NY；培养后土壤的 TN 含量分别为（25.29±5.40）g/kg、（27.89±1.10）g/kg、（27.58±4.27）g/kg，表现为粪便输入处理略低于尿液输入处理和对照，分析排泄物输入影响下土壤 TN 含量培养前后彼此间均没有显著性差异（$P>0.05$），说明粪便和尿液的输入对湿地表层土壤 TN 无明显影响。

粪便输入处理、尿液输入处理及对照在培养前土壤的 NH_4^+-N 含量分别为（5.48±0.46）mg/L、（55.84±7.52）mg/L、（3.49±0.74）mg/L，表现为 NY>FB>CK，排泄物输入初期短时间内显著提高湿地土壤的 NH_4^+-N 含量（$P<0.05$），尿液输入处理下土壤 NH_4^+-N 含量比对照增加 1500%，表明粪便和尿液输入均会促进土壤 NH_4^+-N 含量的积累，且尿液输入比粪便输入的促进作用更显著；培养后土壤的 NH_4^+-N 含量分别为（1.96±0.75）mg/L、（20.94±8.92）mg/L、（9.31±3.45）mg/L，表现为 NY>CK>FB（$P<0.05$）；粪便输入处理和尿液输入处理在整个培养阶段表现为消耗 NH_4^+-N 的过程，而对照则表现为积累 NH_4^+-N 的过程。

粪便输入处理、尿液输入处理及对照在培养前土壤的 NO_3^--N 含量分别为（0.02±0.01）mg/L、（0.09±0.03）mg/L、（0.12±0.04）mg/L，表现为 CK>NY>FB，排泄物输入初期三种处理下 NO_3^--N 含量并无显著差异（$P>0.05$）；培养后土壤的 NO_3^--N 含量分别为（0.22±0.05）mg/L、（1.92±1.16）mg/L、（3.74±0.89）mg/L，表现为 CK>NY>FB（$P<0.05$），排泄物输入处理在整个培养阶段表现为积累 NO_3^--N 的过程。在培养前后 CK 地土壤的 NO_3^--N 含量均表现为高于排泄物输入地土壤的 NO_3^--N 含量，说明 CK 地土壤对湿地生态系统的养分供应要好于排泄物输入地。

3.3.2 排泄物输入对泥炭沼泽湿地土壤氮矿化和硝化特征的影响

在整个培养阶段，粪便输入处理土壤的氨化量在前两周的波动变化比较大，最大值出现在培养的第 12 天，为（7.60±0.90）mg/L，最小值则出现在培养的第 20 天，为（-11.88±6.15）mg/L，第 3～6 周粪便输入处理的氨化量则呈现比较平稳的波动，波动范围为（-2.21±1.12）～（2.37±0.99）mg/L（图 3.4）。尿液输入处理土壤的氨化量在整个培养周期始终呈现较大的波动幅度，分别在培养的第 4 天和第 23 天出现两个高值，分别为（30.45±12.60）mg/L 和（22.05±12.97）mg/L，分别在培养的第 6 天和第 26 天出现两个低值，分别为（-26.80±6.52）mg/L 和（-21.40±8.97）mg/L，其余培养时间的氨化量则围绕（-11.56±8.17）～（15.64±5.88）mg/L 波动。对照土壤的氨化量在整个培养阶段表现为较平稳的波动，波动范围为（-4.12±0.74）～（4.28±0.46）mg/L，最大值和最小值分别出现在培养的第 23 天和第 26 天。

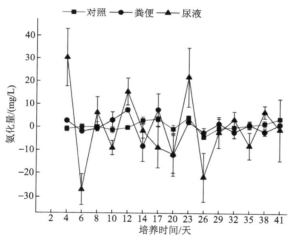

图 3.4 排泄物输入对泥炭沼泽湿地土壤氨化量的影响

在整个培养阶段，粪便和尿液处理土壤的氨化速率较对照呈现较明显变化。其中粪便处理氨化速率极值分别为-4.04 mg/（L·d）和 3.84 mg/（L·d），尿液处理氨化速率极值分别为-9.91 mg/（L·d）和 8.77 mg/（L·d）（图 3.5）。尿液处理相对于粪便处理对泥炭沼泽土壤的氨化速率的影响更显著，说明尿液处理有机物转化成氨的活动强于粪便处理。对照土壤在培养的最后一周其氨化速率始终为正值，说明对照土壤的 NH_4^+-N 含量处于累积状态，可以为湿地植物更好地提供营养元素。

粪便输入处理土壤在培养的前 29 天硝化量表现为平稳的波动，波动范围为（-0.18±0.04）～（0.14±0.03）mg/L，最大值出现在培养的第 32 天，硝化量为（1.93±0.65）mg/L，最小值出现在培养的第 35 天，硝化量为（-1.66±0.78）mg/L（图 3.6）。尿液输入处理土壤在培养前 23 天硝化量呈现较平稳的变化趋势，其波动范围为（-0.32±0.31）～（0.68±0.31）mg/L，之后其硝化量出现了较明显的波动，最大值出现在培养的第 26 天，硝化量为（6.05±1.87）mg/L，最小值出现在培养的第 29 天，硝化量为（–5.44±1.40）mg/L。对照土壤在整个培养周期的硝化量均呈现平稳的变化趋势，其波动范围为（–0.41±0.16）～（1.22±0.55）mg/L，最大值和最小值分别出现在培养的第 29 天和第 23 天。

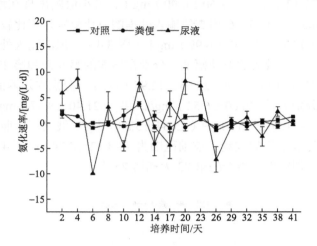

图 3.5　排泄物输入对泥炭沼泽湿地土壤氨化速率的影响

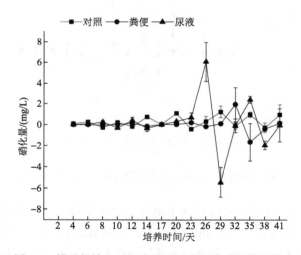

图 3.6　排泄物输入对泥炭沼泽湿地土壤硝化量的影响

　　培养第一周，粪便和尿液处理与对照土壤的硝化速率均达到显著性差异（$P < 0.05$）。尿液处理土壤的硝化速率在培养的前 26 天均以正值为主，并且硝化速率增加了 67 倍，而在培养的第 25～40 天硝化速率以负值为主（图 3.7）。对照土壤在整个培养周期其硝化速率一直呈现为较平缓的波动，且均以正值为主，说明其能更好地为湿地生态系统的初级生产力提供营养元素。

　　粪便输入处理土壤的矿化量在培养的前两周表现为明显的波动变化，最大值出现在培养的第 12 天，矿化量为（7.74±0.71）mg/L，最小值出现在培养的第 14 天，矿化量为

（−8.23±5.44）mg/L，在培养的后四周则表现为平稳的变化趋势，其波动范围为（−2.39±1.67）～（2.58±0.86）mg/L（图 3.8）。尿液输入处理土壤的矿化量在整个培养阶段呈现出较大波动的变化趋势。在培养的第 4 天和第 23 天出现两个高值，矿化量分别为（30.47±12.62）mg/L 和（22.74±12.84）mg/L，最小值出现在培养的第 6 天，矿化量为（−26.73±6.56）mg/L。对照土壤的矿化量在整个培养周期呈现较平稳的变化趋势，其波动范围为（−3.81±0.48）～（4.74±1.30）mg/L，最大值和最小值分别出现在培养的第 41 天和第 26 天。

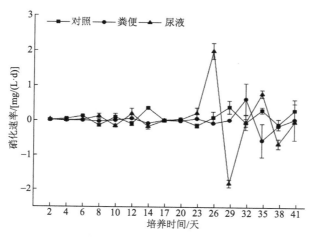

图 3.7　排泄物输入对泥炭沼泽湿地土壤硝化速率的影响

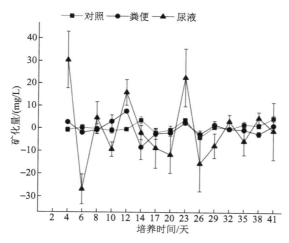

图 3.8　排泄物输入对泥炭沼泽湿地土壤矿化量的影响

在整个培养期间，粪便处理土壤矿化速率仅在培养的前两周达到显著性差异（$P<0.05$），而尿液处理土壤矿化速率仅在培养的前 11 天达到显著性差异水平（$P<0.05$），其中第 6 天尿液处理矿化速率下降了 2.26 倍。尿液处理对土壤的矿化速率影响高于粪便处理。对照土壤的矿化速率在整个培养期均表现为均匀波动（图 3.9）。

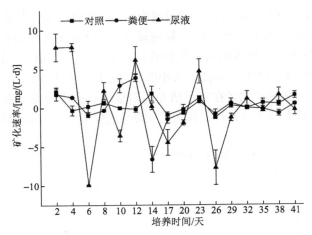

图 3.9　排泄物输入对泥炭沼泽湿地土壤矿化速率的影响

3.3.3　排泄物输入对泥炭沼泽湿地土壤反硝化特征的影响

　　在整个培养期间，粪便输入处理土壤的反硝化速率明显小于对照，仅在培养的第 26 天和第 29 天略高于对照，其余在整个培养阶段均低于对照（图 3.10）。尿液输入处理土壤的反硝化速率在前 14 天表现为低于对照，之后其反硝化速率均高于对照，最大值出现在培养的第 38 天，为（0.25±0.05）mg/（m²·d）。对照土壤的反硝化速率在培养初期出现一个瞬时高值，为（0.64±0.17）mg/（m²·d），之后在整个培养期间均表现为均匀的波动，其波动范围为（0.13±0.03）～（0.19±0.07）mg/（m²·d）。

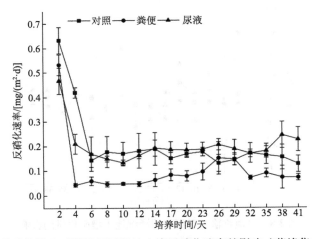

图 3.10　排泄物输入对泥炭沼泽湿地土壤反硝化速率的影响（范峰华等，2023）

　　排泄物输入处理下土壤反硝化速率前 2 周表现为对照＞尿液处理＞粪便处理，后 4 周则表现为尿液处理＞对照＞粪便处理。表明粪便的覆盖会抑制土壤 N_2O 的排放，而尿液输入初期可能会抑制土壤 N_2O 的排放，但随着培养时间延长，其促进作用会越来越显著。

3.3.4　排泄物输入对泥炭沼泽湿地土壤反硝化酶活性的影响

在整个培养期间，粪便输入处理土壤的反硝化酶活性 DEA 除在培养的第 10 天和第 17 天略高于对照外，其余培养时间段均明显低于对照，在培养第 2 天达到最大值，为（268.21±65.78）mg/（kg·h），在培养的第 29 天达到最小值，为（139.71±14.92）mg/（kg·h）（图 3.11）。尿液输入处理土壤的 DEA 在培养的第 12 天、第 14 天、第 17 天和第 29 天明显高于对照外，其余培养时间均明显低于对照，在培养的第 14 天达到最大值，为（241.73±40.19）mg/（kg·h），而最小值则出现在培养末期的第 38 天，为（162.64±16.87）mg/（kg·h）。对照土壤的 DEA 在培养第 2 天出现最大值，为（289.73±73.11）mg/（kg·h），在培养的前两周呈现显著降低的趋势，培养第 26 天后便呈现较稳定的状态。

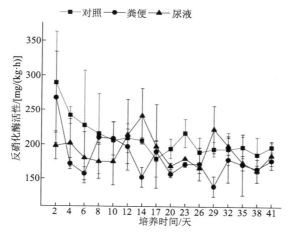

图 3.11　排泄物输入对泥炭沼泽湿地土壤反硝化酶活性的影响

3.3.5　讨论

3.3.5.1　排泄物输入对泥炭沼泽湿地土壤理化性质的影响

排泄物输入会不同程度地影响泥炭沼泽湿地土壤的养分状况。粪便输入处理下泥炭沼泽湿地土壤表层 TOC、TN 的含量明显高于对照区，粪便输入处理显著促进湿地土壤表层 TOC、TN 的积累，这是由于粪便中粪食性节肢动物取食和搬运活动（Pecenkaa and Lundgren，2019）、粪便中溶液下渗等（Dickinson and Craig，1990）都会将粪便中含量较高的有机质、氮、磷等转移到土壤中，从而提高土壤中碳、氮等营养物质含量。粪便输入处理的土壤在培养前 TOC、TN 的含量高于培养结束后土壤的 TOC、TN 含量，可能是因为新鲜粪便及土壤微生物活性较强，使其通过自身发酵和微生物的矿化、硝化和反硝化等生物化学反应产生 CO_2、N_2O 等而导致碳、氮损失（Chen et al.，2011）；水分被认为是影响粪便分解的重要非生物因子（Dickinson and Craig，1990），新鲜粪便的含水量要高于培养结束后粪便的含水量，所以新鲜粪便的自身含水量可能吸引大量分解者参与粪便的破碎和分解过程，导致粪便输入处理 TOC、TN 培养前的含量高于培养后的含量（Wu，2010）。

排泄物（粪便、尿液）输入初期显著促进湿地土壤 NH_4^+-N 的积累（$P<0.05$），并且尿液输入处理比粪便输入处理对湿地土壤 NH_4^+-N 积累的促进作用更显著。这是由于在实验初期，氮的矿化率高于土壤对氮的固持（Wachendorf et al.，2008；Hatch et al.，2000），排泄物（粪便、尿液）中的尿素在短期内会迅速氨化，提高土壤中的 NH_4^+-N 含量（Luo et al.，1999；Haynes and Williams，1992）。

在培养结束时，排泄物（粪便、尿液）输入处理下湿地土壤的 NH_4^+-N 含量表现为减少，而 NO_3^--N 含量表现为增加（$P<0.05$），从长远看，排泄物输入影响下湿地土壤更多地以硝化作用为主导，这样会有较多的无机氮素经反硝化作用流失，这可能是由于粪便长期堆积影响表层土壤的透气性。

3.3.5.2 排泄物输入对泥炭沼泽湿地土壤氮转化的影响

不同形态的排泄物输入后对土壤的矿化速率影响不同，粪便氮的主要矿化途径有蛋白质的氨化、氨基酸糖及其多肽聚合体、核酸物质的脱氨等，还有少量尿素的脱氨（Rowarth et al.，1985），而尿液氮的主要矿化途径是其水解脱氨过程的进行。粪便木质素比例较高使得粪便输入处理土壤的矿化速率慢且持续时间长（Sorensen，2001）。此外，由于粪便呈固体形态，添加后是覆盖在土壤上面，同体积下只有很少的一部分粪便与土壤接触；而尿液呈液体形态，添加后会在很短的时间内经过下渗作用进入土壤。因此，与粪便输入相比，尿液可以更好地与土壤接触并发生一系列相互作用，促进土壤中各种元素的迁移转化，尿液输入处理比粪便输入处理土壤的矿化速率及硝化速率进行得更显著（Carran et al.，1982）。

除培养的第 10 天和第 17 天外，粪便输入处理的土壤反硝化酶活性均略低于对照地反硝化酶活性；尿液输入处理除在培养的第 12 天、第 14 天、第 17 天、第 29 天高于对照地反硝化酶活性外，其余培养时间低于对照地反硝化酶活性。反硝化酶活性表征潜在反硝化速率，这与实验测定的反硝化速率得到的结论较相应，排泄物（粪便、尿液）输入对泥炭沼泽湿地土壤的反硝化作用产生显著影响。整个培养阶段整体表现为尿液输入处理促进泥炭沼泽湿地土壤的反硝化作用，而粪便输入处理抑制泥炭沼泽湿地土壤的反硝化作用。尿液的输入导致土壤积累过多的无机氮，经硝化、反硝化作用增加释放 N_2O 的潜力；而粪便覆盖在土壤上面影响土壤的通气性，创造厌氧环境，从而抑制 N_2O 的释放。在培养中后期，粪便输入处理土壤的反硝化速率较之前提高，是因为粪便内水分蒸发导致粪便变干，通气性增强，从而利于 N_2O 的释放。

3.3.6 小结

1）排泄物输入处理影响下泥炭沼泽湿地土壤在培养前 TOC、TN 含量表现为 FB＞CK＞NY（$P<0.05$），培养后未达到显著性差异；培养前土壤的 NH_4^+-N 含量表现为 NY＞FB＞CK，排泄物输入初期短时间内显著提高湿地土壤的 NH_4^+-N 含量（$P<0.05$），培养后土壤的 NH_4^+-N 含量表现为 NY＞CK＞FB（$P<0.05$）；培养前土壤的 NO_3^--N 含量表现

为 CK＞NY＞FB（$P＞0.05$），培养后土壤的 NO_3^--N 含量表现为 CK＞NY＞FB（$P＜0.05$）。整个培养周期则表现为消耗 NH_4^+-N、积累 NO_3^--N，以硝化作用为主。

2）与对照地相比，粪便输入处理泥炭沼泽湿地土壤的矿化和硝化速率在整个培养周期波动变化均小，未达到显著性差异，尿液输入处理的矿化和硝化速率波动较大，其矿化速率仅在培养初期差异性显著，硝化速率则在整个培养期间差异显著。

3）粪便输入抑制反硝化作用进行，尿液输入促进反硝化作用进行，这是由于尿液输入导致土壤积累过多的无机氮，经硝化、反硝化作用增加释放 N_2O 的潜力，粪便输入起覆盖作用而影响土壤通透性，从而抑制 N_2O 的排放。除第 10 天和第 17 天外，排泄物输入处理的反硝化酶活性在整个培养阶段均低于对照地土壤反硝化酶活性，对照地土壤的反硝化酶活性在培养的前两周呈降低趋势，之后便呈现较稳定的状态。

4）排泄物输入培养初始和结束时的土壤矿化速率和硝化速率均与土壤 NH_4^+-N 含量、NO_3^--含量、TOC 含量、TN 含量达到显著性相关（$P＜0.05$）；排泄物输入初始阶段土壤的反硝化速率与土壤 NH_4^+-N 含量、TOC 含量、TN 含量呈显著性相关（$P＜0.05$），培养结束时其反硝化速率均与土壤 NH_4^+-N 含量、NO_3^--含量、TOC 含量、TN 含量达到显著性相关（$P＜0.05$）。

3.4　研究结论与展望

3.4.1　研究结论

本研究针对放牧过程中动物活动、排泄物输入对湿地土壤氮转化的不同影响，采用原位土柱室内控制实验方法系统地研究了放牧干扰对沼泽湿地土壤的理化性质、矿化作用、硝化作用、反硝化作用的影响，通过选取猪翻拱扰动样地、牲畜践踏样地、对照样地，设置粪便输入处理、尿液输入处理、对照处理，测定两组实验的矿化速率、硝化速率、反硝化速率及 TOC、TN、NH_4^+-N、NO_3^--N 等理化指标，得出主要结论如下：

（1）动物活动干扰对沼泽化草甸湿地土壤硝化、反硝化作用的影响

放牧活动影响沼泽化草甸湿地土壤的理化性质，牲畜践踏和猪翻拱活动使得沼泽化草甸湿地土壤容重增大，含水量降低，pH 增大，TOC、TN、TP 含量降低。

放牧干扰下沼泽化草甸湿地土壤的矿化速率和硝化速率均表现为 ZG＞JT＞CK，牲畜践踏和猪翻拱均促进沼泽化草甸湿地土壤的矿化和硝化作用。矿化速率和硝化速率均与土壤容重、pH 呈显著正相关关系，与土壤含水量、TOC、TN、NH_4^+-N 含量呈显著负相关关系。

放牧干扰下沼泽化草甸湿地土壤的反硝化速率表现为 ZG＞CK＞JT，表明猪翻拱活动促进土壤 N_2O 温室气体的排放，而牲畜践踏活动抑制土壤 N_2O 的排放。反硝化速率与土壤 TOC 含量呈极显著负相关关系。

（2）排泄物输入对泥炭沼泽湿地土壤硝化、反硝化作用的影响

排泄物输入处理影响下泥炭沼泽湿地土壤在培养前 TOC、TN 含量表现为 FB＞CK＞NY（$P＜0.05$），培养后未达到显著性差异；培养前土壤的 NH_4^+-N 含量表现为 NY＞

FB>CK，排泄物输入初期短时间内显著提高湿地土壤的铵态氮含量（$P<0.05$），培养后土壤的 NH_4^+-N 含量表现为 NY>CK>FB（$P<0.05$）；培养前土壤的 NO_3^--N 含量表现为 CK>NY>FB（$P>0.05$），培养后土壤的 NO_3^--N 含量表现为 CK>NY>FB（$P<0.05$）。整个培养周期则表现为消耗 NH_4^+-N、积累 NO_3^--N，以硝化作用为主。

与对照地相比，粪便输入处理泥炭沼泽湿地土壤的矿化和硝化速率在整个培养周期波动变化均小，未达到显著性差异，尿液输入处理的矿化和硝化速率波动较大，其矿化速率仅在培养初期差异性显著，硝化速率则在整个培养期间差异显著。

粪便输入抑制反硝化作用进行，尿液输入促进反硝化作用进行，这是由于尿液输入导致土壤积累过多的无机氮，经硝化、反硝化作用增加释放 N_2O 的潜力，粪便输入起覆盖作用而影响土壤通透性，从而抑制 N_2O 的排放。排泄物输入处理对土壤反硝化酶活性有明显的抑制作用。

排泄物输入培养初始和结束时的土壤矿化速率和硝化速率均与土壤 NH_4^+-N 含量、NO_3^--N 含量、TOC 含量、TN 含量达到显著性相关（$P<0.05$）；排泄物输入初始阶段土壤的反硝化速率与土壤 NH_4^+-N 含量、TOC 含量、TN 含量呈显著性相关（$P<0.05$），培养结束时其反硝化速率均与土壤 NH_4^+-N 含量、NO_3^--N 含量、TOC 含量、TN 含量达到显著性相关（$P<0.05$）。

3.4.2 展望

本研究中排泄物输入对泥炭沼泽湿地土壤硝化、反硝化作用的影响部分采用长期性周期跟踪取样进行监测，可能周期设定不够合理导致矿化、硝化作用的监测结果不理想，今后研究中要增加取样的频率，找到合理的取样周期。

排泄物作为放牧对湿地生态系统氮循环影响的重要因素，今后要加强研究排泄物输入对湿地土壤氮转化过程的长期监测，以求得更精准的数据，为湿地放牧对湿地生态系统氮循环影响研究提供理论基础。

另外，本研究主要针对放牧过程中不同动物活动、排泄物输入对湿地土壤氮转化过程的影响，未探究其影响机制，后期研究需加强不同放牧活动干扰、排泄物输入对湿地土壤氮转化影响机制的研究。

第 4 章 放牧对湿地土壤 N_2O 排放的影响

4.1 研究内容及方法

4.1.1 研究内容

（1）牦牛放牧不同干扰方式对泥炭沼泽湿地土壤碳、氮和 N_2O 的影响

本课题组以滇西北高原碧塔海海尾泥炭沼泽湿地区为研究对象，研究放牧过程中牦牛践踏、牦牛粪便输入对土壤碳、氮和 N_2O 排放的影响。设定牦牛践踏区、牦牛粪便输入区、对照区，通过测量牦牛践踏区、牦牛粪便输入区、对照区影响下的湿地土壤碳、氮含量和 N_2O 排放通量，对比分析牦牛放牧不同干扰方式对泥炭沼泽湿地土壤碳、氮和 N_2O 的影响。

（2）牦牛排泄物输入对泥炭沼泽湿地土壤碳、氮和 N_2O 的影响

本课题组以滇西北高原纳帕海泥炭沼泽湿地内禁牧区土壤为研究对象，研究放牧过程中牦牛粪便、牦牛尿液对土壤 N_2O 排放的影响。设定牦牛粪便输入、牦牛尿液输入、单独牦牛粪便、单独牦牛尿液、对照 5 种处理，监测不同处理下土壤 N_2O 排放通量，对比分析不同处理对 N_2O 排放特征的影响。

本课题组以滇西北高原纳帕海泥炭沼泽湿地内禁牧区为研究对象，研究放牧过程中牦牛粪便、牦牛尿液对土壤碳、氮的影响。设定牦牛粪便输入、牦牛尿液输入、对照 3 种处理，监测不同处理 0～10 cm 土壤碳、氮含量，对比分析牦牛排泄物输入对土壤碳、氮含量的影响。

4.1.2 技术路线

本章以湿地生态学、环境化学、土壤学等学科理论为指导，依据典型性和代表性原则，在滇西北高原泥炭沼泽湿地进行取样分析，采用野外实验监测和室内控制实验监测两种途径，监测对照、牦牛践踏、牦牛粪便输入、牦牛尿液输入等不同影响下的土壤碳、氮含量和 N_2O 排放特征。分析不同干扰对湿地 N_2O 排放的影响，解释牦牛放牧活动对泥炭沼泽湿地土壤 N_2O 排放的内在机制。技术路线如图 4.1 所示。

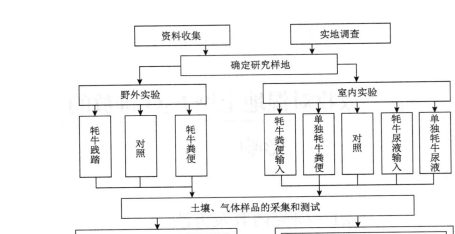

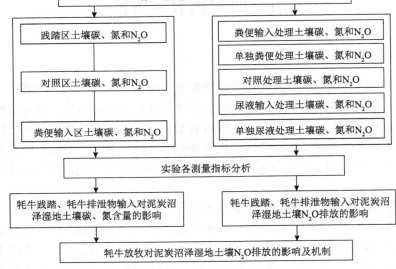

图 4.1　技术路线图

4.1.3　研究方法

本研究采用比较研究方法,野外调查与室内分析相结合,研究滇西北高原普遍放牧这一现象对高原湿地生态系统的影响。实验在两种条件下进行:野外测量实验和室内测量实验,在这两种条件下分别测量分析牦牛不同干扰对土壤碳、氮及 N_2O 排放的影响。

4.1.3.1　野外原位实验设计

在碧塔海海尾泥炭沼泽湿地内开展对照、牦牛践踏及牦牛粪便输入对湿地 N_2O 排放的影响测定。依据典型性和代表性原则,根据研究区地表植被的长势及分布状况,选择地表未受到牦牛啃食、土壤未受到践踏的区域作为对照区;将地表植被受到明显啃食、土壤受到牦牛集中践踏的区域作为践踏区;分别在对照区与践踏区内设置 10 m×10 m 的样地,牦牛放牧强度为2.5 头/hm²。在对照区内沿对角线方向选取 3 个 1 m×1 m

的样方作为对照样方,选取 3 个 1 m×1 m 的样方内设置牦牛粪便,作为粪便输入样方;在践踏区内沿对角线选取 3 个 1 m×1 m 的样方作为践踏样方;每个处理样方设置 3 个重复(图 4.2)。其中对照区植物覆盖度为 95%,植物平均高度为 9.5 cm,植物地上生物量为 430 g/m^2;践踏区植物覆盖度为 60%,植物平均高度为 5.75 cm,植物地上生物量为 140 g/m^2。

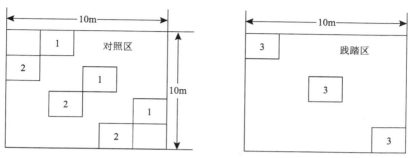

图 4.2 不同干扰区测量样点位置示意图

标号 1 为对照样方, 标号 2 为粪便样方, 标号 3 为践踏样方

测量前一天分别在每个样方上打入一个用 PVC 管制成的高度 18 cm、直径 20 cm 的土壤环,其中打入地下部分的高度为 8 cm,地上部分的高度为 10 cm,将土壤环四周压紧以防止漏气;模拟野外实际粪便斑块的特征,其直径 18 cm、厚度 5 cm,将混合均匀的粪便放入土壤环中。整个实验期间不挪动土壤环,以保证测量点的统一。本研究于 2015 年 8 月 5 日开始测量,每次测量时间为 9∶00~11∶00 完成,每个样点测量时间为 4 min,间隔时间为 10 min,测量时将气体呼吸室平放在土壤环上,以达到密闭状态。N_2O 排放通量用超痕量温室气体分析仪(N_2O/CO LOS GATOS RESEARCH 美国)测定,在粪便添加之后的 16 h 开始测量。

在气体测量结束时,分 3 层(0~10 cm、10~20 cm、20~30 cm)采取不同样地土壤环下方的土样标号带回实验室,风干后磨碎、剔除较为粗的根状,测定其不同干扰下土壤 TOC、TN 含量。

4.1.3.2 室内培养实验设计

本研究依据典型性和代表性原则,在纳帕海禁牧区的泥炭地上选取 3 块大小为 10 m× 10 m 的样地,3 块样地彼此之间距离为 10 m(图 4.3)。土壤样品采集在 2016 年 6 月中旬完成。在每块样地沿对角线方向取 3 个 1 m×1 m 的小样方,将直径 20 cm、高度 30 cm 的 PVC 管在每个小样方上沿垂直方向打入土壤中,打入深度为 10 cm,之后将 PVC 管与土壤同时取出,密封带回。将取回的原装土柱带回实验室,并在其上面添加排泄物,进行室内培养实验。共设置五种处理:对照、粪便输入(粪便添加在土壤上)、尿液输入(尿液添加在土壤上)、单独粪便(仅有粪便无土壤)、单独尿液(仅有尿液无土壤),每个处理三次重复。

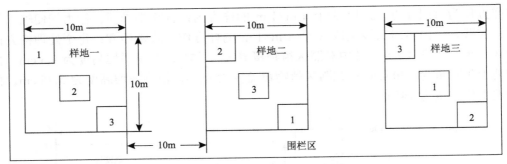

图 4.3　样品采集分布位置示意图

按各样地中标号采集土壤：1 用于对照培养；2 用于粪便输入培养；3 用于尿液输入培养

　　N₂O 排放通量观测采用静态箱法，每次采集气体前将用于原装土柱培养的 PVC 管密封，顶部的小孔采用带有三通阀的胶塞密封，气体采集用注射器通过三通阀收集，三通阀采样时打开、采样间隔时关闭，同步记录培养箱内的温度。注射器采集的气体用 500 mL 的气体采样袋存储，之后立即到实验室用超痕量温室气体分析仪（N₂O/CO LOS GATOS RESEARCH 美国）室内分析模式进行气体浓度测定。气体采集频率：培养开始的第一周每天都采集气体进行通量观测，之后每两天观测一次，直到 N₂O 气体通量无明显变化。每个培养样品每次共采集 4 个气体样品，采集过程中每间隔 15 min 取一个样。为保证采集气体的一致性，每次采集气体在 9：00～11：00 完成。

　　在气体测量结束后，采取培养下的土壤并标号带回实验室，将其风干后磨碎、剔除较为粗的根状，测定其不同干扰下土壤 TOC、TN 及无机氮含量。

　　实验中所需排泄物的收集：提前一天随机选取附近牧民饲养的 8 头牦牛并做标记，在放牧结束后被标记的牦牛被圈禁后，于第 2 天早上在牧民的帮助下收集粪便和尿液。实验中添加的粪便按照野外大小（直径 18 cm、高度 5 cm，质量约 1.25 kg）设置；尿液按照 van Groenigen 等（2005）报道的野外放牧平均尿液量 4 L/m² 添加。其中，粪便的碳含量为 483.6 g/kg，氮含量为 24.1 g/kg；尿液碳含量为 170.2 g/kg，氮含量为 8.7 g/kg。

4.1.3.3　指标测定方法

　　土壤 NH_4^+-N 和 NO_3^--N 含量的测定采用连续流动分析仪法。将采取的土壤样品风干处理后，称取 5 g 风干的土壤样品，每个土壤样品进行三次重复，称取后植入 100 mL 烧杯中，加入 50 mL 2 mol/L KCl 溶液，之后用振荡器在 200 r/min、25℃条件下振荡 1 h 后，取出静置 30 min 后提取上清液，通过滤纸过滤到 50 mL 塑料试剂管中，盖紧瓶盖，将提取液冰冻起来进行保存，不能超过 1 个月，需要分析时进行化冻，采取连续流动分析仪（SKALAR San++，Skalar Co.，Netherlands）测定土壤 NH_4^+-N 和 NO_3^--N 含量（何奕忻，2009；詹伟，2015）。

　　土壤 TOC 和 TN 含量的测定。将采取的土壤样品经风干过 2 mm 筛之后，称取 5 g 放入 100 mL 烧杯中，每个土壤样品进行三次重复，向其中加入 1%的盐酸溶液淹没土壤样品，充分搅拌后，放入电鼓风烘箱，温度设定为 105℃，烘干后的土壤样品进行包样、上机测量，土壤 TOC 和 TN 含量采用德国 Elementar 公司的 vario TOC select 总有机碳分析仪测定（何海龙等，2014）。

本研究涉及的 N_2O 排放通量、累积 N_2O 排放量、增温潜势、N_2O 排放因子及其相关计算采用如下公式进行（Lin et al., 2009）。

1）N_2O 排放通量计算：

$$F = \rho \cdot \frac{V}{A} \cdot \frac{dc}{dt} \cdot \left(\frac{273}{273+T} \right)$$

式中，F 为 N_2O 排放通量，$mg/(m^2 \cdot h)$；ρ 为 N_2O 气体浓度，g/m^3；V 为培养箱的体积，m^3；A 为培养箱覆盖的面积，m^2；T 为培养箱内的温度，℃；dc/dt 为 N_2O 气体浓度随时间的变化率，ppm/h。

2）累积 N_2O 排放量计算：

$$CE = \sum_{k=1}^{n} (F_k + F_{k+1}) / 2 \times (t_{k+1} - t_k) \times 24$$

式中，CE 为累积 N_2O 排放量，g/m^2；F 为 N_2O 排放通量，$mg/(m^2 \cdot h)$；k 为第 k 天测量；n 为测量的总天数；$(t_{k+1}-t_k)$ 为两次测量的时间间隔。

3）增温潜势计算：

$$GWP = CE \times 296$$

即根据单分子 N_2O 增温潜势为 CO_2 增温潜势的 296 倍计算。

4）N_2O 排放因子计算：

$$EF = \left(\frac{CE_{N_2O\ flux} - CE_{N_2O\ flux\ control}}{N_{applied}} \right) \times 100\%$$

式中，EF 为 N_2O 排放因子，%；$CE_{N_2O\ flux}$ 为实验区 N_2O 累积排放量，$kg\ N_2O\text{-}N$；$CE_{N_2O\ flux\ control}$ 为对照区 N_2O 累积排放量，$kg\ N_2O\text{-}N$；$N_{applied}$ 为添加排泄物的含氮量，$kg\ N$。

4.1.3.4　数据分析与处理

方差分析法采用单因素方差分析法，对不同土层、不同处理下的土壤碳、氮含量及无机氮含量之间进行比较和显著性差异的检验（$P < 0.05$）。并且采用配对样本 t-检验对不同实验处理下的土壤 N_2O 排放通量、排放因子进行差异性分析。数据分析采用 SPSS（Version 13.0, SPSS Inc., Chicago, IL, USA）进行，数据统计及整理采用 Word 2007 进行，作图采用软件 Origin 8.0 完成。

4.2 牦牛放牧不同干扰方式对泥炭沼泽湿地土壤 N_2O 排放的影响

4.2.1 牦牛放牧不同干扰方式对土壤碳、氮含量的影响

4.2.1.1 牦牛放牧不同干扰方式对土壤 TOC 的影响

牦牛践踏区、粪便输入区与对照区的土壤 TOC 含量存在一定的差异[图 4.4（a）]。土壤 TOC 在不同干扰影响下含量：0~10 cm 对照区（326.16±9.02）g/kg，践踏区（417.03±25.34）g/kg，粪便输入区（438±17.77）g/kg；10~20 cm 对照区（317.93±73.94）g/kg，践踏区（462.99±14.97）g/kg，粪便输入区（319.19±39.67）g/kg，20~30 cm 对照区（318.31±13.43）g/kg，践踏区（460.30±26.02）g/kg，粪便输入区（322.31±24.11）g/kg。不同区域土壤 TOC 含量随着土层深度的增加表现出不同的变化趋势。对照区 TOC 含量随土层深度增加无显著差异；粪便输入区 TOC 含量随土层深度增加而显著降低；践踏区 TOC 含量随土层深度增加而略有增加。

同区域不同土层土壤 TOC 含量表现：对照区 0~10 cm、10~20 cm、20~30 cm 土层之间均无显著性差异（$P>0.05$）；践踏区 0~10 cm、10~20 cm、20~30 cm 土层之间同样无显著性差异（$P>0.05$）；粪便输入区在 0~10 cm 土层 TOC 含量显著高于 10~20 cm、20~30 cm 土层含量（$P<0.05$），但是 10~20 cm 与 20~30 cm 土层之间无明显差异（$P>0.05$）。

同土层不同区域土壤 TOC 含量表现：0~10 cm 粪便输入区和践踏区均显著高于对照区的含量（$P<0.05$），而粪便输入区与践踏区之间无显著差异（$P>0.05$）；10~20 cm 粪便输入区和践踏区与对照区均无显著差异（$P>0.05$），但是粪便输入区与践踏区之间存在显著性差异（$P<0.05$）；20~30 cm 践踏区显著高于对照区和粪便输入区（$P<0.05$），而粪便输入区与对照区无显著性差异（$P>0.05$）。

0~30 cm 土层，践踏区土壤 TOC 含量比对照区显著增加 39.27%（$P<0.05$），而粪便输入区比对照区增加 12.19%，践踏区相比粪便输入区增加 24.13%。可见，牦牛践踏和粪便输入均促进土壤 TOC 的累积。

4.2.1.2 牦牛放牧不同干扰方式对土壤 TN 的影响

牦牛践踏区、粪便输入区与对照区的土壤 TN 含量存在一定的差异[图 4.4（b）]。土壤 TN 在不同干扰影响下含量：0~10 cm 对照区（19.82±0.93）g/kg，践踏区（25.85±3.6）g/kg，粪便输入区（23.13±1.3）g/kg；10~20 cm 对照区（16.52±3.7）g/kg，践踏区（25.07±0.91）g/kg，粪便输入区（17.38±1.61）g/kg；20~30 cm 对照区（13.1±2.87）g/kg，践踏区（23.52±0.78）g/kg，粪便输入区（15.24±1.08）g/kg。不同区域土壤 TN 含量随着土层深度的增加均呈现出下降的趋势，0~10 cm、10~20 cm、20~30 cm 土层 TN 含量均表现为对照区＜粪便输入区＜践踏区。

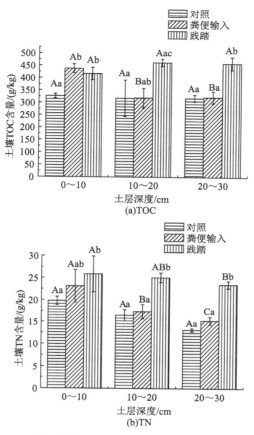

图 4.4　牦牛放牧干扰对土壤 TOC 和 TN 含量的影响

不同小写字母表示同土层不同干扰类型间差异显著，不同大写字母表示同干扰类型
不同土层间差异显著（$n=3$）

同区域不同土层土壤 TN 含量表现：对照区 0～10 cm、10～20 cm、20～30 cm 土层之间均无显著性差异（$P>0.05$）。践踏区 0～10 cm 土层显著高于 20～30 cm 土层（$P<0.05$），但 0～10 cm 土层和 10～20 cm、10～20 cm 土层和 20～30 cm 土层之间无显著差异（$P>0.05$）。粪便输入区在 0～10 cm 土层显著高于 10～20 cm、20～30 cm 土层（$P<0.05$），10～20 cm 土层明显高于 20～30 cm 土层（$P<0.05$）。

同土层不同区域土壤 TN 含量表现：0～10 cm 土层践踏区极显著高于对照区（$P<0.01$），而粪便输入区与对照区之间无显著差异（$P>0.05$），践踏区与粪便输入区同样没有显著性差异（$P>0.05$）。10～20 cm 土层践踏区显著高于对照区与粪便输入区（$P<0.05$），但粪便输入区与对照区无显著差异（$P>0.05$）。20～30 cm 土层践踏区同样显著高于粪便输入区与对照区（$P<0.05$），但粪便输入区与对照区无明显差异（$P>0.05$）。

0～30 cm 土层，践踏区土壤 TN 含量比对照区显著增加 50.56%（$P<0.05$），粪便输入区比对照区增加 12.76%，践踏区比粪便输入区增加 33.53%。可见，牦牛践踏和粪便输入均促进土壤 TN 的累积，尤其是践踏作用（王山峰等，2017）。

4.2.2 牦牛放牧不同干扰方式对土壤 N_2O 排放的影响

4.2.2.1 牦牛践踏对土壤 N_2O 排放的影响

践踏区和对照区的土壤 N_2O 排放通量的变化趋势如图 4.5 所示。整个观测期，牦牛践踏、对照影响下的 N_2O 排放通量均在第 9 天达到最大值，分别为 7.28 mg/（$m^2 \cdot h$）和 12.52 mg/（$m^2 \cdot h$）；其中 N_2O 排放通量最小值均出现在第 13 天，分别为 0.77 mg/（$m^2 \cdot h$）和 1.91 mg/（$m^2 \cdot h$）。

践踏区与对照区的土壤 N_2O 排放通量随时间均呈现出先逐渐增大后减小的趋势，第 1～9 天对照区 N_2O 排放通量明显高于践踏区（$P<0.05$），第 13～21 天，对照区 N_2O 排放通量与践踏区土壤通量的差异减小，但二者依然存在明显差异（$P<0.05$）。整个观测期，践踏区与对照区的 N_2O 排放通量表现为对照区>践踏区。

对照区和践踏区的 N_2O 排放通量均值分别为（5.62±0.54）mg/（$m^2 \cdot h$）、（2.64±0.51）mg/（$m^2 \cdot h$）（图 4.6）。牦牛践踏影响下土壤 N_2O 排放通量均值比对照区显著减少（$P<0.05$），可见，牦牛践踏抑制 N_2O 排放。

4.2.2.2 牦牛粪便对土壤 N_2O 排放的影响

粪便输入区和对照区土壤 N_2O 排放通量的变化趋势如图 4.5 所示。整个观测期，粪便输入区、对照区的 N_2O 排放通量均在第 9 天达到最大值，分别为 22.42 mg/（$m^2 \cdot h$）和 12.52 mg/（$m^2 \cdot h$）；其 N_2O 排放通量最小值均出现在第 13 天，分别为 0.91 mg/（$m^2 \cdot h$）和 1.91 mg/（$m^2 \cdot h$）。

粪便输入区与对照区的土壤 N_2O 排放通量随时间均呈现出先逐渐增大后减小的趋势，第 1～9 天，二者影响下的土壤 N_2O 排放通量均逐渐升高，在第 9 天达到最大值，随后显著降低。观测期前 13 天土壤 N_2O 排放通量表现为粪便输入区>对照区；第 13～21 天，土壤 N_2O 排放通量变化波动不大，表现为对照区>粪便输入区。牦牛粪便输入区第 9 天 N_2O 排放通量较第 1 天增加 1881.25%（$P<0.05$），第 21 天较第 1 天降低 6.7%（$P>0.05$）；粪便输入区在 13 天之前较对照区 N_2O 排放通量增加 60.28%，之后未表现出增加趋势。可见，粪便输入早期促进 N_2O 排放，随着时间的延长，其促进作用不明显。

对照区和粪便输入区的 N_2O 排放通量均值分别为（5.62±0.54）mg/（$m^2 \cdot h$）和（7.47±1.26）mg/（$m^2 \cdot h$）（图 4.6）。粪便输入影响下土壤 N_2O 排放通量均值比对照区增加 32.9%。可见，粪便输入促进 N_2O 排放。

践踏区、粪便输入区与对照区之间土壤的累积 N_2O 排放量、净累积 N_2O 排放量、排放因子及增温潜势大小如表 4.1 所示。整个观测期累积 N_2O 排放量大小表现为粪便输入区>对照区>践踏区。粪便输入区的净累积 N_2O 排放量为（0.591±0.167）g/m^2，排放因子大小为 0.021±0.005。增温潜势同样表现为粪便输入区>对照区>践踏区。

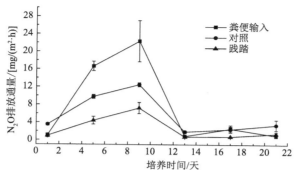

图 4.5　牦牛放牧干扰对土壤 N_2O 排放通量的影响

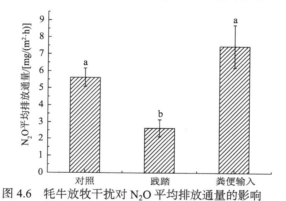

图 4.6　牦牛放牧干扰对 N_2O 平均排放通量的影响

在累积 N_2O 排放方面，粪便输入区比对照区和践踏区分别增加 38.5% 和 189.1%（$P<0.05$），同时对照区比牦牛践踏区增加 108.7%（$P<0.05$）。计算得出，粪便输入区的累积 N_2O 排放量是对照区的 1.39 倍，为牦牛践踏区的 2.89 倍；同时对照区的累积 N_2O 排放量是践踏区的 2.09 倍。与对照区相比，粪便输入促进土壤 N_2O 排放，而践踏则在一定程度上抑制土壤 N_2O 排放。各处理在排放强度上均表现为前期远大于后期的排放量，粪便输入区在第 9 天以前上升最快，变化范围也是最大的，而在第 9 天以后下降速率也是最快的，下降速率达到 95.9%，显著高于对照区的 84.75% 和践踏区的 89.42%，说明随着时间的延长累积增加，粪便作用的强度降低，践踏土壤与对照相比，净累积 N_2O 通量为负值。所以不同处理下的 N_2O 排放强度表现为粪便输入区＞对照区＞践踏区。

表 4.1　不同放牧干扰下土壤累积 N_2O 排放量、净累积 N_2O 排放量、排放因子和增温潜势

处理	累积 N_2O 排放量/（g/m^2）	净累积 N_2O 排放量/（g/m^2）	排放因子/%	增温潜势/（$g\ CO_2\ /m^2$）
对照	1.534 ± 0.161 [a]	—	—	454
践踏	0.735 ± 0.090 [b]	—	—	218
粪便输入	2.125 ± 0.327 [c]	0.591 ± 0.167	0.021 ± 0.005	629

注：数据表示为均值±标准差（$n=3$）。

纵列不同小写字母表示不同处理间有显著性差异（$P<0.05$）。

4.2.3 讨论

本研究表明，放牧践踏促进土壤 TOC、TN 的累积，这与其他研究结果相一致（Gao et al.，2009）。放牧通过家畜对土壤的践踏作用改变土壤的孔隙度、容重等，进而影响土壤结构的改变（丁小慧等，2012；高永恒，2007），而土壤结构的变化主要源于不同放牧类型对湿地土壤作用方式之间的差异。土壤 C、N 的累积与放牧导致根部生物量的增加有关，在放牧过程中，牲畜践踏使根部破碎并与土壤充分接触，有助于养分元素转移到土壤中（耿远波等，2001），促进土壤有机碳的累积。同时践踏导致地上生物量降低，根部生物量增加，根冠比增大，从而增加有机碳向地下的分配量（Derner et al.，1997）。研究表明，植物根部是土壤 N 的主要来源之一（黄德华和王艳芬，1996），根部植物残体的分解加速 N 的矿化，由于微生物主要活动在土壤的表层，表层土壤较高的 O_2 含量促进微生物的活性，导致土壤 TN 在表层累积最多。随着土层深度的增加，O_2 含量的降低及微生物活性的降低导致土壤 TN 的累积量随土层深度的增加而降低。

与对照区相比，践踏抑制土壤 N_2O 排放。践踏型放牧下的土壤紧实度显著高于非践踏土壤，而土壤紧实度的改变直接影响 N_2O 能否有效释放，紧实度高的土壤导致地表通气性差，从而阻碍气体从土壤向大气的传输，抑制 N_2O 排放（周培等，2011）。同时，土壤孔隙度的减小使得土壤微生物活性减弱，进而降低微生物硝化、反硝化菌种的活性和数量（Bai et al.，2005），影响能够生成 N_2O 的地球化学反应过程。杜睿等（2001）在对草原放牧的研究中也表明，放牧践踏减少与草原土壤产生 N_2O 相关的微生物菌群的数量和种类，从而使得草原土壤产生 N_2O 降低。詹伟（2015）在对四川西北部高寒放牧草甸的研究中也表明，土壤 N_2O 排放通量具有明显的空间差异，重度放牧条件下的土壤 N_2O 排放通量明显低于轻度放牧条件下的 N_2O 排放通量，说明放牧干扰严重影响土壤的基本形状，改变气体向大气释放的条件。

放牧减少了地表生物量，地表土壤裸露，进而减少植物光合作用的同化能力（郑伟等，2010），这也是 N_2O 排放通量降低的重要原因。植物在湿地生态系统的作用主要有：植物与微生物之间存在着竞争关系，主要是对营养物质的吸收利用方面；湿地植物一般都具有发达的通气组织，能够与大气之间进行气体交换；植物根部分泌物可以为微生物提供可利用性 C、N；湿地系统内部的物质循环和能量流动通过植物的新陈代谢来维持。植被对湿地 N_2O 排放的影响主要有：植被本身的代谢活动可以产生 N_2O；植被可以通过自身发达的通气组织，将土壤中产生并溶解在水中的 N_2O 排入大气中；植被根部的呼吸作用导致 O_2 的消耗，形成利于反硝化进行的厌氧环境，促进 N_2O 的排放（朱鲲杰等，2014）。朱晓艳等（2013）对三江平原泥炭沼泽湿地的研究也表明，有植物参与的 N_2O 排放量是无植被的 1.7 倍，表明植物对湿地 N_2O 排放有重要影响。说明践踏行为导致的土壤理化性状的改变和地上植物的减少共同促使 N_2O 排放的强度减弱。

本研究表明，牦牛粪便输入促进土壤 N_2O 排放。这与其他相关研究结果一致（Bell et al.，2015；Cai et al.，2014）。学者对青藏高原山地草甸的研究同样表明，排泄物（粪便）输入促进 N_2O 排放（Lin et al.，2009）。这主要与粪便的分解有关，土壤反硝化过程产生 N_2O（陈先江等，2011），土壤可利用性 C、N 含量对反硝化作用影响显著，主要原因是可利用性有机碳作为反硝化细菌生长的基质和呼吸作用的底物而直接影响反硝化细菌生长繁殖（Alotaibi and Schoenau，2013）。本研究中，从实验开始至第 9 天，粪便输入下 N₂O 排放逐渐增高，主要是因为牦牛粪便中 TOC（48.36%）含量、TN（2.41%）含量高，粪便输入后土壤表层 TOC 和 TN 的含量增加（图 4.4），促使反硝化微生物活性的增加，促进土壤反硝化速率。牦牛粪便在输入之后可迅速增加土壤的可利用性 C、N（姜世成和周道玮，2006），增强微生物活性而促进反硝化速率，从而刺激地表 N₂O 排放。同时，粪便输入后刺激了微生物活动和 O₂ 的消耗，由此产生的厌氧环境（蔡延江等，2014）也是影响反硝化速率增加的原因之一。其他相关研究也说明，粪便输入增加土壤 TN 的含量（Cheng et al.，2016；何奕忻，2009），从而间接地影响湿地生态系统的 N 循环。

在本研究中，粪便输入区前 9 天 N₂O 的累积排放量很高，为 1.926 g/m²，占整个观测期的 90%，平均 N₂O 排放通量为 13.41 mg/（m²·h），之后逐渐开始降低。这是因为蒸发、风干导致粪便水分变干，通气性增强，抑制厌氧微生物中反硝化细菌的活性，反硝化速率降低。反硝化是 N₂O 产生的主要过程，需要部分厌氧环境，当 O₂ 含量充足时该过程会受到抑制（颜晓元等，2000）。此外，粪便输入早期较高的 TOC、TN 含量，增加反硝化微生物的活性，促进土壤反硝化；但随着粪便的分解，其 TOC、TN 含量逐渐降低，促进作用减弱，N₂O 排放也随之降低。在末期的时候，粪便输入区土壤 N₂O 排放通量小于对照区土壤 N₂O 排放通量，相关研究说明 N₂O 的产生不仅受土壤 C、N 含量的影响，还受土壤水分、土壤通气状况、土壤 pH、氧化还原电位等因素的影响，这可能是出现上述情况的原因（Granli and Bockman，1994）。

对照区、践踏区、粪便输入区土壤的 N₂O 排放通量在第 9 天之后均明显降低，这可能与地表水层厚度有关。第 1 天地表水层处于落干状态，土壤通气性较好，促进 N₂O 的排放；第 9 天降雨导致地表水层厚度达 5 cm，淹水造成的强还原性环境使 N₂O 进一步还原为 N₂，加上水层对 N₂O 扩散的阻隔作用及对 N₂O 的少量溶解，使得 N₂O 排放通量出现突然降低的趋势。徐华等（2000）的研究同样表明，N₂O 排放通量出现在田面无水层，即田面落干的水分状态下；当田面有水层时，N₂O 排放通量则很小。

4.2.4　小结

1）牦牛粪便输入和牦牛践踏影响下的泥炭沼泽湿地土壤 N₂O 平均通量为 7.47 mg/（m²·h）和 2.64 mg/（m²·h），粪便输入区大于对照区的 N₂O 平均通量[5.62 mg/（m²·h）]，而践踏区小于对照区。牦牛放牧对泥炭沼泽湿地土壤 N₂O 排放通量的影响表现为粪便输入区＞对照区＞践踏区，践踏区土壤 N₂O 排放通量比对照区显著降低 112.8%（$P<0.05$），粪便输入区 N₂O 排放通量比对照区增加 32.9%。牦牛粪便输入促进泥炭沼泽湿地土壤 N₂O 的排放，而牦牛践踏抑制泥炭沼泽湿地土壤 N₂O 的排放。

2）牦牛放牧影响下，泥炭沼泽湿地土壤累积 N₂O 排放量与增温潜势均表现为粪便输入区＞对照区＞践踏区，其中践踏区的累积 N₂O 排放量最小，净累积 N₂O 排放量表现为负值。

3）牦牛放牧促进泥炭沼泽湿地土壤 TOC 和 TN 的累积。土壤 TOC 含量表现为践踏区＞粪便输入区＞对照区，牦牛践踏和粪便输入均促进土壤 TOC 含量的增加，增加比例分别为 39.27%（$P<0.05$）和 12.19%。土壤 TN 含量表现为践踏区＞粪便输入区＞对照区，牦牛践踏和粪便输入均促进土壤 TN 含量的增加，增加比例分别为 50.65%（$P<0.05$）和 12.76%。

4.3 牦牛排泄物输入对泥炭沼泽湿地土壤 N_2O 排放的影响

4.3.1 牦牛排泄物输入对土壤碳、氮含量的影响

4.3.1.1 牦牛排泄物输入对土壤 TOC 的影响

牦牛粪便输入处理、尿液输入处理与对照处理的土壤 TOC 含量存在一定的差异（图 4.7）。土壤 TOC 在不同处理下的含量：粪便输入（404.74±23.61）g/kg、尿液输入（350.52±33.07）g/kg、对照（353.17±14.56）g/kg。粪便输入高于对照，而尿液输入略低于对照。

牦牛粪便和牦牛尿液处理下，表层土壤 TOC 含量变化表现为粪便输入＞对照＞尿液输入。粪便输入下的土壤 TOC 含量比对照土壤显著增加 14.6%（$P<0.05$），而尿液输入下的土壤 TOC 含量比对照减少 0.8%。说明牦牛粪便添加后促进表层土壤 TOC 的累积，而尿液则无显著影响。

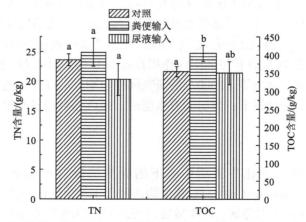

图 4.7 对照、粪便输入、尿液输入处理下土壤 TOC 和 TN 的含量

4.3.1.2 牦牛排泄物输入对土壤 TN 的影响

牦牛粪便输入处理、尿液输入处理与对照处理的土壤 TN 含量差异不显著（图 4.7）。土壤 TN 在不同处理影响下的含量：粪便输入（24.89±5.73）g/kg、尿液输入（20.27±3.77）g/kg、对照（23.62±2.21）g/kg。粪便输入略高于对照，而尿液输入略低于对照。

牦牛粪便和牦牛尿液处理下，表层土壤 TN 含量表现为粪便输入＞对照＞尿液输入。粪便输入处理下土壤 TN 含量比对照处理增加 5.38%，尿液输入处理比对照处理少 14.18%，各处理下土壤 TN 含量彼此之间均没有显著性差异（$P>0.05$）。说明牦牛粪便和尿液添加后对表层土壤 TN 含量无明显影响。

4.3.1.3　牦牛排泄物输入对土壤无机氮的影响

（1）牦牛排泄物输入对土壤 NH_4^+-N 的影响

培养开始和结束时，粪便输入、尿液输入和对照处理的土壤 NH_4^+-N 的含量如图 4.8（a）所示。培养开始土壤 NH_4^+-N 含量在不同处理下的含量：对照（4.88±0.82）mg/kg，粪便输入（4.86±0.81）mg/kg，尿液输入（5.25±0.62）mg/kg；培养结束土壤 NH_4^+-N 含量在不同处理下的含量：对照（11.39±6.95）mg/kg，粪便输入（26.07±4.93）mg/kg，尿液输入（105.68±29.75）mg/kg。粪便和尿液影响下，表层土壤 NH_4^+-N 含量在培养结束时表现为尿液输入＞粪便输入＞对照；而在培养开始时表现为尿液输入＞对照＞粪便输入。

同时期不同处理土壤 NH_4^+-N 含量：在培养开始时，粪便输入、尿液输入与对照三者之间均无显著性差异（$P>0.05$）；而在培养结束时，粪便输入与对照之间无显著性差异（$P>0.05$），但是尿液输入显著高于对照和粪便输入（$P<0.05$）。

同处理不同时期土壤 NH_4^+-N 含量：对照处理在培养开始与结束无显著性差异（$P>0.05$），粪便输入在培养结束显著高于培养开始（$P<0.05$），同样尿液输入在培养结束显著高于培养开始（$P<0.05$）。分析得出，牦牛粪便和尿液的输入均促进土壤 NH_4^+-N 含量的累积，且尿液输入比粪便输入具有更加明显的促进作用。

（2）牦牛排泄物输入对土壤 NO_3^--N 的影响

在培养开始和结束时，粪便输入、尿液输入与对照处理的土壤 NO_3^--N 的含量如图 4.8（b）所示。培养开始土壤 NO_3^--N 含量在不同处理下的含量：对照（1.78±0.33）mg/kg，粪便输入（2.03±0.28）mg/kg，尿液输入（1.77±0.13）mg/kg；培养结束土壤 NO_3^--N 含量在不同处理下的含量：对照（15.98±7.77）mg/kg，粪便输入（48.97±6.35）mg/kg，尿液输入（53.34±4.87）mg/kg。粪便和尿液影响下，表层土壤 NO_3^--N 含量在培养结束时表现为尿液输入＞粪便输入＞对照；而在培养开始表现为粪便输入＞对照＞尿液输入。

同时期不同处理土壤 NO_3^--N 含量：培养开始，粪便输入、尿液输入与对照三者之间均无显著性差异（$P>0.05$）；在培养结束，粪便输入与尿液输入之间无显著性差异（$P>0.05$），但是尿液输入、粪便输入均显著高于对照（$P<0.05$）。

同处理不同时期土壤 NO_3^--N 含量：对照处理在培养开始与结束无显著性差异（$P>0.05$），而粪便输入在培养结束显著高于培养开始（$P<0.05$），同样尿液输入在培养结束极显著高于培养开始（$P<0.01$）。分析得出，牦牛粪便和尿液的输入均促进土壤 NO_3^--N 的累积，但培养结束时粪便输入和尿液输入对土壤 NO_3^--N 的累积作用大小无差异。

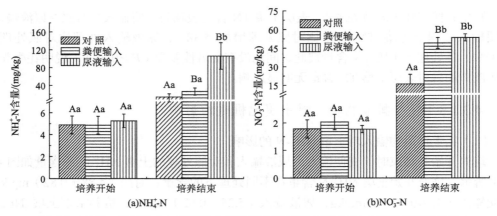

图 4.8　对照、粪便输入、尿液输入处理下土壤 NH_4^+-N 和 NO_3^--N 培养前后的含量

不同小写字母表示同时期不同处理之间具有显著性差异，不同大写字母表示同处理不同时期之间具有显著性差异（n=3）

4.3.2　牦牛排泄物输入对土壤 N_2O 排放的影响

4.3.2.1　牦牛粪便输入对 N_2O 排放的影响

粪便输入、单独粪便、对照处理 N_2O 排放通量的大小及其变化趋势如图 4.9 所示。由图 4.9 可知在整个观测期，粪便输入处理下土壤 N_2O 排放通量呈现出先波动增加后缓慢降低、最后趋于稳定的趋势，其 N_2O 排放通量在第 6 天达到最大值[37.92 mg/（$m^2·h$）]，其最小值出现在第 47 天[0.42 mg/（$m^2·h$）]。单独粪便处理下 N_2O 排放通量在前 6 天呈负排放，并且在第 4 天达到最低值[−0.69 mg/（$m^2·h$）]，从第 7 天开始 N_2O 排放通量明显增加，到第 19 天达到最大值[88.31 mg/（$m^2·h$）]，之后快速降低并趋于稳定。而对照处理下 N_2O 排放通量只在第 1 周有微小的波动，之后观测期间变化比较平稳，N_2O 排放通量在观测的第 2 天达到最大值[2.97 mg/（$m^2·h$）]，在第 49 天达到最小值[0.05 mg/（$m^2·h$）]，整个观测期对照处理的 N_2O 排放通量整体无明显变化。

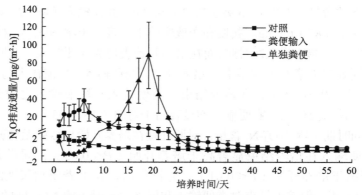

图 4.9　观测期粪便输入、单独粪便和对照处理下 N_2O 的排放通量

与对照处理相比，粪便输入和单独粪便处理下较高的 N_2O 排放通量均出现在第 1 个月，随着观测时间的延长二者 N_2O 排放通量均降低；从第 2 个月开始，三者均无明显的

变化趋势。粪便输入处理下 N_2O 排放通量在第 40 天的时候降低到与对照处理 N_2O 排放通量相似的值，而单独粪便处理 N_2O 排放通量在第 30 天的时候降低到与对照处理 N_2O 排放通量相似的值。

在第 1 周 N_2O 排放通量表现为粪便输入＞对照＞单独粪便；之后到第 25 天表现为单独粪便＞粪便输入＞对照；25 天之后表现为粪便输入＞对照＞单独粪便。观测期间，粪便输入、单独粪便、对照处理的 N_2O 排放通量均值分别为 7.72 mg/（$m^2·h$）、8.55 mg/（$m^2·h$）、0.59 mg/（$m^2·h$）（图 4.10），粪便输入处理比对照处理增加 1208.5%（$P < 0.05$），单独粪便处理比粪便输入处理增加 10.8%。分析得出粪便输入促进 N_2O 的排放，且单独粪便本身具有可以释放 N_2O 的功能。与粪便输入处理下土壤 N_2O 排放通量相比，粪便本身具有作用时间短、释放量大的特征。

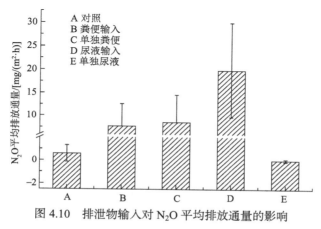

图 4.10　排泄物输入对 N_2O 平均排放通量的影响

4.3.2.2　牦牛尿液输入对 N_2O 排放的影响

从图 4.11 可以看出，尿液输入、单独尿液、对照处理 N_2O 排放通量的大小及其变化趋势。由图 4.11 可知在整个观测期，尿液输入处理下土壤 N_2O 排放通量表现为早期快速增加，高峰期持续 10 天左右，之后快速下降，40 天后趋于稳定，其 N_2O 排放通量在第 19 天达到最大值[55.59 mg/（$m^2·h$）]，其最小值出现在第 59 天[1.52 mg/（$m^2·h$）]。单独尿液本身的 N_2O 排放通量没有明显变化，在观测期间表现为 0 mg/（$m^2·h$）上下微小波动，其最大值出现在第 3 天，为 0.63 mg/（$m^2·h$），而最小值出现在第 13 天，为 -0.19 mg/（$m^2·h$），并且在从第 35 天以后的观测期，单独尿液本身的 N_2O 排放通量均为 0 mg/（$m^2·h$）。而对照处理 N_2O 排放通量只在第 1 周有微小的波动，之后在观测期间变化比较平稳，N_2O 排放通量在观测的第 2 天达到最大值[2.97 mg/（$m^2·h$）]，在第 49 天达到最小值[0.05 mg/（$m^2·h$）]，在整个观测期对照处理的 N_2O 排放通量整体无明显变化。

与对照相比，尿液输入处理下较高的 N_2O 排放通量出现在第 1 个月，随着观测时间的延长 N_2O 排放量有所降低。在第 2 个月尿液输入处理下的 N_2O 排放通量明显降低，但仍显著高于对照和单独尿液本身处理下的 N_2O 排放通量（$P < 0.05$）。单独尿液本身处理下 N_2O 排放通量的变化与对照处理的变化相似，均呈微小波动的平稳趋势。

观测期间 N$_2$O 排放通量一直表现为尿液输入＞对照＞单独尿液。尿液输入、单独尿液、对照处理的 N$_2$O 排放通量均值分别为 19.86 mg/（m^2·h）、0.02 mg/（m^2·h）、0.59 mg/（m^2·h）（图 4.10）。尿液输入处理比对照处理增加 3266%（$P<0.01$），分析得出，尿液输入明显促进土壤 N$_2$O 的排放通量，且具有作用时间长、释放量大的特征。但是与尿液输入处理相比，单独尿液本身处理未表现出明显的 N$_2$O 释放作用，甚至低于对照处理的 N$_2$O 排放通量。

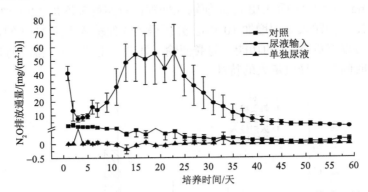

图 4.11　观测期尿液输入、单独尿液和对照处理下 N$_2$O 的排放通量

粪便输入、尿液输入、对照处理 N$_2$O 排放通量的大小及其变化趋势如图 4.12 所示。观测期间粪便输入与尿液输入均具有较高的 N$_2$O 排放通量。计算得出，粪便输入和尿液输入处理下的放牧湿地系统 N$_2$O 平均排放通量分别为 7.72 mg/（m^2·h）和 19.86 mg/（m^2·h），均大于对照处理[0.59 mg/（m^2·h）]（图 4.10）。在观测期的前 23 天，粪便输入与尿液输入处理下的 N$_2$O 排放通量呈现相互交替增减的趋势，之后二者均逐渐降低，但是粪便输入处理下的 N$_2$O 排放通量降低速率比尿液输入处理更快。

在观测的第 1 天，尿液输入处理下 N$_2$O 排放通量出现一个明显的峰值，之后迅速降低，第 1 天 N$_2$O 排放通量表现为尿液输入＞粪便输入；第 2～7 天表现为粪便输入＞尿液输入；第 7 天之后又表现为尿液输入＞粪便输入。由图 4.12 得知，在 N$_2$O 排放方面，尿液输入比粪便输入作用时间长、释放强度大。实验观测期，尿液输入处理比粪便输入处理的 N$_2$O 平均排放通量增加 157.25%，分析得出，N$_2$O 排放通量表现为尿液输入＞粪便输入。

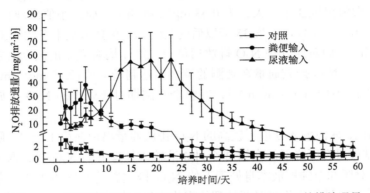

图 4.12　观测期粪便输入、尿液输入和对照处理下 N$_2$O 的排放通量

　　不同处理土壤累积 N$_2$O 排放量、净累积 N$_2$O 排放量、排放因子及增温潜势大小如表 4.2 所示。整个观测期各处理累积 N$_2$O 排放量表现为尿液输入＞单独粪便＞粪便输入＞对照＞单独尿液。第 1 个月各处理累积 N$_2$O 排放量同样表现为尿液输入＞单独粪便＞粪便输入＞对照＞单独尿液。第 2 个月各处理累积 N$_2$O 排放量表现为尿液输入＞粪便输入＞对照＞单独尿液＞单独粪便。增温潜势表现为尿液输入＞单独粪便＞粪便输入＞对照＞单独尿液。净累积 N$_2$O 排放量和 N$_2$O 排放因子在各个时期均表现为尿液输入＞粪便输入。

表 4.2　不同处理土壤累积 N$_2$O 排放量、净累积 N$_2$O 排放量、排放因子及增温潜势

时期	处理	累积 N$_2$O 排放量/（g/m^2）	净累积 N$_2$O 排放量/（g/m^2）	排放因子/%	增温潜势/（g CO$_2$/m^2）
N$_2$O 实验期排放指标（6 月 22 日～8 月 22 日）	对照	0.607±0.016 [a]	—	—	180
	单独粪便	13.532±0.277 [b]	—	—	4005
	单独尿液	0.014±0.003 [c]	—	—	4
	粪便输入	8.336±0.277 [b]	7.729±0.261 [a]	0.216±0.007 [a]	2467
	尿液输入	28.506±0.868 d	27.899±0.852 [b]	0.831±0.026 [b]	8438
N$_2$O 第 1 个月排放指标（6 月 22 日～7 月 22 日）	对照	0.516±0.016 [a]	—	—	153
	单独粪便	13.547±1.130 [b]	—	—	4010
	单独尿液	0.006±0.003 [c]	—	—	2
	粪便输入	7.829±0.261 [b]	7.313±0.244 [a]	0.205±0.007 [a]	2317
	尿液输入	24.106±0.902 [d]	23.590±0.887 [b]	0.702±0.027 [b]	7135
N$_2$O 第 2 个月排放指标（7 月 24 日～8 月 22 日）	对照	0.087±0.002 [a]	—	—	26
	单独粪便	−0.017±0.002 [b]	—	—	−5
	单独尿液	0.008±0.001 [c]	—	—	2
	粪便输入	0.473±0.014 [d]	0.385±0.012 [a]	0.011±0.003 [a]	140
	尿液输入	3.951±0.225 [e]	3.864±0.222 [b]	0.115±0.007 [b]	1169

注：数据表示为均值±标准差（n=3）。

纵列不同的小写字母表示不同处理间有显著性差异（$P < 0.05$）。

　　在累积 N$_2$O 排放量方面，分析得出尿液输入处理在任何时期均显著高于其他处理（$P<0.05$）。在整个观测期和第一个月，只有单独粪便处理与粪便输入处理之间无显著差异（$P>0.05$），对照、单独尿液、尿液输入处理之间均具有显著差异，且三者与单独粪便、粪便输入处理也具有明显差异（$P<0.05$）。与前期不同，第 2 个月各实验处理之间均具有显著性差异（$P<0.05$），且累积 N$_2$O 排放量大小为尿液输入＞粪便输入＞对照＞单独尿液＞单独粪便。在净累积 N$_2$O 排放量方面，分析得出尿液输入处理在各个时期均显著高于粪便输入处理（$P<0.05$），且粪便输入处理和尿液输入处理均在第 1 个月显著高于第 2 个月（$P<0.05$）。在 N$_2$O 排放因子方面，分析得出尿液输入处理在各个时期均显著高于粪便输入处理（$P<0.05$），且粪便输入和尿液输入处理下的 N$_2$O 排放因子均在第 1 个月显著高于第 2 个月（$P<0.05$）。

监测期粪便和尿液输入累积 N_2O 排放量比对照分别增加 1273.3%和 4596.2%。且二者对 N_2O 排放作用的强度在前期显著高于后期，随着观测时间的延长，二者的强度均呈现下降状态，但是尿液输入作用的强度依然高于粪便输入作用。分析得出，N_2O 排放作用强度表现为尿液输入＞粪便输入。

4.3.3 讨论

本研究表明，排泄物的添加显著促进土壤无机氮的累积。添加粪便之后增加土壤中无机氮的含量，这是因为粪便中的大量有机氮在降解的过程中，一部分直接进入土壤中，同时因微生物的固氮、矿化作用而被植物根部吸收利用，间接增加土壤中的氮含量。相对于对照处理来说，培养结束粪便输入处理的土壤 NO_3^--N 含量显著增加（$P<0.05$），NH_4^+-N 含量与对照处理无显著差异（图 4.8）。其他相关研究（Cai et al.，2014）也表明粪便的添加促进无机氮含量的增加，表层土壤中 NO_3^--N 含量显著高于非粪便影响的区域，但是 NH_4^+-N 含量增加得并不明显。说明粪便更多地影响土壤 NO_3^--N 的含量。添加尿液之后同样增加土壤中无机氮的含量，相对于对照处理来说，培养结束时尿液输入处理的土壤 NH_4^+-N 含量和 NO_3^--N 含量均显著增加（$P<0.05$）。分析得出，累积 NH_4^+-N 含量高于 NO_3^--N 含量。可能与矿化作用和硝化作用最适宜反应的条件有关，在尿液添加之后，土壤表层的含水量明显增加，这在一定程度上维持表层土壤的厌氧环境，抑制硝化反应的顺利进行，所以表层土壤 NH_4^+-N 累积含量比 NO_3^--N 含量高。其他相关研究表明，在尿液输入两个月时，土壤 NH_4^+-N 含量和 NO_3^--N 含量（Li and Kelliher，2005）均显著增加，说明尿液对两种无机态的氮均有显著增加的作用。对照处理的 NH_4^+-N 和 NO_3^--N 在培养结束时的含量高于培养开始时的含量，但二者均无显著性差异（$P>0.05$），这可能与室内培养时的温度比外界高，从而促进土壤的矿化作用有关。王士超等（2015）的研究也表明，随着培养温度的增加，土壤的氮矿化势随之增加（王士超等，2015）。

本研究得出，粪便输入处理的土壤 N_2O 累积排放量是对照处理的 13.7 倍。青藏高原地区的相关研究表明，牦牛粪便输入处理的土壤 N_2O 的累积释放量是对照处理的 3.8 倍（Cai et al.，2014）。说明本研究的结果更加论证了先前关于粪便影响能够促进 N_2O 排放方面的研究（Virkajarvi et al.，2010）。虽然粪便本身具有较高的 N_2O 排放量，分析发现与粪便输入处理并无显著差异（表 4.2）。研究发现，单独粪便处理与粪便输入处理较高的 N_2O 释放量都出现在前期，后期均呈现降低的趋势，这是因为蒸发、风干导致粪便水分变干、通气性增强，抑制厌氧微生物中反硝化细菌的活性，反硝化速率降低。反硝化是 N_2O 产生的主要过程，需要部分厌氧环境，当 O_2 充足时该过程会受到抑制（颜晓元等，2000），导致 N_2O 逐渐降低。

尿液输入处理下土壤累积 N_2O 排放量为 28.506 g/m^2，对照处理只有 0.607 g/m^2，前者是后者的 46.96 倍，这可能是因为对照处理下的土壤碳、氮含量低。本研究发现在尿液输入的第 1 天 N_2O 排放通量出现一个峰值（图 4.11），其他研究（Lin et al.，2009）同样发现，在尿液影响下会及时出现一个峰值。Anger 等（2003）说明峰值推迟是因为一些不活跃的细菌未能及时受到添加氮的影响，导致实验未能及时检测到 N_2O 峰值。本研究得出尿液添加长时间内均有效促进 N_2O 的排放，是因为尿液导致土壤累积过多的无机氮，激发硝化、反硝化的潜力，导致更多的 N_2O 释放。

本研究发现，粪便输入下累积 N_2O 排放量为 8.336 g/m^2，而粪便自身的累积 N_2O 排放量为 13.532 g/m^2，表明粪便与土壤的相互作用在一定程度上减弱累积 N_2O 排放量。尿液输入处理下的累积 N_2O 排放量为 28.506 g/m^2，但是尿液自身的累积 N_2O 排放量为 0.014 g/m^2，表明尿液与土壤的相互作用显著促进 N_2O 的释放。这与不同形态排泄物添加后对土壤产生不同的矿化速率有关。粪便氮的主要矿化途径有蛋白质的氨化、氨基酸糖及其多肽聚合体、核酸物质的脱氨等，还有少量尿素的脱氨（Rowarth et al.，1985），但是由于其高比例的木质素的存在，粪便的矿化速率非常慢（Sorensen，2001）。而尿液氮的主要矿化途径是其水解脱氨过程的进行。由于粪便呈固体形态，添加后是覆盖在土壤上面，同体积下只有很少的一部分粪便与土壤接触；而尿液呈液体形态，添加后会在很短的时间内经过下渗作用进入土壤，与粪便输入相比，尿液可以更好地与土壤接触并发生一系列相互作用，促进土壤中各种元素的迁移转化。与粪便相比，尿液的氮矿化速率进行得更快（Carran et al.，1982），从而促进硝化、反硝化过程中 N_2O 的释放。

尿液输入处理下的土壤 N_2O 排放量显著高于粪便输入处理下的 N_2O 排放量（$P<0.05$），对草地放牧系统的研究同样表明尿液影响下的土壤比粪便具有更高的 N_2O 释放量、释放潜力也更大（Weerden et al.，2011）。N_2O 的产生主要来源于土壤中的硝化和反硝化作用，这些过程受土壤无机氮和有机碳含量的影响。本研究得出尿液输入作用下具有较高的 N_2O 释放，主要是因为在尿液添加之后土壤中可利用性矿质氮含量增加，而在粪便作用下土壤氮含量较少。本研究根据所测得的土壤无机氮含量分析得出，尿液输入作用下的土壤 NH_4^+-N 在培养结束时的含量是培养开始时的 20 倍，而粪便输入作用下土壤 NH_4^+-N 在培养结束时的含量仅为培养开始时的 5 倍；分析得出两者之间存在显著性差异（$P<0.05$）。NH_4^+-N 是硝化作用进行的前提条件，这说明在尿液影响下的土壤具有更强的硝化潜势。对于 NO_3^--N 含量，尿液输入作用下的土壤 NO_3^--N 含量在培养结束时是培养开始时的 29 倍，粪便输入作用下 NO_3^--N 含量在培养结束时为培养开始时的 24 倍，分析得出两者之间无显著差异（$P>0.05$）；NO_3^--N 是反硝化作用进行的基质，这说明粪便输入与尿液输入处理下的土壤反硝化强度无明显差异。另外，两种排泄物单独作用下的 NH_4^+-N 和 NO_3^--N 含量在培养开始时无明显差异，而在培养结束时尿液作用下的 NH_4^+-N 含量是 NO_3^--N 含量的 2 倍，这说明在硝化进行的过程中有更多的氮素通过 N_2O 的形式释放；而粪便作用下 NH_4^+-N 含量是 NO_3^--N 含量的 0.5 倍，说明在粪便作用下硝化过程进行得比较充分，没有过多的氮素释放途径。分析比较粪便和尿液作用下的硝化与反硝化作用，本研究得出尿液作用下 N_2O 的释放主要通过硝化作用进行，粪便作用下 N_2O 的释放主要通过反硝化作用进行。

联合国政府间气候变化专门委员会（IPCC，2007）报道给出的排泄物（粪便和尿液）对于 N_2O 释放默认的排放因子值为 2%。本研究所得出的排放因子均低于 2%（表 4.2），说明释放的 N_2O 中 N 含量只占排泄物含氮量很小的一部分。但是其他研究者在对粪便和尿液作用下的 N_2O 排放研究中同样得出相似的结果：粪便作用下的 N_2O 排放因子为 0%~0.7%，尿液作用下的 N_2O 排放因子为 0.1%~4%（Weerden et al.，2011）。

4.3.4 小结

1）牦牛粪便输入和尿液输入处理下的泥炭沼泽湿地土壤 N_2O 平均排放通量为 7.72 mg/（$m^2 \cdot h$）和 19.86 mg/（$m^2 \cdot h$），均大于对照处理[0.59 mg/（$m^2 \cdot h$）]。牦牛排泄物输入对泥炭沼泽湿地土壤 N_2O 排放通量的影响表现为尿液输入＞粪便输入＞对照，尿液输入处理的 N_2O 排放通量比对照处理增加 3266%（$P < 0.01$），粪便输入处理的 N_2O 排放通量比对照处理增加 1208.5%（$P < 0.05$）。牦牛排泄物输入影响下，泥炭沼泽湿地土壤在累积 N_2O 排放量、净累积 N_2O 排放量和增温潜势上均表现为尿液输入＞粪便输入＞对照。

2）单独排泄物自身的 N_2O 排放通量表现为单独粪便＞单独尿液，其排放通量均值分别为 8.55 mg/（$m^2 \cdot h$）、0.02 mg/（$m^2 \cdot h$）。单独粪便处理的 N_2O 排放通量比粪便输入处理增加 10.8%，单独尿液处理比尿液输入处理的 N_2O 排放通量极显著减少。粪便与土壤的相互作用减弱 N_2O 释放量；而尿液与土壤的相互作用显著促进 N_2O 释放。

3）牦牛粪便输入促进泥炭沼泽湿地土壤 TOC 和 TN 的累积，粪便输入处理的表层土壤 TOC 含量、TN 含量增加比例分别为 14.6%（$P < 0.05$）和 5.38%。牦牛尿液输入降低泥炭沼泽湿地土壤 TOC 和 TN 的累积，尿液输入处理的表层土壤 TOC 含量、TN 含量减少比例分别为 0.8% 和 14.18%。牦牛粪便和尿液输入均促进土壤无机氮含量的增加，与对照处理比尿液输入处理显著增加土壤 NH_4^+-N 和 NO_3^--N 含量，而粪便输入影响下土壤只有 NO_3^--N 含量显著增加。

4.4 研究结论与展望

4.4.1 研究结论

本章就牦牛践踏、牦牛粪便、牦牛尿液三种处理下泥炭沼泽湿地生态系统土壤 TOC、TN 含量，土壤 N_2O 的排放特征进行系统研究；通过野外监测和室内控制监测两种途径，分析了牦牛放牧不同干扰方式（践踏、粪便）和牦牛排泄物（粪便、尿液）干扰对土壤 TOC、TN 含量和 N_2O 排放的影响，主要结论如下。

（1）阐明牦牛放牧不同干扰方式（践踏、粪便输入）对泥炭沼泽湿地土壤 TOC、TN 含量和 N_2O 排放的影响

粪便输入和牦牛践踏处理下泥炭沼泽湿地土壤 N_2O 平均排放通量分别为 7.47 mg/（$m^2 \cdot h$）和 2.64 mg/（$m^2 \cdot h$），粪便输入区大于对照区的 N_2O 平均排放通量[5.62 mg/（$m^2 \cdot h$）]，而践踏区小于对照区。牦牛放牧对泥炭沼泽湿地土壤 N_2O 排放通量的影响表现为粪便输入区＞对照区＞牦牛践踏区，践踏区土壤 N_2O 排放通量比对照区显著降低（$P < 0.05$），粪便输入区 N_2O 排放通量比对照区增加。牦牛粪便输入促进泥炭沼泽湿地土壤 N_2O 的排放，而牦牛践踏抑制泥炭沼泽湿地土壤 N_2O 的排放。

牦牛放牧影响下，泥炭沼泽湿地土壤累积 N_2O 排放量与增温潜势均表现为粪便输入区＞对照区＞牦牛践踏区，其中践踏区的累积 N_2O 排放量最小，净累积 N_2O 排放量表

现为负值。

牦牛放牧促进土壤 TOC 和 TN 的累积。土壤 TOC 含量表现为牦牛践踏区＞粪便输入区＞对照区，牦牛践踏和粪便输入均促进土壤 TOC 含量的增加。土壤 TN 含量表现为牦牛践踏区＞粪便输入区＞对照区，牦牛践踏和粪便输入均促进土壤 TN 含量的增加。

（2）阐明牦牛排泄物（粪便输入、尿液输入）对泥炭沼泽湿地土壤 TOC、TN、无机氮含量和 N_2O 排放的影响

粪便输入和尿液输入处理下泥炭沼泽湿地土壤 N_2O 平均通量分别为 7.72 mg/（m^2·h）和 19.86 mg/（m^2·h），均大于对照处理 [0.59 mg/（m^2·h）]。牦牛排泄物输入对泥炭沼泽湿地土壤 N_2O 排放通量的影响表现为尿液输入＞粪便输入＞对照，尿液输入处理的 N_2O 排放通量比对照极显著增加（$P<0.01$），粪便输入处理的 N_2O 排放通量比对照处理显著增加（$P<0.05$）。牦牛排泄物输入影响下，泥炭沼泽湿地土壤累积 N_2O 排放量、净累积 N_2O 排放量和增温潜势均表现为尿液输入＞粪便输入＞对照。

单独排泄物自身的 N_2O 排放通量表现为单独粪便＞单独尿液，而其排放通量均值分别为 8.55 mg/（m^2·h）和 0.02 mg/（m^2·h）。单独粪便处理的 N_2O 排放通量比粪便输入处理略有增加，单独尿液处理比尿液输入处理极显著减少。粪便与土壤的相互作用减弱 N_2O 释放；而尿液与土壤的相互作用显著促进 N_2O 释放。

牦牛粪便输入促进泥炭沼泽湿地土壤 TOC 和 TN 的累积，牦牛尿液输入降低泥炭沼泽湿地土壤 TOC 和 TN 的累积。牦牛粪便和尿液均促进土壤无机氮含量的增加，尿液影响下的土壤无机氮累积作用更明显。

通过对牦牛粪便输入、尿液输入、单独粪便、单独尿液、践踏各个实验处理及对照的 N_2O 平均排放通量、累积 N_2O 排放量、净累积 N_2O 排放量、排放因子、增温潜势等方面的分析得出，牦牛放牧不同干扰方式对 N_2O 释放作用效果强度大小表现为粪便输入＞对照＞践踏；牦牛排泄物对 N_2O 释放作用效果强度大小表现为尿液输入＞单独粪便＞粪便输入＞单独尿液。从 N_2O 作为一种重要温室气体的角度考虑，将尿液单独存放，粪便与土壤混合存放可以有效减少 N_2O 的释放。

4.4.2　展望

本研究在野外监测条件下，研究牦牛放牧不同干扰方式对泥炭沼泽湿地 N_2O 排放的影响时，受天气影响测量周期比较短，且每次监测的时间间隔较长，获取的数据量相对有限。今后应延长监测时间，同时增加监测频率。

本研究主要针对牦牛放牧影响下自然界氮循环过程中 N_2O 排放的一个过程进行了研究，以后的研究应该针对各个氮循环的各个过程进行全面的研究，探明践踏和排泄物对氮循环过程中各个环节的贡献及影响因子。

营养元素有效循环是维持湿地生态系统平衡的重要过程。牦牛排泄物中含有大量养分元素，其中的速效养分和有机质对保持土壤肥力及牧草的产量与质量有重要作用（李博等，2012）。排泄物对湿地土壤 N_2O 排放具有明显的促进作用，从维持湿地生态系统平衡和温室气体排放的角度来看，既需要保持一定的养分输入，又要避免过多的温室气体排放。因此，今后应加强如何对牦牛排泄物进行科学的管理方面的研究。

第5章　放牧对湿地土壤氨氧化微生物群落的影响

5.1　研究内容及方法

5.1.1　研究内容

（1）不同放牧类型对沼泽湿地土壤氨氧化微生物群落的影响

本课题组选取纳帕海国际重要湿地哈木谷附近的沼泽湿地作为研究对象。在地表植被未受啃食和干扰、禁止放牧的区域设置对照区；在受牦牛放牧干扰、地表植被被牦牛啃食、土壤被牦牛践踏压实且地上部分植物群落结构遭受严重破坏的区域设置牦牛放牧区；在地表植物和土壤草根层受破坏严重、表层土壤裸露，土壤板结且具有典型猪拱斑块的区域设置藏香猪放养区。用直径 5 cm 的土壤钻取土柱 0～10 cm 的土壤，剔除土壤中的植物根系，土样用无菌自封袋保存于液氮中带回实验室，过 2 mm 筛后，一部分保存在−80℃超低温冰箱中用于分子生物学分析；另一部分用于土壤基本理化性质和 PNR 的测定。

（2）牦牛排泄物输入对沼泽化草甸湿地土壤氨氧化微生物群落的影响

本课题组在纳帕海国际重要湿地纳帕村附近进行实地研究，选取纳帕村附近的沼泽化草甸湿地作为研究对象，在研究样地的 0～10 cm 土层收集土壤样品，将收集的土壤样品装在带有冰袋的无菌塑料袋中，以使其保持冷却并运到实验室储存在 4℃的冰箱冷藏，剔除土壤中的植物根系，过 2 mm 的土壤筛后用于室内培养研究。设置 3 个处理：对照、牦牛尿液输入、牦牛粪便输入，均放在 25℃的恒温培养箱进行恒温培育，定期测定土壤的理化性质、PNR、AOA 与 AOB 的群落。

5.1.2　技术路线

本章以湿地生态学、环境化学、自然地理学、土壤学等学科理论为指导，依据典型性和代表性原则，在滇西北高原选择典型的泥炭沼泽和沼泽草甸湿地进行取样分析，采用野外实验监测和室内控制实验监测两种实验方法，野外实验主要是监测对照、牦牛放牧和藏香猪放养不同的放牧干扰对土壤氨氧化微生物群落的影响；室内控制实验主要是研究牦牛尿液输入和粪便输入等对土壤氨氧化微生物群落的影响，分析不同放牧干扰和排泄物输入对湿地氨氧化微生物群落的影响，揭示牦牛放牧活动对泥炭沼泽湿地土壤氮循环关键过程影响的内在机制。技术路线如图 5.1 所示。

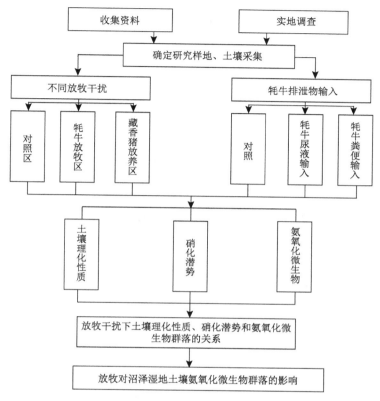

图 5.1 技术路线图

5.1.3 研究方法

本研究采用野外调查与室内分析相结合，研究滇西北高原湿地放牧过程中动物活动（牦牛放牧和藏香猪放养）和牦牛排泄物（尿液和粪便）输入对高原湿地生态系统氨氧化微生物群落的影响。

5.1.3.1 实验设计

（1）野外原位实验设计

2018 年 4 月本课题组在纳帕海国际重要湿地哈木谷神湖附近取样（图 5.2）。在地表植被未受啃食和干扰、禁止放牧的区域设置对照区（CK）；在受牦牛放牧干扰、地表植被被牦牛啃食、土壤被牦牛践踏压实且地上部分植物群落结构遭受严重破坏的区域设置牦牛放牧区（YT）；在地表植物和土壤草根层受破坏严重、表层土壤裸露、土壤板结且具有典型猪拱斑块的区域设置藏香猪放养区（PA）。对照区、牦牛放牧区和藏香猪放养区分别选取 3 个样地，在每个样地沿对角线分别选取 3 个 1 m×1 m 的小样方，每个小样方以"s"形采样，用直径 5 cm 的土壤钻取土柱 0~10 cm 的土壤，每个样地的小样品充分混合为一个样品，每个处理有 3 个重复样品。剔除土壤中可见的石块和动植物残体后，土壤样品用无菌自封袋保存于液氮中，带回实验室后过 2 mm 筛，一部分保存在 –80℃的超低温冰箱中用于分子生物学分析；再有一部分保存在–20℃，用于测定土壤 PNR、NH_4^+-N 和 NO_3^--N 的浓度，剩下的一部分自然风干，用于土壤 pH、TN、TP 和 TOC 含量的测定。

(a) 对照样地　　　　　　　　　　(b) 践踏样地　　　　　　　　　(c) 翻拱样地

图 5.2　实验样地

（2）室内培养实验设计

2017 年 7 月，本课题组依据典型性和代表性原则，在纳帕海湿地纳帕村进行实地采样，从研究地的表层 10 cm 处收集土壤样品，去除可见的石块后将土壤样品装在带有冰袋的无菌塑料袋中，以使其保持冷却并运送到实验室后储存在冰箱中，然后用于微生物的室内培养研究，土壤的理化性质如表 5.1 所示。微生物的设计参考文献（Venterea et al.，2015；Breuillin-Sessoms et al.，2017）。将采集的土壤样品去除植物根系，过 2 mm 筛后充分混合，设置 3 个处理，分别为对照（C）、尿液输入（U）和粪便输入（D），在 250 mL 的锥形烧瓶中加入 50 g（湿重）新鲜土壤，将牦牛尿液（2.8 mL，相当于 56.28 mL/kg）和粪便（20.8 g，相当于 419 g/kg）分别施用于土壤表面，并用灭菌的玻璃棒搅动使牦牛排泄物与土壤充分混合。培养瓶用橡胶塞密封，建立一式三份的微型实验，总共设置 63 个培养样品。在 25℃的恒温箱培育，首先进行 7 天的预培养，培养实验设置在黑暗环境中恒温培养 8 周，将所有培养瓶置于培养箱内以随机区块设计。在预培养期结束后的第 1 天、第 7 天、第 14 天、第 21 天、第 28 天、第 42 天、第 56 天进行破坏性取样，在每个取样日，将培养瓶的橡胶塞打开 5 min 以允许顶空与实验室空气平衡，随之密封，在培养过程中尽可能避免水分丢失，保持土壤含水量与初始培养一致。一部分土壤样品用于 pH、NH_4^+-N 含量、NO_3^--N 含量、TN 含量、TP 含量、TOC 含量和 PNR 的测定，另一部分微生物分析的土壤样品在–80℃保存直到 DNA 提取，用于 AOB 和 AOA 的 *amoA* 基因群落结构及其多样性的测定。

用于培养的牦牛粪便在清晨 5 点前去牧场找寻新鲜的牦牛粪便，将其装在干净灭菌后的塑料桶中，并保存于 4℃运回实验室，以确定培养实验所需粪便质量；牦牛尿液是在当地牧民的帮助下进行收集的。其中，粪便的碳含量为（483.6±5.15）g/kg，TN 含量为（24.1±2.07）g/kg，TP 含量为（3.93±0.23）g/kg，NH_4^+-N 含量为（86.1±2.07）mg/kg，NO_3^--N 含量为（5.06±0.45）mg/kg，pH 为 7.99±0.01，土壤含水量为 80.53%±0.01%；尿液的碳含量为（170.2±4.65）g/kg，TN 含量为（8.7±1.30）g/kg，TP 含量为（3.00±0.13）g/kg，NH_4^+-N 含量为（59.76±1.84）mg/kg，NO_3^--N 含量为（48.94±10.19）mg/kg，pH 为 8.67 ±0.31。

表 5.1　沼泽土壤的理化性质

容重/（g/cm³）	含水量/%	TOC/（g/kg）	TN/（g/kg）	NH_4^+-N/（mg/kg）	NO_3^--N/（mg/kg）	TP/（g/kg）	pH
0.47±0.06	60±0.01	97.87±5.69	3.83±0.13	13.74±3.46	32.64±16.27	1.41±0.05	5.8±0.05

注：表中数据为平均值±标准差（n=3）。

5.1.3.2　指标测定

（1）土壤理化性质的测定

土壤容重和土壤含水量的测定分别采用环刀法和烘干法。野外采集回来的土样先测环刀（连同底盘、垫底滤纸和顶盖）的质量、体积和土壤湿重，随之在（105±2）℃的烘箱中烘 48 h 至恒重后称量干重，根据测量的体积、湿重、干重计算土壤容重，根据烘干前后土壤的质量计算含水量。土壤 pH 用复合电极（MP551，中国）以土：水 1：5 进行测定。

土壤 TN、TP 含量的测定采用连续流动分析仪法。将采集的土壤样品风干后过 2 mm 筛，称取 0.2 g 研磨后的土壤放入消煮管中，先用纯水润湿样品，再加入 5 mL 浓硫酸轻轻地摇匀后静置过夜，放置在消煮炉上消煮，在这过程中加入 300 g/L H_2O_2，待液体变为无色或透明后定容到 100 mL 容量瓶中，量取少量的过滤液，用连续流动分析仪进行测定。

土壤 NH_4^+-N、NO_3^--N 含量的测定采用连续流动分析法。称取 5.0 g 鲜土，按土：水 1：10 的比例，在离心管中加入 50 mL 1 mol/L KCl 溶液，之后用振荡器在 180 r/min、25℃条件下振荡 20 min 后，在离心机上离心 10 min，通过滤纸过滤提取上清液，将提取液冷冻在–20℃，直到采用连续流动分析仪测定。

土壤 TOC 含量的测定。将风干的土壤样品过 2 mm 筛后，称取 5.0 g 放入 100 mL 的烧杯，每个土壤样品设置 3 个重复，加入 1%的盐酸溶液淹没土壤样品，充分搅拌后，放入 105℃的烘箱，对烘干后的土壤样品进行包样，最后采用德国 Elementar 公司的 vario TOC select 总有机碳分析仪测定。

（2）土壤硝化潜势的测定

PNR 的测定采用氯酸盐抑制法。将 5.0 g 鲜土加入到 50 mL 离心管中，加入 20 mL 浓度为 1 mmol/L 的磷酸盐缓冲（PBS）溶液。通过将 8.0 g NaCl、0.2 g KCl、0.2 g Na_2HPO_4、0.2 g NaH_2PO_4 的药品和浓度为 1 mmol/L $(NH_4)_2SO_4$ 加入约 800 mL 去离子水中混合来制备 PBS 溶液，将浓度为 10 mmol/L 的氯酸钾加入到离心管中，以抑制亚硝酸盐氧化，加入 0.1 mol/L NaOH 将 PBS 溶液的 pH 调节至 7.4，将溶液用水稀释，使体积达到 1L。

在 25℃的黑暗环境中培养 24 h，以 180 r/min 的转速振动，在培养结束后，在培养液中加入 5 mL 2 mol/L 的 KCl 溶液提取 NO_2^--N，离心后过滤，用 N-(1-萘基)乙二胺二盐酸盐在 540 nm 处测定上清液中的 NO_2^--N 浓度，以 NO_2^--N mg/（kg·h）干土表示土壤的 PNR（Kurola et al.，2005）。

（3）土壤 DNA 提取

土壤样品的总 DNA 提取采用 PowerSoilDNAIsolationKit 试剂盒（MOBIO 公司，美国）进行 DNA 提取，用 0.5 g 新鲜土壤完成基因组 DNA 抽提后，DNA 浓度和纯度利用 NanoDrop 2000 进行检测，并用 1%的琼脂糖凝胶电泳检测抽提的基因组 DNA 的质量，并进一步进行 AOA 和 AOB 的 PCR 扩增。

（4）土壤氨氧化微生物的测定

AOA 的扩增引物用 Arch-amoA-F （5′-STAATGGTCTGGCTTAGACG-3′）/Arch-amoA-R（′5-GCGGCCATCCATCTGTATGT-3′）（Francis et al.，2005），AOB 的扩增引物用 amoA-1F（5′-GGGGTTTCTACTGGTGGT-3′）/amoA-2R （5′-CCCCTCKGS AAAGCCTTCTTC-3′）（Rotthauwe et al.，1997）。所有 PCR 反应均采用 TransStart Fastpfu DNA Polymerase，20μL 反应体系：4uL 5×FastPfu 缓冲液，2μL 2.5 mmol/L dNTPs，0.8μL 引物（5），0.4μLFastPfu 聚合酶；10ng DNA 模板及约 10ng DNA 模板，其余的用灭菌水补足。AOB 和 AOA-amoA 基因 PCR 反应条件如下：先 95℃变性 5 min，然后 27 个循环（95℃变性 30s，在 55℃退火 30s，在 72℃延伸 1 min），最后 72℃延伸 10s。全部样本按照正式实验条件进行，每个样本设计 3 个重复，将同一样本的 PCR 产物混合后采用 AxyPrepDNA 凝胶回收试剂盒（AXYGEN 公司）进行纯化，用 Tris-HCL 洗脱，2% 琼脂糖凝胶电泳回收产物。并使用 QuantiFluor™ -ST 蓝色荧光定量系统（Promega 公司）进行检测定量，之后按照每个样本的测序量要求，进行相应比例的混合。纯化的 PCR 产物使用 NEBNext®Ultra™DNA 文库制备试剂盒（Illumina，NEB，USA）生成测序文库，最后在 Illumina MiSeq 平台上进行高通量测序（凌恩，中国上海）。

构建文库步骤：①连接 "Y" 字形接头；②用磁珠筛选接头筛选去除接头自连片段；③利用 PCR 扩增进行文库模板的富集；④氢氧化钠变性，产生单链接 DNA 片段。

数据处理：原始测序序列使用 Trimmomatic 软件进行质控，并用 FLASH 软件进行拼接：设置 50bp 的窗口，若窗口内平均质量低于 20，从窗口前端位置截掉该碱基后端的所有序列，再去除质控后长度低于 50bp 的序列，根据重叠的碱基 overlap 将两端序列进行拼接，拼接时最大错配率为 0.2，长度需大于 10bp；根据首尾端将两端的 barcode 和引物拆分至每个样本，允许两个碱基错配，barcode 需准确匹配，去除存在模糊碱基的序列。使用 UPARSE 软件（version7.1，http://drive5.com/uparse/），根据 97%的相似度对序列进行独立分类单元（OTU）聚类，并在聚类的过程中去除单序列和嵌合体。利用 RDP classifier（http://rdp.cme.msu.edu/）对每条序列进行物种分类注释，比对 Silva 数据库（SSU123），设置比对为 70%的阈值。采用 Alpha（α）多样性应用软件 Mothur（version v.1.30.1），计算 Chao1 和 ACE 指数，用来估计微生物丰富度，并使用 Shannon 和 Simpson 指数来估计微生物多样性。所有这些指数均使用 QIIME 计算。使用 Weighted unifrac 主坐标分析（PCoA）以分析微生物群落 Beta（β）多样性的差异（R.3.3.2）。

5.1.3.3　数据分析与处理

使用 SPSS（Version16.0）进行统计分析，以 $P < 0.05$ 为统计差异。用单因素方差分析法，检验处理之间土壤理化性质和氨氧化微生物功能基因多样性的差异显著性。利用 Spearman 等级相关分析来评估土壤理化性质、PNR 与土壤功能微生物的 α 多样性（Chao1、ACE、Shannon 和 Simpson 指数）的相关性。采用 R.3.3.2 软件对 AOA 和 AOB amoA 基因序列 OTU 进行维恩（Venn）分析。利用 Canoco（4.5）多元统计模型分析样本空间差异特征，利用蒙特卡洛置换检验分析环境因子对氨氧化微生物群落影响的显著水平，用典型对应分析（canonical correspondence analysis，CCA），找出对环境变化的敏感微生物。

5.2　不同放牧类型对泥炭沼泽土壤氨氧化微生物群落的影响

5.2.1　不同放牧类型对土壤理化性质的影响

不同放牧对土壤理化性质的影响如表 5.2 所示，土壤容重表现为 YT＞CK＞PA，表明牦牛放牧显著增加土壤容重（$P < 0.05$），而藏香猪放养降低土壤容重。牦牛放牧区土壤的 pH、TN 和 TOC 含量在三个处理中最低，表明牦牛放牧显著降低土壤 pH、TN 和 TOC 含量（$P < 0.05$）。藏香猪放养区土壤 pH、TN 和 TOC 含量低于对照区土壤的 pH、TN 和 TOC 含量，但两者差异不显著（$P > 0.05$），表明藏香猪放养对土壤 pH、TN 和 TOC 含量影响不明显。藏香猪放养区土壤 NO_3^--N 含量最高，达到 43.34 mg/kg，牦牛放牧区的土壤 NO_3^--N 含量为 2.84 mg/kg，表明藏香猪放牧显著增加土壤 NO_3^--N 含量（$P < 0.05$），而牦牛放牧区的土壤 NO_3^--N 含量降低不显著。牦牛放牧和藏香猪放养均降低土壤含水量，但差异不显著（$P > 0.05$）。此外，牦牛放牧和藏香猪放养对土壤 C/N、TP 和 NH_4^+-N 含量的影响不明显（$P > 0.05$）。

表 5.2　不同放牧对泥炭沼泽土壤理化性质的影响

样地	容重/（g/cm）	含水量/%	TN/（g/kg）	TP/（g/kg）	TOC/（g/kg）	NH_4^+-N/（mg/kg）	NO_3^--N/（mg/kg）	C/N	pH
CK	0.41±0.02[b]	69.7±1.3[a]	6.66±1.24[a]	3.28±1.9[a]	300.19±25.6[a]	9.8±2.62[a]	6.7±3.61[b]	45.0±9.4[a]	6.45±0.1[a]
YT	0.77±0.23[a]	53.4±8.3[a]	4.09±0.65[b]	4.27±2.0[a]	176.75±35.4[b]	5.3±1.67[a]	2.84±3.18[b]	43.05±1.9[a]	5.63±0.1[b]
PA	0.3±0.07[b]	63.2±13.5[a]	6.58±0.44[a]	4.72±0.7[a]	294.41±34.6[a]	10.39±1.97[a]	41.34±8.82[a]	44.74±4.0[a]	6.19±0.2[a]

注：列内不同的小写字母表示显著水平 $P < 0.05$。

表中数据为平均值±标准差（$n=3$）。

CK：对照样地；YT：牦牛放牧区；PA：藏香猪放养区。

5.2.2 不同放牧类型对土壤硝化潜势的影响

不同放牧影响下土壤 PNR 表现如图 5.3 所示，藏香猪放养区土壤中的 PNR 最高，显著高于对照区（$P<0.05$），其次是牦牛放养区土壤中的 PNR，略高于对照区，但其与藏香猪放养区和对照区的差异均不显著（$P>0.05$），表明牦牛放牧和藏香猪放养均增加土壤的 PNR，藏香猪放养对 PNR 的影响更显著（$P<0.05$），但在本研究中土壤 PNR 与土壤理化性质的相关性不显著（$P>0.05$）。

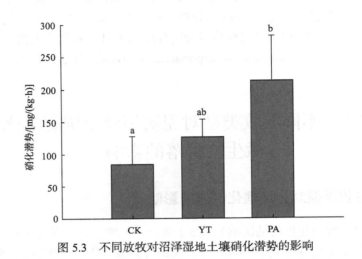

图 5.3 不同放牧对沼泽湿地土壤硝化潜势的影响

5.2.3 不同放牧类型对土壤氨氧化微生物多样性的影响

5.2.3.1 α 多样性

总体上，平均每一个样本的 AOA 和 AOB 的测序深度分别为 34306 条和 39180 条序列。AOA 及 AOB 的稀释曲线都趋向于平坦的状态，说明测序是合理的（图 5.4）。对照区、牦牛放牧区和藏香猪放养区的土壤样品均基于 97% 的相似度下，每个样本的 AOA 和 AOB 文库覆盖度都达到 99%（表 5.3）。AOA 的 OTU 数目、丰富度 Chao1 指数和 ACE 指数均表现为 CK>YT>PA。YT 土壤 AOA 的 OTU 数目比 CK 降低了 17.6%，AOA 丰富度 Chao1 指数和 ACE 指数分别降低了 23.6% 和 21.5%，PA 与 CK 和 YT 差异均显著（$P<0.05$），而 CK 和 YT 差异不显著（$P>0.05$）。此外 AOA 的 Shannon 指数表现为 YT>CK>PA，而 AOA 的 Simpson 指数表现为 PA>YT>CK（$P>0.05$）。AOB 的 OTU 数目、丰富度 Chao1 指数和 ACE 指数均表现为 CK>PA>YT（$P<0.05$），AOB 的 Shannon 指数表现为 CK>PA>YT，AOB 的 Simpson 指数表现为 YT 高于 PA 和 CK（$P>0.05$）。表明牦牛放牧和藏香猪放养降低土壤 AOA 和 AOB 的丰富度，藏香猪放养对 AOA 丰富度的影响更显著，牦牛放牧对 AOB 丰富度的影响更显著。牦牛放牧降低 AOB 的多样性，藏香猪放养降低 AOA 和 AOB 的多样性。

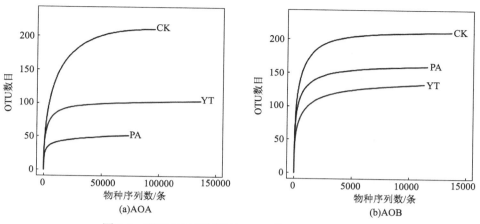

图 5.4　基于 97% 相似度的 AOA 及 AOB 的稀释曲线

表 5.3　不同放牧对沼泽湿地土壤 AOA 和 AOB 的 *amoA* 基因多样性指数的影响

微生物	样地	覆盖度	OTU 数目	Chao1 指数	ACE 指数	Shannon 指数	Simpson 指数
AOA	CK	0.99	102 ± 40.47^a	110 ± 46.01^a	107 ± 43.18^a	2.13 ± 2.19^a	0.17 ± 0.03^a
	YT	0.99	84 ± 3.56^a	84 ± 4.32^a	84 ± 3.56^a	2.34 ± 2.12^a	0.28 ± 0.07^a
	PA	0.99	28 ± 9.63^b	27.33 ± 10.5^b	28 ± 9.63^b	1.69 ± 1.13^b	0.49 ± 0.23^a
AOB	CK	0.99	158 ± 7.26^a	165.33 ± 8.38^a	163.67 ± 6.85^a	3.27 ± 3.31^a	0.08 ± 0^a
	YT	0.99	85.67 ± 4.64^c	95.33 ± 8.58^c	92 ± 5.35^c	2.7 ± 2.68^b	0.35 ± 0.33^a
	PA	0.99	119 ± 12.36^b	126 ± 14.51^b	124.33 ± 12.5^b	3.15 ± 3.06^a	0.08 ± 0.01^a

注：同一列内不同的小写字母表示显著性水平 $P<0.05$。
表中数据为平均值±标准差（$n=3$）。

5.2.3.2　β 多样性

　　基于 weighted unifrac PCoA 的分析，AOA 的 PC1 和 PC2 分别为 53.01% 和 32.14%［图
5.5（a）］。CK 和 YT 组间的样本在 PC1 的方向上区分开，而 CK 与 PA 土壤组间的样

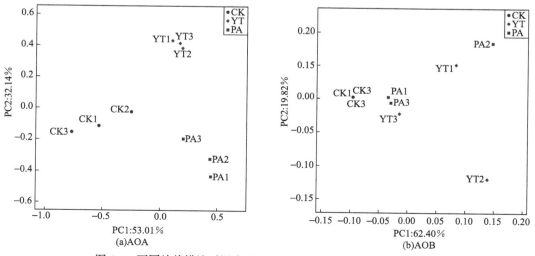

图 5.5　不同放牧措施对泥炭沼泽土壤 AOA 及 AOB β 多样性分析

本在 PC1 和 PC2 方向上都区分开。排序结果较好地反映了土壤微生物群落在对照区、牦牛放牧区和藏香猪放养区的整体状况，且区分度高，表明牦牛放牧和藏香猪放养均对土壤 AOA 的 β 多样性的影响比较显著。AOB 的 PC1 和 PC2 分别为 62.40% 和 19.82%。CK 在 PC1 的方向与 YT 组间的样本区分开，但与 PA 没有区分开[图 5.5（b）]。表明牦牛放牧对土壤 AOB 的 β 多样性的影响比较显著，而藏香猪放养对 AOB 的 β 多样性的影响相对比较小。

5.2.4 不同放牧类型对土壤氨氧化微生物群落结构的影响

由图 5.6 可知，在 AOA-amoA 基因的门分类水平上，泉古菌门（Crenarchaeota）在对照区土壤中相对比例最高，约占 62.8%±7.1%，在牦牛放牧区土壤中占 6.47%±1.09%，但在藏香猪放养区的土壤中约占 2.70%±2.92%。未明确分类古菌（Archaea_norank）在对照区土壤中占 22.7%±6.51%，但在牦牛放牧区的土壤中占 89.8%±3.22%，而在藏香猪放养区的土壤中占 93.8%±4.12%。在 AOA-amoA 基因的属分类水平上，对照区土壤中未明确分类泉古菌（Crenarchaeota_norank）占 62.8%±7.1%，但在牦牛放牧土壤中约为 6.47%±1.09%，在藏香猪放养区的土壤中为 2.70%±2.92%。在 AOB-amoA 基因的门分类水平上，变形杆菌门（Proteobacteria）在对照区土壤中约占 99.91%±0.08%，在牦牛放牧区和藏香猪放养区土壤中分别占 96.15%±4.17% 和 98.01%±1.71%。在 AOB-amoA 基因的属分类水平上，亚硝化螺菌属（Nitrosospira）在对照区土壤中约占 99.91%±0.08%，在牦牛放牧区和藏香猪放养区土壤中分别占 96.15%±4.17% 和 98.01%±1.71%。可见，牦牛放牧和藏香猪放养均对土壤 AOA 群落组成的影响比较显著，但对土壤 AOB 群落组成的影响比较小。

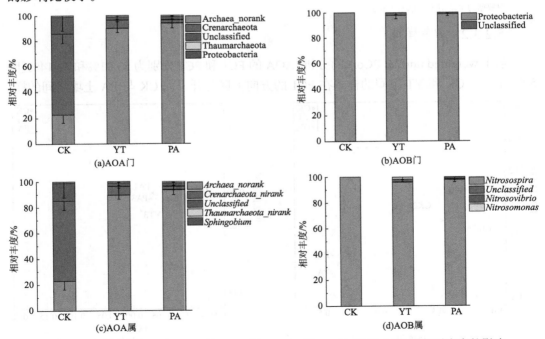

图 5.6　放牧对泥炭沼泽湿地土壤 AOA 门、AOB 门、AOA 属及 AOB 属相对丰度的影响

由图 5.7 可知，不同放牧处理中 AOA-*amoA* 和 AOB-*amoA* 基因序列 OTU 的 Venn 分析。不同放牧影响下 AOA-*amoA* 基因共获得 259 个 OTU，不同放牧共有 OTU 为 10 个，占总 OTU 的 3.9%。其中，对照区特有的 OTU 有 140 个，而牦牛放牧区和藏香猪放养区特有的 OTU 分别有 67 个和 22 个，特有的 OTU 表现为 CK＞YT＞PA。不同放牧影响下 AOB-*amoA* 基因序列 OTU 共获得 287 个，不同放牧共有 OTU 为 82 个，占总 OTU 的 28.6%。其中，对照区特有的 OTU 有 84 个，而牦牛放牧区和藏香猪放养区特有的 OTU 分别有 32 个和 29 个，特有的 OTU 表现为 CK＞YT＞PA。总体上，不同放牧对 AOA-*amoA* 基因的 OTU 数量和分布影响比 AOB-*amoA* 基因更显著，藏香猪放养区比牦牛放牧区的特有 OTU 数目更少。

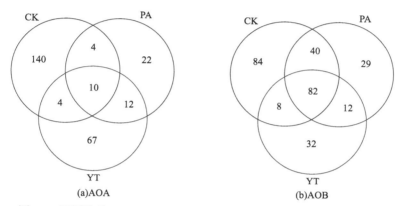

图 5.7　不同放牧 AOA-*amoA* 和 AOB-*amoA* 基因序列 OTU 的 Venn 图

5.2.5　不同放牧类型干扰下土壤环境因子与氨氧化微生物群落之间的关系

由表 5.4 可知，Pearson 相关分析表明，AOA-*amoA* 基因的丰富度和 Shannon 指数与土壤的 NO_3^--N 含量和 PNR 呈显著负相关（$P<0.05$），Simpson 指数与 PNR 呈显著正相关（$P<0.05$）。AOB-*amoA* 基因的丰富度和 Shannon 指数均与 pH（$P<0.01$）、TOC、TN 和 NH_4^+-N 含量显著正相关（$P<0.05$），Shannon 指数与 PNR 呈显著正相关（$P<0.05$）。

由图 5.8 可知，CCA 反映了基于属分类水平上，环境因子对 AOA 和 AOB 群落结构的影响。AOA-*amoA* 基因群落的 CCA1 和 CCA2 轴分别为 86.6% 和 12.6%。蒙特卡洛检验显示，土壤 pH、NO_3^--N 含量和 TN 含量对 AOA 的群落结构有显著的影响（$P<0.05$），但土壤容重、C/N、TN 含量、TP 含量、TOC 含量和 NH_4^+-N 含量等对 AOA 的群落结构没有显著影响（$P>0.05$）。AOB-*amoA* 基因群落的 CCA1 和 CCA2 轴分别为 71.9% 和 26.1%，解释了 AOB 群落结构变异程度 98.0%。蒙特卡洛检验显示，单一的土壤理化性质对 AOB 群落结构变化没有显著的影响（$P>0.05$）。

表 5.4　土壤理化性质，PNR 及 AOA 与 AOB 多样性的相关分析

	项目	容重	pH	TN	TP	TOC	NH_4^+-N	NO_3^--N	C/N	PNR
	PNR	−0.376	0.002	0285	0.389	0.290	0.440	0.503	−0.042	1
AOA	Chao1	0.326	0.105	−0.240	−0.187	−0.245	−0.169	−0.720*	0.086	−0.713*

续表

	项目	容重	pH	TN	TP	TOC	NH₄⁺-N	NO₃⁻-N	C/N	PNR
AOA	ACE	0.341	−0.085	−0.256	−0.187	−0.262	−0.183	−0.734*	−0.081	−0.715*
	Shannon	0.540	−0.145	−0.236	−0.242	−0.366	−0.409	−0.735*	−0.199	−0.679*
	Simpson	−0.366	−0.03	−0.044	0.339	0.153	0.331	0.529	0.142	0.699*
AOB	Chao1	−0.501	0.900*	0.733*	−0.055	0.742*	0.682*	−0.039	0.155	−0.069
	ACE	−0.551	0.907**	0.757*	−0.121	0.778*	0.688*	−0.012	0.182	−0.091
	Shannon	−0.621	0.915**	0.747*	0.009	0.805*	0.765*	0.121	0.043	0.961*
	Simpson	0.408	−0.597	−0.534	0.308	−0.594	−0.285	−0.233	−0.220	−0.198

*相关系数的显著水平 $P<0.05$。

**相关系数显著水平 $P<0.01$。

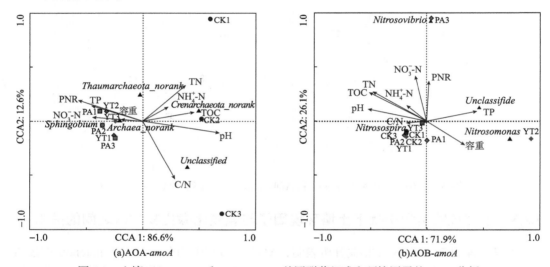

图 5.8 土壤 AOA-*amoA* 和 AOB-*amoA* 基因群落组成和环境因子的 CCA 分析

5.2.6 讨论

5.2.6.1 不同放牧类型对土壤理化性质和 PNR 的影响

牦牛放牧显著增加土壤容重，藏香猪放养降低土壤容重；牦牛放牧和藏香猪放养降低土壤含水量，原因是牦牛的践踏活动使得土壤紧实度增加，导致牦牛放牧区的土壤容重增加（Pan et al.，2018a；Olivera et al.，2016；范桥发等，2014），但藏香猪的翻拱扰动作用使得表层土壤疏松、土壤的孔隙度增大，导致藏香猪放养区土壤容重下降（范桥发等，2014）；放牧过程中牲畜啃食地表植被，降低植被覆盖度，增加表层土壤水分的蒸发（Olivera et al.，2016；Yang et al.，2013）。藏香猪放养使得土壤的 NO₃⁻-N 含量显著增加，牦牛放牧使得土壤的 NO₃⁻-N 含量略有降低。其原因是放牧过程伴随着牲畜排泄物的输入（孙翼飞等，2108；王山峰等，2017），导致土壤 NO₃⁻-N 含量的增加，但牦牛的践踏活动使得土壤紧实度增加、容重上升、通气性变差、土壤有机质矿化作用减弱，导致牦牛放牧区土壤的 NO₃⁻-N 含量降低（刘楠和张英俊，2010），而藏香猪的翻拱扰动使得土壤疏松透气，氮矿化作用加强，增加其土壤的 NO_3^--N 含量。本研究发现，牦牛放牧和藏香猪放养对土壤 NO_3^--N 含量的影响不一致，但差异不明显，原因是放牧对土壤氮浓度的影响取决于生态系统类型和放牧强度（Liu et al.，2011b）。牦牛放牧显著降低土壤的 pH、TN 含量和 TOC 含量，但藏香猪放养区土壤的 pH、TN 含量和 TOC 含量降低不明显。放牧过程中虽伴随着动物排泄物的返还，但地表植被大量啃食，减少土壤有机物质的返还。研究表明，长期放牧通过减少植被覆盖度并压实和侵蚀土壤，导致土壤的理化性质退化（Cubillos et al.，2016），长期的重度放牧和践踏降低土壤有机质含量（Pan et al.，2018a）；藏香猪的翻拱扰动使地表植物根系裸露死亡，短期内有机质返还增加，但长期的翻拱扰动会加剧降低土壤的 TN 含量和 TOC 含量（王雪等，2018）。牦牛放牧和藏香猪放养均增加土壤的 PNR，原因是放牧过程中牲畜排泄物输入导致土壤的 PNR 增加（Fan et al.，2011）。此外，放牧过程中土壤个体微生物硝化生物体或群落结构的生理活性的变化也是影响土壤 PNR 变化的重要因素（Liu et al.，2011a）。

5.2.6.2　不同放牧类型对土壤氨氧化微生物多样性的影响

放牧对微生物多样性的影响依赖于当地的环境条件、土壤特性、植物枯落物的质量和数量、放牧强度和动物类型的综合作用（Bardgett et al.，2001）。闫瑞瑞等（2011）对草甸草原的研究表明，重度放牧显著减少土壤微生物的数量，而轻度放牧及围栏禁牧却有利于土壤微生物的生长繁殖，Yang 等（2013）的研究也表明放牧降低土壤微生物的多样性。藏香猪放养和牦牛放牧均降低土壤 AOA 的多样性，但牦牛放牧对 AOA 的多样性的影响不显著。研究表明，在放牧最严重的地区，AOA 的多样性最低（Radl et al.，2014）；适量的尿素输入可增加土壤 AOA 的多样性，而长期尿素的输入会降低土壤 AOA 的多样性（周晶等，2016）。已有研究表明，动物尿液中含有 90% 的尿素（Cui et al.，2013），长期的放牧过程中，牲畜尿液中尿素的过量输入会导致土壤 AOA 多样性降低。此外，牦牛放牧和藏香猪放养过程中由于干扰强度和排泄物的输入不同也会对土壤 AOA 多样性产生不同的影响。牦牛放牧显著降低土壤 AOB 的多样性（$P<0.05$），但藏香猪放养对土壤 AOB 的多样性的降低作用不显著。这与在放牧强度最严重的地区，AOB 的多样性最高的研究结果不一致（Radl et al.，2014），主要原因是本研究中受放牧干扰影响，土壤的 pH、TOC 含量和 TN 含量没有向高水平转化，而是比未受干扰的对照土壤更低。土壤类型和取样季节也可能是其产生差异的主要因素，与本研究不同的是，Radl 等（2014）的取样季节是秋季，土壤类型是沙质壤土。此外，尿液的施用会增加土壤 AOB 的多样性（Webster et al.，2005）。牦牛放牧和藏香猪放养均降低土壤 AOA 和 AOB 的丰富度，藏香猪放养和牦牛放牧分别对 AOA 和 AOB 丰富度的影响更显著，这主要是因为不同的放牧方式对土壤养分的影响不同，微生物多样性的变化还会受到其他综合环境因素的影响。

AOA-*amoA* 基因的丰富度和 Shannon 指数与土壤的 NO_3^--N 含量呈显著负相关（$P<0.05$）。已有的研究发现，NO_3^--N 含量的变化会影响 AOA-*amoA* 基因的多样性（Wang et al.，2014c；Chen et al.，2013）。本研究发现，AOB-*amoA* 基因的丰富度和多样性与

pH、TOC 和 TN 呈显著正相关。Norman 和 Barrett（2016）的研究表明，温带森林土壤 pH 和 AOB 的丰富度呈正相关关系。Dai 等（2015）研究表明，土壤 TN 含量和 TOC 含量是影响 AOB 多样性的重要因素，土壤有机质含量越高，微生物群落多样性越高。此外，AOB 的多样性与 pH 和 TN 呈正相关关系（Wang et al.，2014c）。牦牛放牧区的 pH、TOC 含量和 TN 含量最低，导致其 AOB 多样性显著降低（$P<0.05$），而藏香猪放养区的 pH、TOC 含量和 TN 含量相对较高，AOB 多样性降低不明显（$P>0.05$）。土壤水分也是影响土壤多样性的重要因素之一，放牧区显著降低土壤含水量，也会降低土壤微生物多样性（Maestre et al.，2015）。PNR 与 AOB 的丰富度呈显著负相关关系，这与 Malchair 等（2010）的研究结果一致，原因是竞争机制排斥更低的物种，高的硝化潜势导致更低的丰富度。此外，PNR 与 AOA 和 AOB 多样性呈显著负相关关系，表明在泥炭沼泽土壤中 AOA 和 AOB 群落对硝化作用的影响比较大。较高的细菌多样性可表明其在氨氧化过程具有更高的生态系统功能（Jia and Conrad，2009）。放牧活动使氨氧化微生物多样性降低，影响其生态系统功能。AOA 与 AOB 的群落组成随环境因素变化而发生改变（Chen et al.，2013）。牦牛放牧和藏香猪放养活动均改变氨氧化微生物的群落组成，主要原因是这两种放牧活动导致土壤环境因子发生改变。

5.2.6.3 不同放牧类型对土壤氨氧化微生物群落结构的影响

已有研究表明，放牧影响 AOA 和 AOB 群落结构（Pan et al.，2018a；Yang et al.，2013）。蒙特卡洛检验显示，土壤的 pH、TN 含量和 NO_3^--N 含量对 AOA 的群落结构具有显著影响（$P<0.05$）。土壤 pH 的变化显著影响 AOA 群落结构的变化，由放牧干扰所导致的土壤 pH 的改变是 AOA 群落结构变化的主要原因之一（GubryRangin et al.，2011），也有研究表明土壤 pH、TN 含量和 NO_3^--N 含量的变化影响硝化细菌群落结构发生改变（Liu et al.，2018）。本研究发现土壤环境因子解释了 AOB 群落结构变异程度的98.0%，但蒙特卡洛检验显示单一的土壤理化性质和 PNR 对 AOB 的群落结构的影响并不显著（$P>0.05$），表明在泥炭沼泽湿地中 AOB 群落结构并不受单一的土壤环境因子的影响，而是受各种环境因子的综合作用。因此，牦牛放牧和藏香猪放养导致环境因子发生改变是改变 AOA 群落结构的重要因素。在门的分类水平上，牦牛放牧和藏香猪放养均对 AOB 群落的相对丰度影响不显著，但对 AOA 群落的相对丰度的影响比较显著。AOB-amoA 基因门和属分类水平中的 Proteobacteria 和 Nitrosospira 的相对丰度所占比例比较大，达到 99.9%。主要原因是 Proteobacteria 具有共营养特性，在土壤有机碳浓度较高的条件下旺盛生长；土壤生态系统中 AOB 群落的组成以 Nitrosospira 为主（Li et al.，2018a；Zhang et al.，2012）。牦牛放牧和藏香猪放养活动均显著降低 AOA-amoA 基因的相对丰度，且藏香猪放养区比牦牛放牧区降低得更显著。这与放牧后的草地土壤中微生物群落的整体功能基因发生显著变化一致（Wang et al.，2016a）。土壤 AOA 的主要物种 Crenarchaeote 是环境中分布最广的物种之一（Wang et al.，2015b），Crenarchaeote 在氨氧化过程中发挥着重要的作用（Leininger et al.，2006）。AOA-amoA 基因相对丰度的改变势必会影响土壤中氨氧化功能，导致其土壤的硝化作用发生改变。本研究表明，在泥炭沼泽土壤中，AOA 的群落结构更易受放牧干扰的影响，藏香猪放养比牦牛放牧对

AOA 群落结构的影响更强烈。

5.2.7　小结

1）牦牛放牧增加土壤容重，减少土壤自然含水量、pH、NH_4^+-N 含量、TN 含量、TOC 含量、NO_3^--N 含量和 PNR；藏香猪放养降低土壤容重和含水量，增加土壤 NO_3^--N 含量和 PNR。

2）牦牛放牧降低土壤 AOA 和 AOB 的丰富度，降低 AOB 的 Shannon 指数，改变土壤 AOA 和 AOB 的 β 多样性，藏香猪放养降低土壤 AOA 和 AOB 的丰富度，减少土壤 AOA 的多样性，二者均降低 *Crenarchaeota* 的相对丰度。藏猪放养对土壤 α 多样性和群落结构的影响比牦牛放牧更显著。

3）由放牧所引起的 pH、NO_3^--N 含量和 TP 含量的改变是 AOA 群落结构显著变化的主要因素。牦牛放牧和藏香猪放养明显改变土壤 AOA 和 AOB 的群落，藏香猪放养对其影响更显著。表明放牧影响湿地生态系统的氮循环过程和土壤的生态系统功能，长期过度放养藏香猪更不利于维持湿地生态系统的稳定。

5.3　排泄物输入对沼泽化草甸湿地土壤氨氧化微生物群落的影响

5.3.1　排泄物输入对土壤理化性质的影响

在整个培养期间，牦牛粪便处理的 pH 在所有处理中最高，为 7.07±0.05；且随着培养时间的增加而逐渐升高。相反，尿液输入处理的 pH 在培第 1 天时最高，为 6.44±0.07，随之逐渐降低，尿液输入处理的土壤 pH 在培养的前 14 天高于对照处理，但在培养 14 天后低于对照处理（$P<0.05$），对照处理土壤的 pH 基本没有发生改变[图 5.9（a）]。粪便输入和尿液输入处理的 TP 含量均在培养的 21 天时达到最高水平，分别为（4.599±0.75）g/kg 和（3.59±0.32）g/kg；且在整个培养期间，尿液输入和粪便输入处理的 TP 含量高于对照处理（$P<0.05$）[图 5.9（b）]。在整个培养期间，TOC 含量在粪便输入处理中最高（$P<0.05$），在培养 21 天时达到最高水平，尿液输入处理的 TOC 含量高于对照处理，但两者差异不显著（$P>0.05$）[图 5.9（c）]。粪便输入处理的 TN 含量略高于对照处理，但两者差异不显著（$P>0.05$）。然而，尿液输入处理的 TN 含量在培养前期最低，但在培养后期显著高于其他处理（$P<0.05$）[图 5.9（d）]。尿液输入处理的 C/N 在培养的 28 天内高于对照处理，但在培养 28 天后低于对照处理，在培养期间粪便输入处理的 C/N 高于对照处理[图 5.9（e）]。粪便输入处理的 NH_4^+-N 含量在培养的前 14 天逐渐升高，在 14 时出现最高值，为（249.06±8.14）g/kg，之后逐渐降低，在 28 天后达到较为稳定的低水平状态，且在培养的 28 天内明显高于对照处理（$P<0.05$）；尿液输入处理的 NH_4^+-N 含量在培养的第 1 天出现最高值，为 519.33 mg/kg，比其他处理高 5 倍，但在 42 天内逐渐降至较低的浓度水平，为 15.95 mg/kg[图 5.9（f）]。

尿液输入处理的 NO_3^--N 含量在 21 天内最高（$P<0.05$），最高达到 194.02 mg/kg，但在 21 天后低于对照处理，但高于粪便处理[图 5.9（g）]。

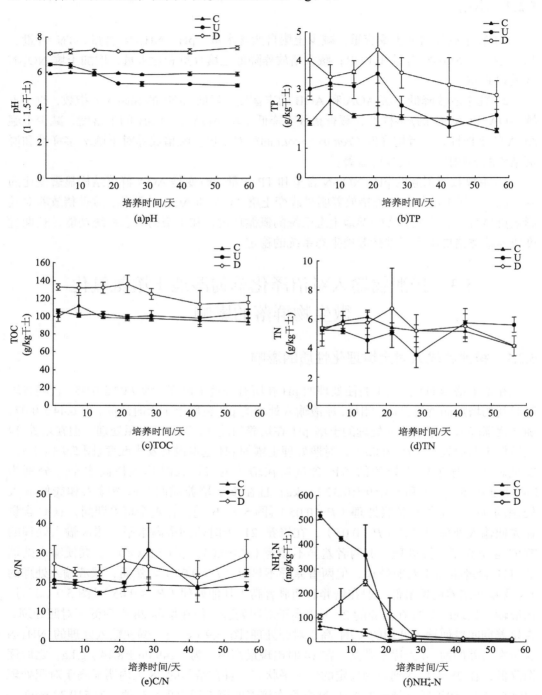

(a)pH

(b)TP

(c)TOC

(d)TN

(e)C/N

(f)NH_4^+-N

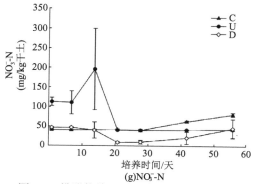

图 5.9　排泄物输入对土壤理化性质的影响
每个误差条代表三个重复的平均值和标准误差。C、U 和 D 分别代表对照、尿液和粪便

5.3.2　排泄物输入对土壤硝化潜势的影响

在培养期间，牦牛排泄物处理的 PNR 高于对照处理（图 5.10）。尿液输入处理的 PNR 在第 1 天时最高，为 441.46 mg/kg。粪便输入处理中的 PNR 在培养后期在所有的处理中最高，在培养 14 天后，所有处理的 PNR 表现为粪便处理＞尿液处理＞对照，表明排泄物输入增加土壤中的 PNR（Chen et al.，2021）。此外，PNR 与土壤 pH、C/N、TP 含量和 TOC 含量呈显著正相关（$P<0.01$），但与土壤 TN 含量、NH_4^+-N 含量和 NO_3^--N 含量无显著相关关系（$P>0.05$）（图 5.11）。

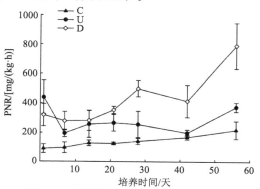

图 5.10　排泄物输入对土壤 PNR 的影响
每个误差条代表三个重复的平均值和标准误差。C、U 和 D 分别代表对照、尿液和粪便

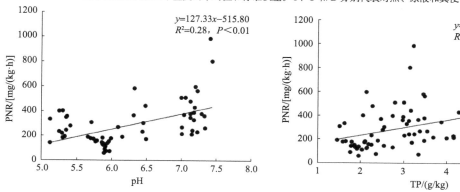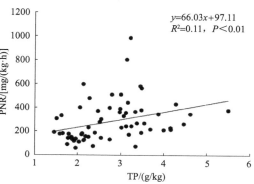

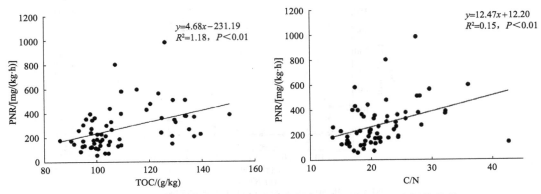

图 5.11　土壤 PNR 与土壤 pH、TP 含量、TOC 含量和 C/N 之间的关系

统计值是指在培养时间最佳拟合曲线土壤 PNR 和土壤 pH、TP、TOC 和 C/N 的回归分析（$n=63$）

5.3.3　牦牛排泄物输入对土壤氨氧化微生物多样性的影响

由表 5.5 可知，在培养期间，对照处理的 OTU 数目减少，而排泄物输入处理的 OTU 数目增加。对照处理 AOB 丰富度 Chao1 和 ACE 指数下降，而在培养期间粪便输入处理的 AOB 的丰富度增加。在培养期间，粪便输入处理中 Shannon 指数高于其他处理。对照处理 Simpson 指数略有下降，而尿液处理没有显著变化，并且在粪便输入处理中，培养前 14 天增加，然后在第 56 天减少。总的来说，本研究表明，排泄物输入处理的 AOB 丰富度在培养开始时较低，但在培养期间，AOB 丰富度和多样性增加，而对照处理显示相反的变化。结果表明，不同处理过程中 AOB 的 α 多样性存在差异。

PCA 分析显示了不同处理下细菌群落组成的差异和相似性，占整个变异的 82.18%（图 5.12）。在对照处理样品聚集，而在不同的培养时间排泄物输入处理的样品在 PC1 和 PC2 轴上样品分离，另外，不同处理的样品在 PC1 和 PC2 轴也出现分离。结果表明，引起土壤 AOB 群落组成变化的主要因素是培养时间和排泄物输入，排泄物输入的类型和时间都会对氨氧化微生物群落的组成产生影响。

表 5.5　AOB 分类群丰富度和多样性评估

处理	读数	OTU 数目	Chao1 指数	ACE 指数	Shannon 指数	Simpson 指数
C1	29936	110	116	116	2.26	0.2026
C3	19105	98	101	101	2.24	0.2218
C5	20690	103	104	104	2.32	0.1968
C7	20689	78	81	84	1.93	0.2565
U1	35873	70	73	73	2.22	0.1928
U3	24775	84	90	90	2.07	0.2676
U5	16568	79	86	86	2.2	0.207
U7	20351	100	107	104	2.23	0.2073
D1	28940	71	72	72	2.41	0.1613
D3	17577	71	74	74	2.13	0.2419
D5	17143	65	66	66	2.28	0.2024
D7	15586	76	80	82	2.59	0.1394

注：C、U 和 D 分别代表对照、尿液和粪便。

数字 1、3、5 和 7 分别代表培养时间的第 1 天、第 14 天、第 28 天和第 56 天。

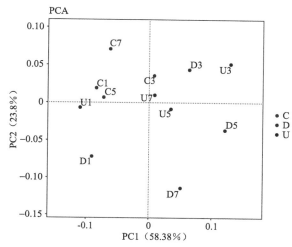

图 5.12　培养期间对照（C）、尿液（U）和粪便（D）处理的 AOB 克隆文库的 PCA

数字 1、3、5 和 7 分别代表培养时间的第 1 天、第 14 天、第 28 天和第 56 天

5.3.4　牦牛排泄物输入对土壤氨氧化微生物群落结构的影响

图 5.13 表明了 AOB 群落门水平的相对丰度。变形菌门（Proteobacteria）是主要的门，其比例约为 62.08%～91.9%，不能分类的门（unclassified）占 9.4%-37.6%，但其他包括厚壁菌门（Firmicutes），酸杆菌门（Acidobacteria），放线菌门（Actinobacteria）和脊索动物门（Chordata）不超过 0.05%。随着时间的推移，牦牛粪便和尿液处理中的 Proteobacteria 显著减少，而在对照处理的第 56 天，其增加至最高水平。结果表明，添加排泄物导致 AOB 群落结构的变化。

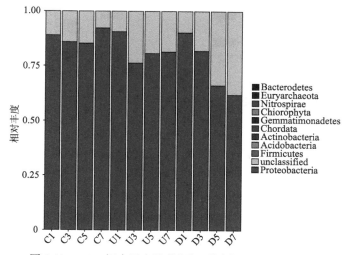

图 5.13　AOB 门水平在培养期间不同处理中的相对丰度

不同的颜色用于代表前 10 个最丰富的门。C、U 和 D 分别代表对照、尿液和粪便处理。数字 1、3、5 和 7 分别代表培养时间的第 1 天、第 14 天、第 28 天和第 56 天。显示的组占比＞ 1%，而占比＜1%的组则被整合到其他组中，不能被分类的归为未分类组

　　为了研究精细尺度的变化，在属水平对微生物的群落组成进行了分析。如图 5.14 所示，不同样品间所代表的 AOB 群落属，共筛选出 37 个属。在牦牛粪便处理中，粪便输入后，AOB 的部分属明显减少，如 *Nitrosospira*，但在培养后期 *Nitrosomonas* 和热杆菌（*Thermaerobacter*）增多。在粪便处理的不动杆菌属（*Acinetobacter*）浓度高于其他处理，且在培养后期仍然存在。粪便处理中只出现 *Verminephrobacter* 和 *Dechloromonas*，而 *Acidovorax* 和 *Streptomyces* 均消失。*Edwardsiella* 只出现在第 1 天的尿液处理中。这些属的变化可能只在某些时期出现，然后恢复。

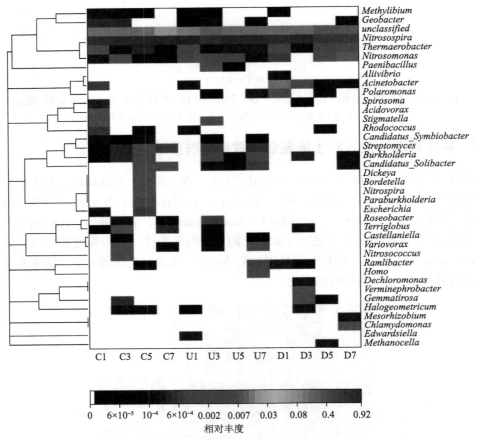

图 5.14　不同处理在培养期间主要的 AOB 属热图
颜色从蓝色到红色，代表着从最不丰富到最丰富的属，其中黑色代表未检测到

　　每个样品中最丰富的属如图 5.15 所示，其显示在培养期间，排泄物输入后，主要 AOB 群落的变化。在所有样本中，AOB 群落的非分类组占丰度的比例很高，占 7.8%～37.5%。*Nitrosospira* 和 *Acinetobacter* 是优势属，*Nitrosospira* 和 *Acinetobacter* 的相对丰度分别占所有物种的 61.2%～91.9%和 0%～11.6%。此外，*Nitrosospira* 的相对丰度在排泄物处理中最少，在对照处理中占比最大，且在排泄物处理中随着时间的推移逐渐降低，但在对照处理中显示出相反的变化；*Acinetobacter* 的相对丰度在第 1 天为 11.6%，在粪便处理中下降，但在对照处理中仅为 0.05%，在第 1 天尿液处理中仅为 0.01%。此外，

亚硝化单胞菌（*Nitrosomonas*）的相对丰度仅为所有属的 0%～0.7%。这种变化会影响土壤中氨氧化的功能，从而影响土壤的硝化能力。

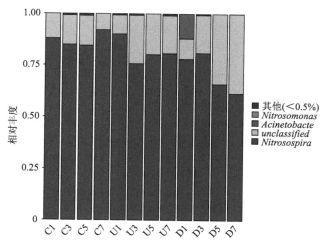

图 5.15　AOB 的属水平在培养期间不同处理中的相对丰度

不同的颜色代表前 10 个最丰富的属（相对丰度＞ 0.5%）。C、U 和 D 分别代表对照、尿液和粪便处理。数字 1、3、5 和 7
分别代表培养时间的第 1 天、第 14 天、第 28 天和第 56 天

5.3.5　牦牛排泄物输入影响下土壤环境因子与氨氧化微生物群落之间的关系

AOB 丰富度和多样性与一些环境因子显著相关（表 5.6）。AOB 的丰富度与 TOC 含量、pH、C/N（$P<0.05$）和 TP（$P<0.01$）呈显著负相关。Shannon 指数与环境因子无关，而 Simpson 指数与 PNR 呈负相关（$P<0.05$）。这一结果表明 AOB 丰富度和多样性受环境因子的影响比较敏感。

RDA 分析揭示了不同处理在培养过程中氨氧化群落与环境因子之间的联系（图 5.16），并且表明本研究中测量的环境变量解释了沼泽化草甸湿地土壤中微生物群落组成总变异性的 83.5%。表明对照处理和排泄物处理之间存在差异，这可能是因为不同的环境因子是明显影响微生物群落的主要因素。同时，蒙特卡洛检验表明 PNR 是影响 AOB 组成的主要因素（$P=0.012$）。还发现 *Nitrosospira*、*Nitrosomonas*、*Thermaerobacter* 和 *Streptomyces* 的相对丰度与 PNR 呈负相关。*Nitrosospira* 的相对丰度也与 pH、TP 含量、TOC 含量和 C/N 呈负相关，与 NH_4^+-N 含量和 NO_3^--N 含量呈正相关关系。*Acinetobacter* 的相对丰度与 pH、TOC 和 TP 含量呈正相关。*Nitrosomonas* 的相对丰度与 pH 和 PNR 呈正相关。

表 5.6　AOB 丰富度和多样性与土壤环境因子之间的相关关系

项目	pH	TP	TOC	TN	NH_4^+-N	NO_3^--N	C/N	PNR
Chao1	−0.703*	−0.734**	−0.662*	0.184	−0.343	−0.051	−0.596*	−0.556
Ace	−0.699*	−0.770**	−0.688*	0.149	−0.337	−0.031	−0.592*	−0.557
Shannon	0.401	0.263	0.366	0.113	−0.268	−0.446	0.266	0.575
Simpson	−0.417	−0.231	−0.340	0.0031	0.241	0.478	−0.403	−0.603*

*相关性在 0.05 水平（双尾）显著。

**相关性在 0.01 水平（双尾）显著。

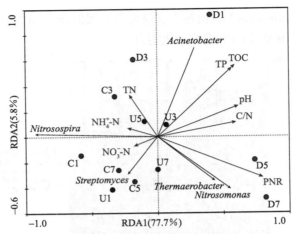

图 5.16　不同处理对照（C）、尿液（U）和粪便（D）细菌群落结构与环境因子之间的关系

箭头代表环境因子，数字 1、3、5 和 7 分别代表培养时间的第 1 天、第 14 天、第 28 天和第 56 天

5.3.6　讨论

5.3.6.1　牦牛排泄物的输入影响土壤理化性质和 PNR

本研究表明牦牛粪便输入增加土壤 pH，牦牛尿液输入在最初的培养阶段增加土壤 pH，但在培养的第 1 天后降低土壤 pH。其原因是新鲜的牦牛粪便含有大量的有机物，其矿化和氨化合物的降解会产生氨，导致牦牛粪便处理的土壤 pH 增加（Boon et al.，2014）。但牲畜尿液中的尿素会迅速水解，导致短期内 pH 升高，但硝化过程中会产生更多的 H^+ 离子，从而降低尿液输入处理中的 pH（Guo et al.，2014；O'Callaghan and Gerard，2010）。牦牛排泄物的输入增加 TP 含量和 TOC 含量，粪便输入处理中的 TP 含量和 TOC 含量均高于尿液输入处理，这与先前报道中较高的牲畜排泄物一致（Boon et al.，2014；Haynes and Williams，1993）。原因是牦牛排泄物含有大量的有机物质，而排泄物的应用相当于施肥，为土壤提供养分（Zhang et al.，2007）。此外，牦牛排泄物处理中高 C/N 也导致有机物分解，微生物活动和 N 矿化的低速率（Carrera et al.，2009）导致粪便处理中土壤 TOC 的积累，而尿液中的尿素水解过程增加碳的分解，降低尿液处理中的有效碳（Boon et al.，2014）。该研究还表明尿素的快速水解（Guo et al.，2014；Haynes and Williams，1993），与新鲜粪便中的有机氮通过微生物分解，矿化和氨化合物降解转化为氨（Yan et al.，2016；Wang et al.，2015b）。但硝化细菌通过亚硝酸盐将铵盐转化为硝酸盐，这一过程导致 NH_4^+-N 含量下降，NO_3^--N 含量增加（Yan et al.，2016；O'Callaghan and Gerard，2010）。

此外，排泄物施用增加 PNR，并且在粪便处理中观察到最高的 PNR（$P<0.01$），这与粪肥和施肥处理增强 PNR 的研究结果一致（Ouyang et al.，2016；Zhou et al.，2014；Fan et al.，2011）。PNR 的变化主要是由于 AOB 种群大小的变化以及个体硝化生物或群落结构的生理活动（Liu et al.，2011a）。本研究还表明 PNR 与 pH 呈正相关（$P<0.01$），这与先前的研究一致（Ying et al.，2017；Zhou et al.，2014），土壤 PNR 在碱性环境中

更高，原因是较高的碱性改变 NH_3 和 NH_4^+ 之间的平衡，从而提高底物的可用性和氨氧化活性（He et al.，2018）。本研究还发现土壤 PNR 与 TP 含量和 TOC 含量呈正相关，这与先前的研究表明 TP 含量（Dai et al.，2015；Zhou et al.，2014；Ravishankara et al.，2009）和 TOC 含量（Li et al.，2018a；O'Sullivan et al.，2013）都是导致 PNR 变化的主要因素（Li et al.，2018a；He et al.，2018）一致。原因是土壤中 P 的缺乏会抑制土壤的硝化作用（He et al.，2018），而土壤中足够的 P 含量可以合成硝化酶，刺激土壤中的硝化潜势（Tang et al.，2019）。然而，先前的研究显示 PNR 与 C/N 之间存在显著的负相关关系（Dai et al.，2015；O'Sullivan et al.，2013）。这可能与土壤类型的差异有关。这些结果表明，土壤中添加的牦牛排泄物是影响土壤 PNR 的重要因素。

5.3.6.2　牦牛排泄物的输入影响土壤 AOA 和 AOB 的丰富度与多样性

本研究表明，排泄物的输入在培养的最初阶段降低 AOB 的物种丰富度，而随着培养时间的推移逐渐增加（表 5.5）。但有研究表明牛粪施用显著增加物种的丰富度（Tao et al.，2017），这与本研究结果相反。本研究表明，牦牛排泄物的输入增加 AOB 的多样性（表 5.5），这与牛粪输入的发现一致（Tao et al.，2017），有机质施肥也提高 AOB 的多样性（Guo et al.，2017）。仅猪粪肥的输入导致土壤 AOB 的 α 多样性降低（Suleiman et al.，2016）。原因是不同的土壤类型或者不同动物的排泄物导致不一样的结果，土壤性质的差异主要是排泄物施用在这些土壤中产生不同的影响。此外，在本研究中，Spearman 等级相关分析表明 AOB 丰富度和多样性受到排泄物输入的影响（表 5.6），本研究发现土壤的 pH、TP 含量、TOC 含量和 C/N 和 AOB 丰富度之间呈负相关关系。这与先前的研究不一致，即高的 TP 含量可能导致更高的 AOB 丰富度（Zhang et al.，2015b），碱性土壤中 AOB 丰富度高于酸性土壤（Hu et al.，2013）。这表明 AOB 物种丰富度的变化可能部分是由于 pH、C/N 和 TOC 含量、TP 含量之间的相互作用。但本研究表明土壤 AOB 的多样性与土壤的理化性质没有明显相关关系。但已有的研究发现，土壤 AOB 的多样性指数与土壤 pH 显著正相关（Hu et al.，2013），与湖泊湿地的有机物质呈显著正相关（Zhang et al.，2015b），TOC 含量的增加会降低高原土壤 AOB 的多样性（Dai et al.，2015）。此外，在人工湿地（Li et al.，2018a）和 N 添加后（Tao et al.，2018）土壤中的 AOB 多样性增加。然而，本研究发现 AOB 的 Simpson 指数与 PNR 呈负相关，而一些报告表明 α 多样性与 PNR 之间没有显著关系（Fan et al.，2011）。本研究表明，PNR 是决定 AOB 多样性的主要因素，这种不一致可能反映了多种环境因素对 AOB 群落多样性的影响。

5.3.6.3　牦牛排泄物的输入影响 AOB 的群落结构

牦牛排泄物的输入和培养时间的变化均影响 AOB 的群落组成（图 5.13）。原因是动物排泄物的输入可以改变整个培养期间 AOB 的群落组成，这与其他的研究结果一致（Yang et al.，2018c；Orwin et al.，2010），但先前的研究显示在酸性土壤中，AOB 的群落结构在施用粪便（Liu et al.，2018）或者尿液输入的黑土中（Cui et al.，2013）几乎没有发生变化，原因是土壤理化性质对土壤微生物具有非常重要的作用（Wakelin et al.，2016）。这些不一致的发现可能与不同的环境条件有关。RDA 分析进一步表明，土壤环境因子（83.5%）是决定湿地土壤中 AOB 群落结构的主要因素，表明土壤环境因子可能与 AOB 中大多数属的相对丰度相关。蒙特卡洛检验显示 PNR 显著影响 AOB 的群落结构（$P=0.012$）（图 5.16）。先前的报告已经证明 PNR 与 AOB 群落结构显著相关（Rudisilla et al.，2016；Xue et al.，2016；Fan et al.，2011；Gleeson et al.，2008）。因此，排泄物输入后，PNR 是影响土壤 AOB 群落结构的重要因子。

牦牛排泄物的应用显著降低 Proteobacteria 和 Nitrosospira 的相对丰度，其分别仍然是最丰富的门和属（图 5.13 和图 5.15）。Proteobacteria 占湿地土壤群落组成的大部分（Ansola et al.，2014），并且在永久草原土壤中随着粪便处理而降低，其仍然是最丰富的门（Zhou et al.，2015）。然而，在其他报道中，Proteobacteria 在猪泥浆应用中显著增加（Suleiman et al.，2016）。此外，Nitrosospira 在不同的陆地生态系统中占主导地位（Zhang et al.，2015b；Li et al.，2018a），而尿素应用（Cui et al.，2013）和施肥的处理降低土壤 Nitrosospira 的相对丰度（Xue et al.，2016）。此外，Nitrosospira cluster 在（重复化肥和牛排泄物）处理中明显增加（Zhou et al.，2015）。原因是 AOB 群落的组成与环境变量显著相关。本研究表明，Nitrosospira 与土壤的 NH_4^+-N 含量呈正相关，但与 pH、TP 含量、TOC 含量和 C/N 呈负相关，较高的 NH_4^+-N 含量的条件有利于 Nitrosospira 生长（Xiang et al.，2017；Ouyang et al.，2016；Chen et al. 2013），但在低 pH（Ying et al.，2010）和低氮（Ke et al.，2013）环境中 Nitrosospira 占主导地位。此外，本研究中排泄物输入处理土壤的较高的 PNR 也是土壤中 Nitrosospira 相对丰度降低的主要因素，已有研究表明，土壤中 Nitrosospira 主要存活在硝化潜势比较低的土壤沉积物中（Chen et al.，2013），Nitrosospira 具有将亚硝酸盐氧化成硝酸盐的能力（Pan et al.，2018a）。在培养的第 1 天，Acinetobacter 的相对丰度在粪便处理中占据较高比例（图 5.12 和图 5.13）。该结果类似于 Sun 等（2018c）的研究，树脂吸收的粪大肠菌群，主要分离的菌株被鉴定为 Acinetobacte。Nitrosomonas 的相对丰度仅占所有属的 0%～0.7%，与 PNR 和 pH 呈正相关。Nitrosomonas 通常受到高氮、高 pH 和牛粪施用的影响（Fan et al.，2011；Zhou et al.，2015；Yan et al.，2016），但在本研究中并没有发现 AOB 中 Nitrosomonas 的富集，这与 Ouyang 等的研究结果 Nitrosomonas 可能不在施肥的环境中富集一致（Ouyang et al.，2016），并且在其他报道中它甚至随着土壤 pH 的显著增加而下降（Zhang et al.，2015b）。AOB 群落对土壤理化性质变化的敏感响应是由于不同的微生物偏好不同的营养条件。AOB 群落的变化将影响土壤的氨氧化功能，进而影响土壤的硝化能力。

此外，本研究没有检测到 AOA 群落，原因是未能获得足够的 AOA-amoA 基因的 PCR 产物用于分析。本研究结果与之前的报告相似，表明此类土壤中 AOA 含量较低（Wakelin et al.，2013），而 AOB 被认为更喜欢中性 pH 和高氮土壤条件（Guo et al.，2014），并受到矿物铵或尿素输入的影响（Ouyang et al.，2016），原因是 AOB 对 NH_4^+-N 含量和特定环境具有更低的亲和力，而 AOA 具有高的亲和力（He et al.，2018）。该结果表明 AOB 在牦牛排泄物输入的湿地土壤中的氨氧化过程中起着更重要的作用。先前的研究表明，在猪粪肥（多种动物排泄物的混合）输入的土壤中没有检测到序列（Suleiman et al.，

2016），AOB 群落组成和多样性在添加尿素后显示出明显变化，但 AOA 群落并没有发生明显改变（Xiang et al.，2017）。然而，这项研究与 AOB 和 AOA 参与牛粪堆肥系统硝化的报道形成对比（Maeda et al.，2010）。原因是 AOA 在良性的环境中缺乏竞争优势，但能够在极端 pH 和温度条件下适应和繁殖，而这些条件不支持细菌的生长（He et al.，2018；Valentine and David，2007）。

5.3.7　小结

1）土壤的理化性质，PNR 和 AOB 的群落丰富度（多样性）受到牦牛排泄物的显著影响，牦牛粪便和尿液中 AOB 土壤群落结构的差异有明显区别。AOB 在接收牦牛排泄物的湿地土壤中发挥更重要的氨氧化作用。

2）AOB 的 Proteobacteria 和 *Nitrosospira* 分别是所有处理中最丰富的门和属，并且在培养期间牦牛排泄物处理中它们都减少。*Acinetobacter* 的相对丰度在所有处理中也降低，但在粪便处理中比在其他处理中更高。

3）土壤性质和 PNR 是影响 AOB 群落多样性与结构的重要因素。这些结果提供了对湿地土壤中牦牛排泄物响应的氨氧化群落动态的基本见解，并确定了影响这个独特生态系统中氨氧化微生物群落的主要因素。

5.4　研究结论与展望

5.4.1　研究结论

本研究针对放牧过程中不同放牧、牦牛排泄物输入对湿地土壤氨氧化微生物群落的不同影响，采用野外取样和室内控制培养实验相结合的方法系统地研究不同放牧干扰对沼泽湿地土壤的理化性质、PNR、AOA 和 AOB 群落的影响，通过选取对照区、牦牛放牧区和藏香猪放养区，设置对照处理、牦牛尿液输入处理和粪便输入处理测定两组实验的理化性质指标，以及 PNR、AOA 和 AOB 的群落多样性与结构，得出主要结论如下。

（1）不同放牧对泥炭沼泽土壤氨氧化微生物群落的影响

牦牛放牧和藏香猪放养均影响泥炭沼泽土壤的理化性质和 PNR。牦牛放牧和藏香猪放养均显著降低土壤 AOA 和 AOB 的丰富度，但分别降低土壤 AOB 和 AOA 的多样性。藏猪放养对土壤 α 多样性和群落结构的影响比牦牛放牧更显著。牦牛放牧改变土壤 AOA 和 AOB 的 β 多样性，但藏香猪放养显著改变土壤 AOA 的 β 多样性，牦牛放牧和藏香猪放养均降低 *Crenarchaeota* 的相对丰度。AOA 的丰富度与土壤的 NO_3^--N 含量和 PNR 呈显著负相关，AOA 的多样性指数受 PNR 的影响。AOB 的丰富度和 Shannon 指数均与 pH、TOC 含量、TN 含量和 NH_4^+-N 含量显著正相关，且 AOB 的 Shannon 指数与 PNR 呈显著负相关。由放牧所引起的 pH、NO_3^--N 含量和 TP 含量的改变是 AOA 群落结构显著变化的主要因素。

（2）牦牛排泄物输入对沼泽化草甸湿地土壤氨氧化微生物群落的影响

牦牛排泄物输入影响土壤理化性质，排泄物输入提高土壤的 pH、TOC 含量、TN 含量、TP 含量、C/N、NH_4^+-N 含量、NO_3^--N 含量和 PNR，沼泽化草甸湿地土壤中 AOB 的群落丰富度（多样性）受到牦牛排泄物输入的显著影响，牦牛排泄物输入处理土壤中 AOB 的群落结构均发生显著变化。AOB 的 Proteobacteria 和 *Nitrosospira* 的相对丰度在牦牛排泄物输入处理中均显著降低，牦牛粪便输入处理降低更为显著。*Acinetobacter* 的相对丰度在粪便输入处理中比在其他处理更高。AOB 的丰富度与 TOC 含量、pH、C/N 和 TP 含量呈显著负相关。Simpson 指数与 PNR 呈负相关。由牦牛排泄物输入导致的土壤 PNR 发生改变是影响 AOB 群落多样性和结构的重要因素。

5.4.2　展望

放牧与湿地生态系统之间的相互作用是一个十分复杂的过程。本研究探讨不同放牧干扰和牦牛排泄物输入后土壤理化性质、PNR 和氨氧化微生物群落多样性及其结构之间的相互关系，为阐明牦牛放牧、藏香猪放养及牦牛排泄物对土壤氨氧化微生物群落乃至氮循环的影响提供参考依据。不足之处是野外研究没有设置放牧的强度，此外，本章的室内控制研究没有涉及排泄物输入的量化研究或者结合采用长期性周期跟踪取样进行监测。为了更好地理解放牧及其排泄物输入在土壤氮循环中的作用，在今后的研究中应结合放牧强度和排泄物输入的量化分析与长期监测土壤氮转化过程及对土壤微生物的动态变化进行动态研究。以求得更精准的数据，为湿地放牧对湿地生态系统氮循环影响研究提供理论基础。

第 6 章 放牧对湿地土壤反硝化微生物群落的影响

6.1 研究内容及方法

6.1.1 研究内容

（1）不同放牧干扰类型对湿地土壤反硝化微生物群落的影响

本课题组选取纳帕海湿地纳帕村附近沼泽湿地作为研究对象，在围栏内地表植被未受啃食的区域设置对照区（CK）；在牦牛放牧区压实土壤且地上部分植物遭受严重破坏的区域设置牲畜践踏样地（LT）；在地表植物及草根层破坏严重、表层土壤裸露且存在典型猪拱斑块的区域设置翻拱样地（PU）。每个样地设置三块 10m×10m 样方，采用对角线取样法采集 0~10cm 土壤，进行土壤理化性质、酶活性、反硝化速率（DR）及反硝化微生物群落测定，分析放牧过程中牲畜践踏和翻拱活动对沼泽湿地土壤反硝化微生物的影响。

（2）不同温度下牦牛排泄物输入对湿地土壤反硝化微生物群落的影响

本课题组在纳帕海湿地纳帕村附近选取沼泽湿地作为研究样地，取 0~10cm 土壤样品，将收集到的土壤样品装在带有冰袋的无菌塑料袋中，运到实验室，剔除土壤中的植物根系，过 2mm 的土壤筛后风干混匀后用于室内培养研究。设置 13℃（当地 7 月平均温）、19℃（当地 7 月最高温）及 25℃（当地极端温度）三个温度处理和对照（CK）、牦牛尿液输入（U）及牦牛粪便输入（D）三种处理，培养 28 天后取样进行土壤理化性质、亚硝酸盐还原酶活性（NIR）、DR 及反硝化微生物群落测定，分析不同温度下牦牛排泄物输入对沼泽湿地土壤反硝化微生物的影响。

6.1.2 技术路线

本章以湿地生态学、环境化学、土壤学等学科理论为指导，依据典型性和代表性原则，在滇西北高原选择典型的沼泽湿地进行取样分析，采用野外实验监测和室内控制实验两种方法研究牲畜践踏与翻拱活动对土壤反硝化作用的影响及不同温度下牦牛尿液和粪便输入对土壤反硝化微生物的影响，分析不同放牧干扰和不同温度下牦牛排泄物输入对沼泽湿地反硝化微生物的影响机制，揭示放牧活动对沼泽湿地土壤反硝化过程影响的内在机制。技术路线如图 6.1 所示。

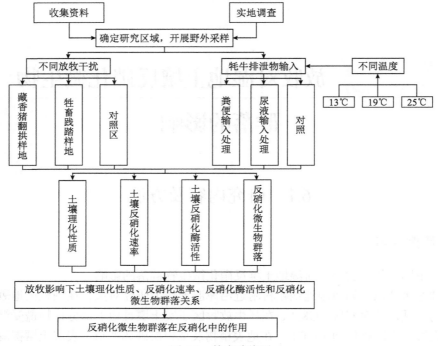

图 6.1　技术路线图

6.1.3　研究方法

本研究采用野外调查与室内分析相结合的方法，研究放牧过程中动物活动（牲畜践踏和藏香猪翻拱）和不同温度下牦牛排泄物（尿液和粪便）输入对滇西北高原沼泽湿地生态系统反硝化作用的影响机制。

6.1.3.1　实验设计

（1）放牧干扰实验设计

本课题组 2018 年 4 月在纳帕海湿地纳帕村附近取样（图 6.2），选取纳帕海湿地纳帕村附近沼泽湿地作为研究对象,并在纳帕村附近 2014 年建立的围栏内未受放牧干扰的区域设置对照样地（CK）；在牲畜放牧区压实土壤且地上部分植物遭受严重破坏的区域设置牲畜践踏样地（LT）；在地表植物及草根层破坏严重、表层土壤裸露且存在典型猪拱斑块的区域设置藏香猪翻拱样地（PU）。每个样地设置三块 10 m×10 m 样方，采用对角线取样采集 0～10 cm 土壤 20 个点，每个样地的小样品充分混合为一个样品，每个处理设置 3 个重复。剔除土壤中石块和动植物残体后，土壤样品用无菌自封袋保存于液氮并带回实验室过 2 mm 筛，一部分保存在–80℃的超低温冰箱中用于 *nirS* 及 *nirK* 群落测定；还有一部分保存在–20℃用于测定土壤 DR、硝酸盐还原酶活性（NAR）、NH_4^+-N 和 NO_3^--N，剩下的土壤自然风干，用于土壤 pH、TN、TP 和 TOC 和 NIR 测定。

(a)对照样

(b)践踏样地

(c)翻拱样地

图 6.2　实验样地图

（2）牦牛排泄物输入实验设计

本课题组在纳帕海湿地纳帕村附近选取典型沼泽湿地作为研究样地，取 0～10cm 土壤样品，将收集的土壤样品装在带有冰袋的无菌塑料袋中，运到实验室，剔除土壤中的植物根系，过 2mm 的土壤筛后风干混匀后用于室内培养研究。将 30g 干土加入 17mL 水放入灭菌的 250mL 三角瓶并混匀，用于微生物取样，将 100g 干土加入 57mL 水放入灭菌的 500mL 三角瓶并混匀，用于土壤理化性质、酶活性及 DR 的分析测定，所有样品置于 25℃条件下暗处预培养 7 天。预培养结束后，排泄物输入量参照野外调查测定的排泄物量进行，即尿液（56.28mL/kg）和粪便（419 g/kg），即 250mL 的三角瓶中分别加入粪便 34.5g、尿液 4.7mL，500mL 的三角瓶中分别加入粪便 115g、尿液 15.6mL。清晨 5 点前去牧场寻找新鲜的牦牛粪便，将其装在灭菌的塑料桶中，于 4℃保存并运回实验室，牦牛尿液在当地牧民的帮助下收集。用于培养的风干土壤理化性质及牦牛排泄物的基本理化性质如表 6.1 所示。

表 6.1　培养土壤及牦牛排泄物的基本理化性质

类型	含水量/%	TOC/（g/kg）	pH	TN/（g/kg）	NH_4^+-N /（mg/kg）	NO_3^--N /（mg/kg）	TP /（g/kg）
土壤	—	97.87±5.69	5.80±0.05	3.83±0.13	13.74±3.46	32.64±16.27	1.41±0.05
尿液	—	170.20±4.65	8.67±0.31	8.70±1.30	59.76±1.84	48.94±10.19	3.00±0.13
粪便	80.53±0.01	483.60±5.15	7.99±0.01	24.10±2.07	86.10±2.07	5.06±0.45	3.93±0.23

注：表中数据为平均值±标准差（$n=3$）。

尿液用灭菌的移液枪均匀地洒在土壤表面，粪便均匀地铺于土壤表面，并用灭菌的玻璃棒搅动使牦牛排泄物与土壤充分混合。培养瓶用橡胶塞密封，建立一式三份的微型实验，每三天透气 3min，设置 13℃（当地 7 月平均温）、19℃（当地 7 月最高温）及 25℃（当地极端温度结合增温趋势）三个温度处理和对照（CK）、牦牛尿液输入（U）及牦牛粪便输入（D）三种处理，培养 28 天后取样，一部分保存在-80℃的超低温冰箱中用于 nirS 及 nirK 群落结构测定；还有一部分保存在-20℃用于土壤 DR、NAR、NH_4^+-N、NO_3^--N 和 NO_2^--N 测定，剩下的土壤自然风干，用于土壤 pH、TN、AP 和 TOC 和 NIR 测定。

6.1.3.2 指标测定

（1）土壤理化性质的测定

土壤容重和土壤自然含水量的测定分别采用环刀法和烘干法。先测环刀质量、体积和土壤湿重，然后带回实验室，在105℃烘箱中烘至恒重后称量干重，根据测量的体积、湿重、干重计算土壤容重，根据烘干前后土壤的质量计算含水量。

土壤 pH 采用酸度计（Ohaus STARTER3 100，American，西南林业大学大型仪器设备共享平台）以土：水 1：5 测定。

土壤 TN、TP 含量的测定采用连续流动分析仪法。将采集的土壤样品风干后过 2mm 筛，称取 0.2g 土壤加入消煮管中，先用水润湿样品，再加入 5mL 浓硫酸轻轻地摇匀后静置过夜，放置在消煮炉上消煮，在此过程中加入 30% H_2O_2，待液体变为无色透明后定容到 100mL 容量瓶中，取滤液用连续流动分析仪测定。

土壤 NO_2^--N、NO_3^--N 和 NH_4^+-N 的含量测定采用连续流动分析仪法。称取 5g 鲜土，按土：水 1：10 的比例，加入 50mL 1mol/L KCl 溶液在离心管中，之后用振荡器在 180r/min、25℃条件下振荡 20min 后，在离心机上离心 10min，滤纸过滤提取上清液（Keeney and Nelson，1983），采用 AA3 连续流动分析仪（Seal AA3，Norderstedt，Germany，西南林业大学大型仪器设备共享平台）测定。

土壤 TOC 含量的测定。将风干的土壤样品过 2mm 筛后，称取 5g 放入 100mL 的烧杯，每个土壤样品设置三个重复，加入 1%的盐酸溶液淹没土壤样品，充分搅拌后，放入 105℃的烘箱，对烘干后的土壤样品进行包样，采用德国 Elementar 公司的 vario TOC select 总有机碳分析仪测定。

（2）土壤反硝化酶活性及反硝化速率的测定

NAR 采用酚二磺酸比色法测定（关松荫，1986）。取 1g 鲜土于 100mL 三角瓶中，加 0.02g $CaCO_3$ 和 1mL KNO_3 溶液，混匀后加 1 mL 葡萄糖溶液，另一份加入等量去离子水代替基质。盖紧瓶塞轻摇，并置于 25℃恒温培养箱中培养 24h，同时做空白对照。培养结束后加入 50 mL 去离子水和 1 mL 铝钾矾溶液，静置 20min，混匀并过滤。取 20mL 滤液于瓷蒸发皿，在水浴中蒸干，加入 2 mL 酚二磺酸溶液溶解处理 10min，再加入 15 mL 去离子水，用 10% NaOH 调至微黄色，最后移至 50 mL 容量瓶中，定容后于 420nm 进行比色。

NIR 采用盐酸 N-(1-萘基)-乙二胺比色法测定（关松荫，1986）。称取 1g 过 1mm 筛的风干土壤两份于两只三角瓶中，分别加入 20mg $CaCO_3$ 仔细混合后向其中一只三角瓶中加入 2mL 0.20%的亚硝酸钠溶液，另一只三角瓶中加入等量的去离子水作为对照。两只三角瓶中分别加入 1mL 0.5%的葡萄糖溶液，用去离子水补充至 10mL，塞上橡胶塞摇匀并置于 30℃恒温箱中培养 24h，并做试剂空白对照。培养结束后，用去离子水将三角瓶内的土液混合转移至三角瓶中，加入 1mL 饱和铝钾矾溶液，静置并过滤。取 1mL 滤液于 50mL 比色管中，加少量去离子水和 4mL 显色剂，然后用去离子水定容至刻度。15min 后，在 520nm 下比色。

反硝化速率采用乙炔抑制法测定（Magalhães et al., 2005）。称取 10g 鲜土两份于两只 300mL 三角瓶中，一只封口并用注射器抽取顶部 10%的气体置换成乙炔气体(V/V)，另一份作为对照。在 25℃培养箱黑暗条件下培养 24h。培养结束后，用注射器各抽取 120mL 气体，采用 N_2O/CO 分析仪测定（Los Gatos Research, Inc, Mountain View, CA, USA），根据加乙炔与不加乙炔的差计算反硝化速率。

（3）土壤反硝化微生物群落结构的测定

根据 E.Z.N.A.® soil 试剂盒（Omega Bio-tek, Norcross, GA, U. S.）对总 DNA 进行抽提，并检测 DNA 浓度和纯度利用，使用 1%琼脂糖凝胶电泳检测 DNA 提取质量。土壤 *nirS* 引物采用 *nirS*4F（5'-TTCRTCAAGACSCAYCCGAA-3'）和 *nirS*6R（5'-CGTTGAACTTRCCGGT-3'），而 *nirK* 引物采用 1aCuF（5'-ATCATGGTSCTGCCGCG-3'）和 R3CuR（5'-GCCTCGATCAGRTTGTGGTT-3'）（Palmer et al., 2012; Liu et al., 2014）。对 V3-V4 可变区进行 PCR 扩增，扩增程序：先 95℃预变性 3min，27 个循环（95℃变性 30s，55℃退火 30s，72℃延伸 30s），最后 72℃延伸 10min（PCR 仪：ABI GeneAmp® 9700 型）。扩增体系为 20μL，4μL5×FastPfu 缓冲液，2μL2.5mmol/L dNTPs，0.8μL 引物（5μmol/L），0.4μL FastPfu 聚合酶；10ngDNA 模板。

使用 2%琼脂糖凝胶回收 PCR 产物，利用 AxyPrep DNA Gel Extraction Kit（Axygen Biosciences, Union City, CA, USA）进行纯化，Tris-HCl 洗脱，2%琼脂糖电泳检测。利用 QuantiFluor™-ST（Promega, USA）进行检测定量。根据 Illumina MiSeq 平台（Illumina, San Diego, USA）标准操作规程将纯化后的扩增片段构建 PE2*300 的文库。

构建文库步骤如下：①连接 "Y" 字形接头；②使用磁珠筛选去除接头自连片段；③利用 PCR 扩增进行文库模板的富集；④氢氧化钠变性，产生单链 DNA 片段。利用 Illumina 公司的 MiseqPE300 平台进行测序（上海美吉生物医药科技有限公司），原始数据上传至 NCBI。

原始测序序列使用 Trimmomatic 软件质控，使用 FLASH 软件进行拼接：①设置 50bp 的窗口，如果窗口内的平均质量值低于 20，从窗口前端位置截去该碱基后端所有序列，之后再去除质控后长度低于 50bp 的序列。②根据重叠碱基 overlap 将两端序列进行拼接，拼接时 overlap 之间的最大错配率为 0.2，长度需大于 10bp。③根据序列首尾两端的 barcode 和引物将序列拆分至每个样本，barcode 需精确匹配，引物允许两个碱基错配，去除存在模糊碱基的序列。使用 UPARSE 软件（version7.1, http://drive5.com/uparse/），根据 97%的相似度对序列进行 OTU 聚类，并在聚类过程中去除单序列和嵌合体。利用 RDP classifier（http://rdp.cme.msu.edu/）对每条序列进行物种分类注释，比对 Silva 数据库，并设置比对阈值为 70%。α 多样性采用 Mothur 软件（version v.1.30.1）计算，其中 ACE 指数用来估计微生物丰富度，并使用 Shannon 指数来计算微生物多样性。使用 Canoco5.0 主坐标分析（PCoA）基于 bray_curtis 距离以分析微生物群落 β 多样性的差异。

6.1.3.3 数据处理及分析

实验数据统计分析采用 SPSS 23.0 软件。采用单因素方差分析法研究放牧干扰（牲畜践踏、藏香猪翻拱）及排泄物（粪便、尿液）输入处理下沼泽湿地土壤理化性质的差异性、NIR 和 DR 之间的差异性（显著水平为 0.05）。采用双因素方差分析法研究牦牛排泄物及温度对理化性质、NIR 和 DR 的影响及交互作用。采用 Pearson 相关分析研究放牧干扰下沼泽湿地反硝化酶活性及 DR 与土壤环境、微生物多样性的关系（显著水平为 0.05）。利用 Canoco 5.0 多元统计模型分析样本空间差异特征，利用蒙特卡洛检验及典型对应分析研究环境因子及 NIR 对反硝化微生物作用的影响，找出影响反硝化微生物的主要因素。使用 Amos 24 构建放牧干扰和不同温度下反硝化作用影响机制的结构方程模型（SEM）。基于结构方程模型及相关理论，拟合不同放牧干扰对沼泽湿地土壤反硝化作用的影响，其拟合指标选取卡方自由度比（CMIN/df）、概率值（P）、比较拟合指数（CFI）及近似误差均方根（RMSEA），其拟合标准如下：$1 < \text{CMIN/df} < 3$、$P > 0.05$、CFI > 0.90 及 RMSEA < 0.05。图采用 Origin 2018 绘制。

6.2 不同放牧干扰对沼泽湿地土壤反硝化微生物群落的影响

6.2.1 不同放牧干扰对沼泽湿地土壤理化性质的影响

不同放牧干扰对沼泽湿地土壤理化性质的影响如表 6.2 所示，LT 样地土壤容重高达 0.78 g/cm³，显著高于 CK 和 PU 样地（$P < 0.05$），而 CK 和 PU 样地没有显著差异，牲畜践踏显著增加土壤容重，而藏香猪翻拱对土壤容重无显著影响。CK 样地的含水量高达 69.77%，略高于 LT 及 PU 样地的 52.67% 及 53.67%，放牧干扰均降低土壤含水量。所有样地土壤 pH 均小于 7，呈酸性，CK 样地显著高于 LT 和 PU 样地（$P < 0.05$），不同放牧活动降低沼泽湿地土壤 pH。土壤 NH_4^+-N 含量和 NO_3^--N 含量均表现为 PU > CK > LT，此外 PU 样地 NO_3^--N 含量达到 41.34 mg/kg，显著高于 CK 样地的 6.70 mg/kg 及 LT 样地的 2.84mg/kg（$P < 0.05$）。表明藏香猪翻拱增加土壤无机氮含量，而牲畜践踏显著降低土壤无机氮含量。牲畜践踏显著降低土壤 TN 含量及 TOC 含量（$P < 0.05$），而藏香猪翻拱对土壤 TN 含量及 TOC 含量影响不显著。放牧在一定程度上增加土壤 TP 含量但未达到显著性差异水平。

表 6.2 不同放牧干扰对沼泽湿地土壤理化性质的影响（方昕等，2020）

样地	容重/ (g/cm³)	含水量/%	pH	NH_4^+-N/ (mg/kg)	NO_3^--N/ (mg/kg)	TN/ (g/kg)	TP/ (g/kg)	TOC/ (g/kg)
CK	0.41±0.01[b]	69.77±0.95[a]	6.45±0.08[a]	9.80±1.51[a]	6.70±2.08[b]	6.66±0.72[a]	3.28±1.10[a]	300.19±14.78[a]
LT	0.78±0.13[a]	52.67±5.49[a]	5.63±0.10[c]	5.30±0.96[b]	2.84±1.83[c]	4.09±0.38[b]	4.27±1.16[a]	176.75±20.41[b]
PU	0.39±0.09[b]	53.67±9.67[a]	6.19±0.10[b]	10.39±1.14[a]	41.34±5.09[a]	6.58±0.26[a]	4.72±0.39[a]	294.41±19.95[a]

注：列内不同小写字母表示显著水平 $P < 0.05$。
表中数据为平均值±标准误差（$n=3$）。

6.2.2 不同放牧干扰对沼泽湿地土壤反硝化作用的影响

不同放牧干扰对沼泽土壤 DR 的影响如图 6.3 所示。PU 样地的 DR 为 1.67 nmol N/（g·h），显著高于 CK 和 LT 样地（$P<0.05$）。此外，CK 样地的 DR 为 0.97 nmol N/（g·h），略高于 LT 样地的 0.89 nmol N/（g·h），表明藏香猪翻拱扰显著增加土壤 DR（$P<0.05$），而牲畜践踏在一定程度上抑制土壤 DR。

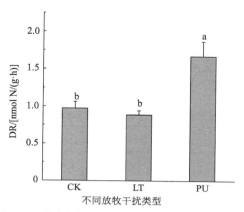

图 6.3 不同放牧干扰对沼泽湿地土壤 DR 的影响

6.2.3 不同放牧干扰对沼泽湿地土壤反硝化酶活性的影响

不同放牧干扰对沼泽湿地土壤反硝化酶活性的影响如图 6.4 所示。所有样地 NAR 均在 1.70～1.80 mg/（g·24h），并且不同放牧干扰对沼泽湿地 NAR 无显著影响（$P>0.05$）[图 6.4（a）]。LT 样地的 NIR 为 0.14 mg/（g·24h），显著低于 CK 样地的 0.48 mg/（g·24h）（$P<0.05$），而 PU 样地 NIR 为 0.76 mg/（g·24h），显著高于 CK 及 LT 样地（$P<0.05$）[图 6.4（b）]，表明牲畜践踏显著降低 NIR，而藏香猪翻拱显著增加 NIR。

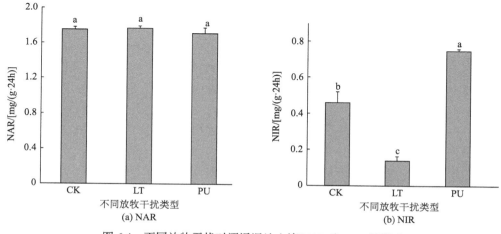

图 6.4 不同放牧干扰对沼泽湿地土壤 NAR 和 NIR 的影响

6.2.4 不同放牧干扰对沼泽湿地土壤反硝化微生物群落的影响

6.2.4.1 不同放牧干扰对沼泽湿地土壤反硝化微生物 α 多样性的影响

nirS 和 *nirK* 每个样本测序深度分别有 40286 条和 15881 条序列。CK、LT 和 PU 样地土壤样品均基于 97% 的相似度下，每个样本的 *nirS* 和 *nirK* 库覆盖度都高达 0.99（表 6.3）。不同放牧干扰显著降低 *nirK* 的 OTU 数目及 ACE 指数（$P<0.05$），并且牲畜践踏导致 *nirK* 的 OTU 数目及 ACE 指数分别降低 43.67% 及 41.81%，而藏香猪翻拱导致 *nirK* 的 OTU 数目及 ACE 指数分别降低 39.73% 及 38.14%。与 *nirK* 类似，放牧降低 *nirS* 的 OTU 数目及 ACE 指数，但降低幅度不如 *nirK* 显著。LT 样地 *nirS* 的 Shannon 指数低于 CK 样地，而 PU 样地呈现相反趋势，此外不同放牧干扰均降低 *nirK* 的 Shannon 指数。

表 6.3　不同放牧干扰对沼泽湿地土壤 *nirS* 和 *nirK* 基因 α 多样性指数的影响

基因	样地	覆盖度	OTU 数目	ACE 指数	Shannon 指数
	CK	0.99	334.67±47.00[a]	384.55±13.13[a]	3.66±0.09[a]
nirS	LT	0.99	237.67±6.49[a]	274.29±59.12[a]	3.42±0.37[a]
	PU	0.99	243.00±38.74[a]	277.25±39.01[a]	3.89±0.29[a]
	CK	0.99	371.67±21.70[a]	419.27±21.15[a]	4.38±0.09[a]
nirK	LT	0.99	209.33±10.84[b]	243.98±43.70[b]	3.58±0.35[ab]
	PU	0.99	224.00±23.59[b]	259.36±16.78[b]	3.16±0.42[a]

注：列内不同的小写字母表示显著水平 $P<0.05$。
表中数据为平均值±标准误差（$n=3$）。

6.2.4.2 不同放牧干扰对沼泽湿地土壤反硝化微生物 β 多样性的影响

基于 PCoA 分析，*nirS* 的 PC1 和 PC2 分别解释了不同样本间的物种差异的 40.26% 和 33.04%[图 6.5（a）]。CK 和 PU 样地样本在 PC2 方向上区分开，而 CK 与 LT 样地

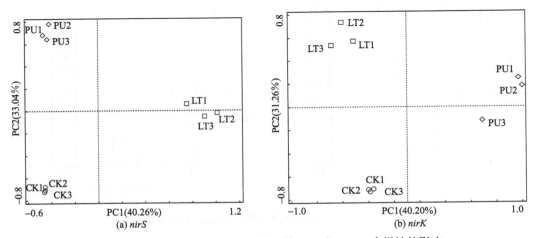

图 6.5　不同放牧干扰对沼泽湿地土壤 *nirS* 和 *nirK* β 多样性的影响

样本在 PC1 和 PC2 方向上都区分开。排序结果反映了沼泽湿地土壤反硝化微生物群落在不同处理的整体状况，牲畜践踏对土壤的 *nirS* 的 β 多样性的影响比较显著。*nirK* 的 PC1 和 PC2 分别解释了不同样本间的物种差异的 40.20% 和 31.26%。CK 样地样本在 PC1 方向上与 PU 样地样本区分开，但与 LT 样地样本没有区分开，而 CK 样地样本在 PC2 方向上与 LT 及 PU 样地样本均区分开[图 6.5（b）]。表明藏香猪翻拱对土壤 *nirK* 的 β 多样性的影响比较显著，而牲畜践踏对 *nirK* 的多样性的影响相对较小。

6.2.4.3　不同放牧干扰对沼泽湿地土壤反硝化微生物群落组成的影响

不同放牧干扰对沼泽湿地土壤反硝化微生物群落组成的影响如图 6.6 所示。未分类细菌（unclassified Bacteria）和未分类变形菌（unclassified *Proteobacteria*）在 *nirS* 群落中所占比例均超过 40%[图 6.6（a）]。此外，未分类 β 变形菌（unclassified *Betaproteobacteria*）主要分布在 CK 样地中，占 CK 总物种的 18.24%。牲畜践踏和藏香猪翻拱分别导致未分类 β 变形菌减少 77.03% 和 90.52%，而增加未分类细菌和未分类变形菌所占比例，其中 LT 样地中未分类细菌所占比例增加 23.50%，PU 样地中未分类变形菌明显增加，增加 19.87%。此外，PU 样地新增黄单胞菌科（Xanthomonadaceae）和未分类绿弯菌（unclassified *Chloroflexi*）。

与 *nirS* 不同，未分类细菌、慢生根瘤菌科（Bradyhizobiaceae）和叶杆菌科（Phyllobacteriaceae）在 *nirK* 中占有较大比例[图 6.6（b）]，其中 LT 样地未分类细菌所占比例高达 50.59%。不同放牧干扰均增加 *nirK* 的未分类细菌和未分类根瘤菌（unclassified *Rhizobiales*），而叶杆菌科呈现下降趋势，其中 LT 样地下降 57.43%，而 PU 样地下降 85.18%。PU 样地慢生根瘤菌科所占比例达到 40.08%，明显高于 CK 样地的 28.86% 和 LT 样地的 27.62%。藏香猪翻拱导致未分类变形菌下降 48.07%。此外，牲畜践踏导致生丝微菌科（Hyphomicrobiaceae）消失，而 PU 样地新增亚硝化单胞菌（*Nitrosomonadaceae*）。

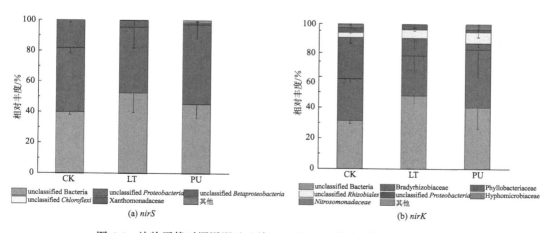

图 6.6　放牧干扰对沼泽湿地土壤 *nirS* 和 *nirK* 科水平相对丰度的影响

6.2.5 放牧干扰下土壤环境及反硝化微生物群落关系分析

放牧干扰下土壤环境及反硝化微生物 α 多样性关系如表 6.4 所示。*nirS* 的 ACE 指数与 TP 呈显著负相关关系（$r = -0.68$，$P < 0.05$）。*nirK* 的 Shannon 指数与 NO_3^--N 和 NIR 均呈显著正相关关系（$r = 0.73$，$P < 0.05$；$r = 0.71$，$P < 0.05$）。

表 6.4 土壤环境及 *nirS* 和 *nirK* α 多样性的相关分析

基因	α 多样性	容重	含水量	pH	NH_4^+-N	NO_3^--N	TN	TP	TOC	NAR	NIR
nirS	ACE 指数	−0.42	0.49	0.34	0.29	−0.21	0.52	−0.68*	0.55	0.50	−0.02
	Shannon 指数	0.49	−0.37	−0.38	−0.37	−0.01	−0.25	0.39	−0.39	−0.07	−0.30
nirK	ACE 指数	−0.50	0.65	0.62	0.40	−0.30	0.53	−0.55	0.58	0.07	0.11
	Shannon 指数	−0.22	−0.31	0.37	0.46	0.73*	0.56	0.49	0.37	0.24	0.71*

* 相关系数的显著水平为 $P < 0.05$。

CCA 反映了土壤环境对 *nirS* 和 *nirK* 群落结构的影响（图 6.7）。*nirS* 基因群落的 CCA1 和 CCA2 轴分别是 29.39% 和 22.92%，解释了 *nirS* 群落结构变异程度 52.31%。*nirK* 基因群落的 CCA1 和 CCA2 轴分别是 30.07% 和 21.56%，解释了 *nirS* 群落结构变异程度 51.63%。蒙特卡洛检验显示，土壤 NO_3^--N、NIR、pH、TN、TOC 及土壤容重对 *nirS* 和 *nirK* 的群落结构有显著的影响（$P < 0.05$）。各环境因子对 *nirS* 和 *nirK* 的群落贡献度如表 6.5 所示，NIR、pH 和 TOC 极显著影响 *nirS* 群落，而 NIR 和 NO_3^--N 极显著影响 *nirK* 的群落（$P < 0.01$）。NIR、NO_3^--N 和 TOC 是影响 PU 样地 *nirS* 群落的主要环境因子，而土壤容重是影响 LT 样地 *nirK* 群落的主要环境因子。

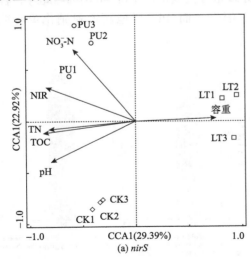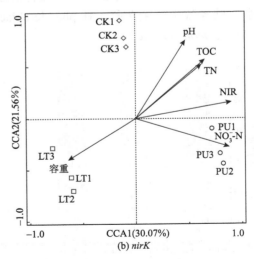

图 6.7 *nirS* 和 *nirK* 基因群落组成和土壤环境的 CCA（Fang et al., 2020）
箭头表示环境因子，箭头和排序轴的夹角代表该环境因子与排序轴的相关性大小，
箭头的长短表示该环境因子对群落结构影响的大小

表 6.5　CCA 中单个环境因子对 *nirS* 和 *nirK* 群落差异解释度及 *P* 值

基因	因子	解释度/%	P 值
nirS	NIR	26.9	0.004
	TOC	26.6	0.006
	pH	26.0	0.002
	NO_3^--N	24.2	0.032
	容重	23.9	0.010
	TN	23.8	0.016
nirK	NIR	28.6	0.002
	NO_3^--N	28.0	0.004
	TOC	23.6	0.020
	容重	22.3	0.026
	pH	22.0	0.028
	TN	21.6	0.038

6.2.6　放牧干扰下土壤环境及反硝化微生物对反硝化作用的影响

基于相关分析，分析放牧干扰下土壤环境及反硝化微生物多样性与 DR 的相关性（表 6.6）。结果表明 DR 和 NO_3^--N 呈极显著正相关关系（$r=0.80$，$P<0.01$），与 NIR 呈显著正相关关系（$r=0.78$，$P<0.05$），而与其他土壤环境因子及 *nirS* 和 *nirK* 的 α 多样性无显著相关关系。

表 6.6　土壤环境与 DR 的相关分析

	容重	含水量	pH	NH_4^+-N	NO_3^--N	TN	TP	TOC	NAR	NIR	ACE 指数 *nirS*	Shannon 指数 *nirS*	ACE 指数 *nirK*	Shannon 指数 *nirK*
DR	−0.61	0.07	0.34	0.54	0.80**	0.40	0.16	0.57	0.32	0.78*	−0.21	−0.06	−0.26	−0.50

* 相关系数的显著水平 $P<0.05$。
** 相关系数的显著水平 $P<0.01$。

基于结构方程模型及相关理论，拟合不同放牧干扰对沼泽湿地土壤反硝化作用的影响机制，拟合指标均满足结果（CMIN/df=1.31，$P=0.34$，CFI=0.99，RMSEA=0.04）。结构方程模型解释了放牧干扰下土壤 DR 变异的 78%，其中 NIR 和 NO_3^--N 是直接驱动 DR 的主要环境因子，并且均对 DR 有正影响（图 6.8）。pH 及含水量通过影响微生物多样性或 NIR 间接影响 DR。*nirS* 及 *nirK* 多样性通过影响 NIR 间接影响 DR，其中 *nirK* 的 Shannon 指数对 NIR 有显著负面影响，而 *nirS* 的 Shannon 指数对 NIR 有显著正影响，而且 *nirK* 的 Shannon 指数对 NIR 的影响大于 *nirS*。

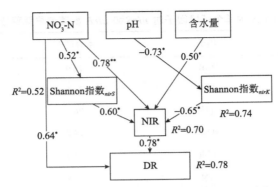

图 6.8　不同放牧干扰下反硝化速率的影响机制

红色线条代表正向影响，蓝色线条代表负面影响。

* 相关系数的显著水平 $P<0.05$

** 相关系数的显著水平 $P<0.01$

6.2.7　讨论

6.2.7.1　放牧对土壤理化性质的影响

放牧过程中藏香猪翻拱及牲畜践踏均降低土壤含水量，牲畜践踏提高土壤容重，然而藏香猪翻拱降低土壤容重，这与姚茜等（2015）的研究结果一致。放牧过程中，藏香猪翻拱使土壤疏松，增加土壤孔隙度及通透性，从而促进土壤与空气接触，降低土壤含水量及容重，而牲畜践踏使土壤容重增加，降低土壤保水和持水能力（王雪等，2018）。不同放牧干扰降低了土壤 TOC 含量则是由于放牧降低了地上生物量和枯落物，从而降低了土壤 TOC 的重要来源（张建文等，2017），与前人研究不同，本研究 PU 样地 TOC 并未出现显著降低的趋势，可能由于短期内藏香猪翻拱使地表植物根系裸露死亡，有机质返还增加，但长期翻拱作用会加剧土壤 TOC 含量（王雪等，2018）。放牧活动使土壤 pH 降低，不同于其他生态系统，湿地生态系统易受氧化还原反应的影响，因此导致土壤 pH 的变化（Seybold et al.，2002）。放牧活动降低土壤 TN 含量，这与放牧降低地上生物量，减少 N 向土壤的归还有密切关系（Sun et al.，2018b）。藏香猪翻拱增加土壤 NH_4^+-N 含量及 NO_3^--N 含量，然而牲畜践踏处理却呈现降低的趋势，土壤 NH_4^+-N 及 NO_3^--N 主要来源于有机物质矿化分解（Wang et al.，2016a），而牲畜践踏增加土壤紧实度和容重，使得土壤有机质矿化作用减弱，导致 NH_4^+-N 含量及 NO_3^--N 含量降低，而藏香猪翻拱具有相反功能（王雪等，2018）。放牧提高土壤 TP 含量，这可能是由于放牧过程中排泄物归还等活动提高土壤 P 的含量（Akram et al.，2019）。

6.2.7.2　放牧对土壤反硝化作用及反硝化酶活性的影响

藏香猪翻拱显著增加 DR，而牲畜践踏在一定程度上降低 DR，这是由于藏香猪翻拱活动提高土壤透气性，更有利于 N_2O 排放，而牲畜践踏活动则使土层压实，不利于 N_2O 排放（王雪等，2018）。然而，Treweek 等（2016）发现牲畜践踏导致土壤变得更加厌氧，从而导致反硝化微生物绝对丰度增加，进而增加 DR，存在差异的原因可能是他们研究的 LT 样地 NO$_3^-$-N 含量均值（10.47mg/kg）明显高于本研究 LT 样地（2.84 mg/kg），从而为 DR 提供更多底物。结构方程模型显示 DR 与 NIR 呈现显著正相关关系，较高的 NIR 导致较高的 DR。NIR 对 DR 的贡献度高于其他环境因子，与 Tatti 等（2015）的研究结果一致，本研究中 NIR 与 *nirK* 群落多样性有着密切联系，较高的 NIR 可以提高 DR。

以前研究显示含水量可以通过影响反硝化微生物影响 DR（Banerjee et al.，2016；Ligi et al.，2014），然而本研究中，相关分析显示土壤含水量与 DR 无显著相关关系。一方面，土壤反硝化微生物及 DR 易受取样时间和样地环境等因素影响，导致其影响因素存在差异，Wang 等（2014a）研究莱州湾沉积物土壤 *nirS* 及 *nirK* 影响因素也得出类似结论；另一方面，土壤微生物对外界环境如土壤含水量变化有较好的适应能力（Yachi and Loreau，1999），并且湿地土壤含水量明显高于其他土壤，从而降低含水量对其影响。

藏香猪翻拱显著增加 NIR 而牲畜践踏降低 NIR，这与土壤 NO$_3^-$-N 含量及透气性的改变有着密切联系。一方面，作为反硝化过程中重要底物，NO$_3^-$-N 可作为 NIR 的电子供体（Hu et al.，2015），与 LT 样地相比，PU 样地较高的 NO$_3^-$-N 含量能支持更高的 NIR；另一方面，藏香猪翻拱使土壤疏松，土壤通气性改善（王雪等，2018），在一定程度上促进排泄物等养分向土壤转移，而牲畜践踏使得土壤紧实度增加（范桥发等，2014），在一定程度上抑制养分向土壤转移，此外，牲畜践踏导致土壤径流增加，致使土壤养分流失（苗福泓等，2016）。

6.2.7.3　放牧对土壤反硝化微生物多样性的影响

不同放牧干扰均降低 *nirS* 及 *nirKs* 的 OTU 数目，导致其丰富度下降，可能是由于 TOC、TP、土壤含水量等土壤环境因子变化导致微生物群落的变化，进而导致其多样性变化。Wu 等（2016）发现在湿地生态系统中，*nirS* 及 *nirK* 生长受到 TOC 限制，从而其丰富度下降。本研究中不同放牧干扰均降低 TOC，但环境因子的变化均能导致微生物群落发生改变，从而影响其丰富度。较常规种植水稻土壤，稻虾模式土壤较高的 TN 含量、总碳（TC）含量导致 *nirK* 丰富度也呈现增加趋势（朱杰等，2018）。本研究中，放牧干扰使土壤含水量也呈现降低趋势，而放牧过程中，含水量变化影响养分的分解及运输，进而影响反硝化微生物（Zhang et al.，2019b），此外，He 等（2020a）发现黄河三角洲土壤高含水量的区域，*nirS* 及 *nirK* 丰富度高于其他样地。

与藏香猪翻拱相比，牲畜践踏对 *nirS* 及 *nirK* 的 OTU 数目及丰富度影响更明显，这可能由于牲畜践踏降低土壤孔隙度，抑制好氧反硝化微生物生长。此外，*nirS* 的丰富度和 TP 呈现负相关关系，这可能是由于放牧过程中，排泄物的输入导致养分增加，从而降低土壤丰富度。与本研究结果一致，Hou 等（2015）发现随着养分添加，微生物丰富度呈现降低趋势。此外，施用氮肥引起土壤养分变化显著降低土壤 *nirS* 及 *nirK* 丰富度指数（Yin et al.，2015）。

本研究发现，牲畜践踏降低 *nirS* 及 *nirK* 的多样性，并且藏香猪翻拱降低 *nirK* 的多样性，而 PU 样地 *nirS* 多样性呈现增加趋势。土壤微生物的多样性与土壤微生境的改变密切相关，而这均是土壤性质改变的结果（Pengthamkeerati et al.，2011），PU 样地和

LT 样地不同的土壤环境导致不同的 *nirS* 及 *nirK* 的多样性。本研究中 *nirK* 的多样性与 NO_3^--N 含量呈显著正相关，说明 NO_3^--N 是影响 *nirK* 多样性的重要环境因子，然而李刚等（2015）发现 *nirK* 多样性与 NO_3^--N 含量无显著相关性，表明由于土壤环境等条件差异，影响 *nirK* 多样性的因素存在一定差异。本研究中 *nirS* 多样性与土壤环境均无显著相关性，说明土壤 *nirS* 多样性由多种因素共同调控。

本研究发现与 *nirS* 相比，*nirK* 对外界环境变化更为敏感，在调节 DR 的过程中，*nirK* 比 *nirS* 起着更为重要的作用，这与郭慧楠等（2020）和 Song 等（2019）的研究结果一致。然而，Hou 等（2018）及 Ligi 等（2014）研究发现 *nirS* 基因对外界干扰更敏感，且在反硝化作用中占有主导地位，可能的原因是环境中反硝化微生物具有较多种类（王莹和胡春胜，2010），由于环境条件、植被条件的差异导致 *nirS* 及 *nirK* 具有空间异质性，从而导致其具有不同的生态位（Beckers et al.，2017），进而使其对干扰具有不同的响应。

6.2.7.4 放牧对土壤反硝化微生物群落结构的影响

与 Hou 等（2018）的研究结果一致，本研究中土壤 *nirS* 群落以变形菌为优势种，其出现的原因是变形菌广泛参与土壤氮循环如反硝化作用、氨氧化作用等，并且在土壤中占较大比例（Lesaulnier et al.，2008）。变形菌是衡量湿地退化状态的指标之一（邵颖等，2019），本研究中不同放牧干扰均降低变形菌所占比例，表明放牧导致沼泽湿地土壤出现不同程度的退化。此外，未分类的细菌占 *nirS* 群落的 40% 以上，其出现的原因有两方面：一方面，土壤中众多微生物参与反硝化作用，并且大部分是不可培养的（Rosenberg，2013；杨扬，2018）；另一方面，用于扩增 *nirS* 和 *nirK* 的引物是利用变形菌的序列设计的，从而导致克隆文库中其他细菌的缺失，进而导致土壤中出现许多未分类的物种（Yang et al.，2017）。PU 样地出现黄单胞菌科、未分类绿弯菌等独特物种，以前研究发现黄单胞菌科在一定程度上抑制植物生长，导致植物易受病原体影响，表明藏香猪翻拱导致的物种比例变化可能对湿地植物具有有害影响（Meschewski et al.，2019），此外，绿弯菌常分布于湿地植物根际土壤，其变化也可以作为反映湿地植物健康状况的指标（伍贤军等，2018）。

nirK 群落中虽然未分类细菌占有较大比例，但慢生根瘤菌科和叶杆菌科所占比例之和超过 40%，这与 Tang 等（2016）的研究结果一致，即 *nirK* 群落中慢生根瘤菌科和叶杆菌科是 *nirK* 的优势物种。此外，慢生根瘤菌科和叶杆菌科作为重要的根际微生物，归类为根瘤菌，在促进土壤养分有效性、降低环境因子胁迫等方面发挥着至关重要作用（Enagbonma and Babalola，2020），本研究不同放牧干扰均降低慢生根瘤菌科和叶杆菌科所占比例，说明放牧导致土壤抵抗外界干扰能力降低。生丝微菌科可以作为修复土壤石油及其他污染的微生物（吴雪茜，2016；Gałązka et al.，2018），LT 样地生丝微菌科消失，表明牲畜践踏降低土壤降解污染能力，从而导致土壤生态功能下降。亚硝化单胞菌科作为氨氧化过程中常见微生物（Prosser et al.，2014），在 PU 样地出现，表明藏香猪翻拱在一定程度上增加土壤 DR，从而加剧土壤氮损失。

总的来看，PU 样地 *nirS* 及 *nirK* 微生物的种类均高于 CK 及 LT 样地，可能是由于藏香猪翻拱过程中，植物根系及下层土壤有机质被带到表层土壤，从而为微生物生长提供碳源。

6.2.8　小结

1）牲畜践踏增加土壤容重，降低土壤含水量、pH、NH_4^+-N 含量、NO_3^--N 含量、TN 含量和 TOC 含量；藏香猪翻拱降低土壤容重和含水量，显著增加土壤 NO_3^--N 含量。牲畜践踏对土壤理化性质的影响高于藏香猪翻拱。

2）藏香猪翻拱显著增加 NIR 及 DR，而 LT 样地呈现相反趋势。

3）放牧干扰显著降低 *nirK* 的 OTU 数目及丰富度，而对 *nirS* 无显著影响。放牧干扰导致 *nirS* 的未分类 β 变形菌明显降低，而未分类细菌和未分类变形菌所占比例增加，PU 样地新增黄单胞菌科和绿弯菌；不同放牧干扰导致 *nirK* 叶杆菌科降低，而慢生根瘤菌科增加，牲畜践踏导致生丝微菌科消失，而 PU 样地新增亚硝化单胞菌科。此外，较 *nirS*，*nirK* 对不同放牧干扰更为敏感。

4）放牧干扰下，*nirS* 及 *nirK* 的多样性通过影响 NIR 进而间接影响 DR。

6.3　不同温度下牦牛排泄物输入对沼泽湿地土壤反硝化微生物群落的影响

6.3.1　不同温度下牦牛排泄物输入对沼泽湿地土壤理化性质的影响

不同温度下牦牛排泄物输入对沼泽湿地土壤理化性质的影响见表 6.7 所示。相同温度下，土壤含水量均表现为 D 处理最高，U 处理次之，CK 处理最低，此外三种处理于 13℃和 25℃存在显著差异（$P < 0.05$）并且 25℃ D 处理的含水量最高，达到 61.82%。所有温度下，D 处理 pH 显著高于 CK 及 U 处理（$P < 0.05$），CK 和 U 处理在 13℃、25℃均无显著差异，而 19℃ U 处理 pH 明显低于 CK 处理。所有温度下，U 处理的 NH_4^+-N 含量显著高于 CK 及 D 处理（$P < 0.05$），其中 13℃ U 处理 NH_4^+-N 含量达到 1302.10 mg/kg，是 CK 及 D 处理的 28.82 倍及 11.11 倍。所有温度下，NO_3^--N 含量均表现为 U 处理最高，CK 处理次之，D 处理最低，并且存在显著差异（$P < 0.05$）。其中 19℃ U 处理 NO_3^--N 含量最高，达到 313.40 mg/kg，是 D 处理的 14.27 倍。土壤 NO_2^--N 含量、TOC 含量及有效磷（AP）含量均表现为 D 处理显著高于 CK（$P < 0.05$），19℃ U 处理 NO_2^--N 含量也与 CK 处理存在显著差异（$P < 0.05$），而其他处理的 NO_2^--N 含量、TOC 含量及 AP 均表现为 U 处理与 CK 处理无显著差异。13℃ D 处理的 TN 含量显著高于 U 处理，而三种处理土壤 TN 在 19℃及 25℃均无显著差异。

CK 的含水量随温度升高显著降低（$P < 0.05$），于 25℃时达到最低值（37.66%），而温度对 D 和 U 处理含水量无显著影响。各处理土壤 pH 最高值均出现在 13℃，而 19℃最低，与 CK 及 D 处理相比，U 处理 pH 对温度变化敏感，19℃的 U 处理 pH 较 13℃下降了 18.70%。25℃ CK 处理 NH_4^+-N 含量达到 120.97mg/kg，显著高于其他温度（$P < 0.05$），而 D 及 U 处理最高值均出现在 13℃，分别为 117.15mg/kg 及 1302.10 mg/kg，且显著高

于 19℃ 及 25℃（$P<0.05$），并且最低值均出现在 19℃。温度对 CK 处理的 NO_3^--N 含量无显著影响，而 D 处理 NO_3^--N 含量在 19℃ 仅为 21.96 mg/kg，显著低于 13℃ 及 25℃（$P<0.05$），与 D 处理相反，U 处理 NO_3^--N 含量最高值出现 19℃，为 313.40 mg/kg，并且不同温度存在显著差异（$P<0.05$）。随着温度升高，CK 处理的 NO_2^--N 含量呈降低趋势，25℃ 仅为 0.01 mg/kg，并且显著低于 13℃ 及 19℃（$P<0.05$）；D 处理的 NO_2^--N 含量总体上有相同变化趋势，而 13℃ D 处理 NO_2^--N 含量显著高于 19℃ 及 25℃，此外，19℃ 的 U 处理 NO_2^--N 含量显著高于 13℃ 及 25℃（$P<0.05$）。不同温度对 D 处理 AP 含量无显著影响，25℃ CK 处理的 AP 含量显著低于 13℃ 及 19℃，而 U 处理最低值出现在 13℃，仅为 3.53 mg/kg，并且显著低于 25℃。不同温度对土壤 TN 含量及 TOC 含量均无显著影响。

表 6.7 不同温度下牦牛排泄物输入对沼泽湿地土壤性质的影响

温度/℃	排泄物处理	含水量/%	pH	NH_4^+-N /（mg/kg）	NO_3^--N /（mg/kg）	NO_2^--N /（mg/kg）	TOC/（g/kg）	TN/（g/kg）	AP/（mg/kg）
13	CK	39.58±0.16^{Ac}	5.70±0.14^{Ab}	45.18±9.29^{Bb}	212.39±16.37^{Ab}	0.07=0.00^{Ab}	94.98=3.83^{Ab}	7.36±0.41^{Aab}	4.99±0.13^{Ab}
	D	60.38±0.14^{Aa}	6.55±0.05^{Aa}	117.15±53.90^{Ab}	34.16±1.90^{Ac}	2.05±0.42^{Aa}	112.68±1.50^{Aa}	7.88±0.31^{Aa}	22.64±0.77^{Aa}
	U	44.68±0.05^{Ab}	5.99±0.16^{Ab}	1302.10±11.34^{Aa}	254.02±9.28^{Ca}	0.07±0.01^{Bb}	91.87±2.20^{Ab}	6.47±0.29^{Ab}	3.53±0.29^{Bb}
19	CK	38.61±0.27^{Ba}	5.22±0.01^{Bb}	17.52±1.48^{Bb}	245.88±3.97^{Ab}	0.06±0.01^{Ab}	97.47±2.98^{Ab}	7.68±1.74^{Aa}	5.26±0.91^{Ab}
	D	53.00±7.28^{Aa}	6.28±0.03^{Ba}	19.86±0.71^{Bb}	21.96±0.61^{Bc}	0.37±0.08^{Ba}	117.09±4.02^{Aa}	6.98±0.83^{Aa}	23.66±3.29^{Aa}
	U	47.20±2.93^{Aa}	4.87±0.04^{Cc}	336.51±16.02^{Ca}	313.40±2.03^{Aa}	0.30±0.05^{Aa}	94.90±2.01^{Ab}	7.10±0.15^{Aa}	5.12±1.16^{ABb}
25	CK	37.66±0.30^{Cc}	5.34±0.01^{Bb}	120.97±14.46^{Ab}	211.41±14.55^{Ab}	0.01±0.00^{Bb}	90.32±1.41^{Ab}	6.61±0.70^{Aa}	4.55±0.44^{Bb}
	D	61.82±1.74^{Aa}	6.44±0.06^{Aa}	43.78±8.53^{Bb}	30.49±1.66^{Ac}	0.31±0.09^{Ba}	117.52±1.44^{Aa}	7.59±0.82^{Aa}	20.96±2.53^{Aa}
	U	43.48±0.10^{Ab}	5.31±0.13^{Bb}	704.66±111.90^{Ba}	290.84±2.32^{Ba}	0.07±0.02^{Bb}	88.80±0.71^{Ab}	6.75±0.35^{Aa}	8.25±1.35^{Ab}

注：CK：对照；D：粪便处理；U：尿液处理。

同一列中，大写字母表示相同排泄物不同温度处理间的显著性差异，小写字母表示相同温度不同排泄物输入处理间的显著性差异（$P<0.05$）（下同）。

6.3.2 不同温度下牦牛排泄物输入对沼泽湿地土壤反硝化作用的影响

不同温度下牦牛排泄物输入对沼泽湿地土壤 DR 的影响如图 6.9 所示。相同温度下，牦牛排泄物输入处理显著增加 DR（$P<0.05$），并且 DR 均是 CK 的两倍以上，此外 13℃ U 处理的 DR 是 CK 处理的 4.13 倍。13℃ 及 19℃ D 处理的 DR 低于 U 处理，而 25℃ D 处理显著高于 U 处理（$P<0.05$）。CK 及 D 处理的 DR 最大值均出现在 25℃ 时，分别为 0.21 nmol/（g·h）及 0.85 nmol/（g·h），并且显著高于 13℃ 及 19℃（$P<0.05$）。

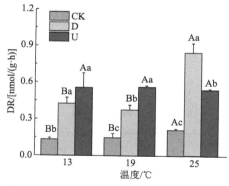

图 6.9 不同温度下牦牛排泄物输入对沼泽湿地土壤 DR 的影响

6.3.3 不同温度下牦牛排泄物输入对沼泽湿地土壤反硝化酶活性的影响

牦牛排泄物输入及增温对沼泽湿地土壤 NAR 和 NIR 均无显著影响（图 6.10）。所有处理土壤 NAR 均低于 0.05 mg/（g·24h），U 处理 13℃的 NAR 略高于 CK 及 D 处理而在 19℃和 25℃低于其他处理。NIR 均在 0.29～0.35 mg/（g·24h），随着温度增加，NIR 均呈缓慢增加趋势。

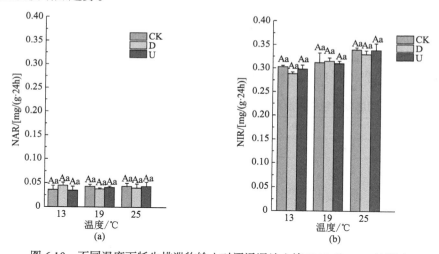

图 6.10 不同温度下牦牛排泄物输入对沼泽湿地土壤 NAR 和 NIR 的影响

6.3.4 不同温度下牦牛排泄物输入和增温对土壤环境的交互影响

基于双因素方差分析，分析牦牛排泄物输入和增温对土壤环境的影响，其结果如表 6.8 所示。牦牛排泄物输入对土壤含水量、pH、NH_4^+-N 含量、NO_3^--N 含量、NO_2^--N 含量、TOC 含量及 AP 含量影响极为显著（$P<0.01$）。温度对土壤 pH、NH_4^+-N 含量、NO_3^--N 含量、NO_2^--N 含量影响极为显著（$P<0.01$）。增温和排泄物输入交互作用对 TOC 含量影响显著（$P<0.05$），对土壤 pH、NH_4^+-N 含量、NO_3^--N 含量及 NO_2^--N 含量影响极为显著（$P<0.01$）。牦牛排泄物输入、温度及其交互作用对 DR 影响极为显著（$P<0.01$），而对 NAR 和 NIR 均无显著影响。

表 6.8 牦牛排泄物输入和温度对土壤环境及 DR 的双因素方差分析

处理	含水量	pH	NH_4^+-N	NO_3^--N	NO_2^--N	TN	AP	TOC	DR	NAR	NIR
排泄物	<0.001**	<0.001**	<0.001**	<0.001**	<0.001**	0.535	<0.001**	<0.001**	<0.001**	0.262	0.690
温度	0.666	<0.001**	0.001**	0.003**	<0.001**	0.890	0.714	0.823	<0.001**	0.056	0.082
排泄物 ×温度	0.203	0.002**	<0.001**	0.003**	<0.001**	0.766	0.271	0.026*	<0.001**	0.752	0.999

* 差异显著。

** 差异极显著。

6.3.5 不同温度下牦牛排泄物输入对沼泽湿地土壤反硝化群落的影响

6.3.5.1 不同温度下牦牛排泄物输入对沼泽湿地土壤反硝化微生物 α 多样性的影响

nirS 和 *nirK* 每个样本测序深度分别有 140378 个和 214713 条序列。基于 97% 的相似度下，CK、D 和 U 处理土壤样品每个样本的 *nirS* 和 *nirK* 库覆盖度都高达 0.99。

nirS 的 OTU 数目在 13℃ 及 19℃ 均表现为 U>CK>D，而 25℃ 时排泄物处理均降低 *nirS* 的 OTU 数目（表 6.9）。CK 处理 *nirS* 的 OTU 数目于 25℃ 有最低值 192 个，随着温度升高，*nirS* 的 U 处理的 OTU 数目呈现下降趋势而 D 处理呈现增加趋势。所有温度下，排泄物输入均降低 *nirK* 的 OTU 数目。随着温度升高，CK 及 D 处理 *nirK* 的 OTU 数目均出现增加趋势，而 U 处理最高值出现在 13℃，为 236 个。

表 6.9 不同温度下牦牛排泄物输入对沼泽湿地土壤反硝化微生物 α 多样性的影响

	项目	13℃			19℃			25℃		
		CK	U	D	CK	U	D	CK	U	D
nirS	OTU 数目	211	246	119	217	223	161	192	173	177
	ACE 指数	232.24	263.35	149.91	232.15	240.79	191.06	212.20	181.24	210.94
	Shannon 指数	3.63	3.46	2.14	3.81	3.44	2.91	3.50	3.29	2.87
nirK	OTU 数目	237	236	149	260	227	228	266	228	249
	ACE 指数	285.87	311.20	187.14	330.09	286.08	290.20	315.13	264.15	321.30
	Shannon 指数	3.39	3.06	2.92	3.49	3.07	3.21	3.66	3.32	3.08

25℃ 时，排泄物输入均降低 *nirS* 的 ACE 指数，13℃ 和 19℃ D 处理也呈现下降趋势，而 U 处理使 *nirS* 的 ACE 指数增加。随着温度升高，CK 及 U 处理 *nirS* 的 ACE 指数呈现降低趋势，而 D 处理呈现增加趋势。19℃ 时，排泄物输入均降低 *nirK* 的 ACE 指数，而 13℃ U 处理 *nirK* 的 ACE 指数增加而 D 处理呈现降低趋势，此外 25℃ *nirK* 的 ACE 指数变化趋势与 19℃ 相反。随着温度升高，D 处理 *nirK* 的 ACE 指数呈现增加趋势，而 U 处理呈现降低趋势，此外，CK 处理 *nirK* 的 ACE 指数最高值出现在 19℃，为 330.09。

排泄物输入均降低 *nirS* 及 *nirK* 的 Shannon 指数，总体来看，除 19℃ D 处理的 *nirK* 外，D 处理降低幅度均高于 U 处理，13℃ D 处理降低幅度最大。19℃ CK 及 D 处理的 *nirS* 的 Shannon 指数分别为 3.81 和 2.91，明显高于 13℃ 及 25℃，随着温度升高，U 处理的 *nirS* 的 Shannon 指数表现为降低趋势。随着温度升高，CK 及 U 处理 *nirK* 的 Shannon 指数呈现增加趋势，而 19℃ D 处理 *nirK* 的 Shannon 指数有最高值 3.21。

6.3.5.2　不同温度下牦牛排泄物输入对沼泽湿地土壤反硝化微生物 *β* 多样性的影响

基于 PCoA 分析，*nirS* 的 PC1 和 PC2 分别解释了不同样本间的物种差异的 59.66% 和 18.34%［图 6.11（a）］。PC1 方向上，*nirS* 的 D 处理与 CK 及 U 处理区分开，而各处理组内也未能区分开，而在 PC2 方向上，不同处理组间 D 处理与其他处理没有区分开，并且 13℃ D 处理与其他样本区分开。CK 及 U 处理在所有方向上均未能区分。*nirK* 的 PC1 和 PC2 分别解释了不同样本间的物种差异的 53.35% 和 19.99%［图 6.11（b）］。与 *nirS* 相同，*nirK* 的 D 处理在 PC1 方向上与 CK 及 U 处理区分开，而 13℃ D 处理与其他样本区分开。

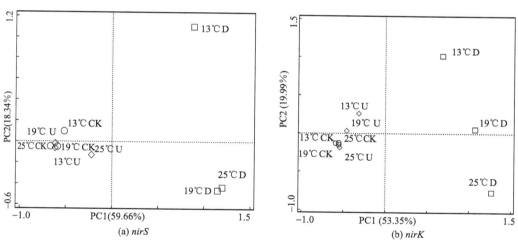

图 6.11　牦牛排泄物输入对沼泽湿地土壤 *nirS* 和 *nirK* 的 *β* 多样性的影响

6.3.5.3　不同温度下牦牛排泄物输入对沼泽湿地土壤反硝化微生物群落组成的影响

未分类细菌（unclassified bacteria）及未分类变形菌（unclassified *Proteobacteria*）是 *nirS* 群落 CK 及 U 处理中的优势物种，其所占比例之和超过总物种的 80%，并且在 19℃ 及 25℃ D 处理中所占比例也高于 60%［图 6.12（a）］。此外，未分类 *β* 变形菌（unclassified *Betaproteobacteria*）也在 *nirS* 群落中占有较高比例，随着温度升高，其所占比例由 13℃ 的 65.50% 降低至 25℃ 的 12.64%。草酸杆菌科（Oxalobacteraceae）在 13℃ 的 D 处理所占比例为 9.20%，随着温度升高，其所占比例不断降低，并消失在 25℃ D 处理。红环菌科（Rhodocyclaceae）主要分布于 19℃的 D 处理中，所占比例为 10.67%，然而在 13℃及 25℃处理中，其所占比例不足 0.5%。红螺菌科（Rhodospirillaceae）主要分布于 25℃ D 处理中，而其他处理所占比例不足 0.5%。

叶杆菌科（Phyllobacteriaceae）和慢生根瘤菌科（Bradyrhizobiaceae）在 *nirK* 的 CK 及 U 处理中占有较高比例[图 6.12（b）]，两者之和超过 50%。与叶杆菌科和慢生根瘤菌科分布一致，未分类变形菌（unclassified *Proteobacteria*）也主要分布于 CK 及 U 处理中，25℃其所占比例高达 12.20%。CK 中未分类细菌（unclassified bacteria）也占有一定比例而排泄物输入导致所占比例降低。根瘤菌科（Rhizobiaceae）主要分布在 D 处理中，并且随着温度升高，其所占比例由 13℃的 11.47%上升到 25℃的 44.63%。生丝微菌科（Hyphomicrobiaceae）主要分布在 13℃的排泄物处理中，所占比例均超过 26%，随着温度升高，其所占比例不断下降，在 25℃时 U 处理中消失而 D 处理中仅占 0.1%。未分类根瘤菌（unclassified *Rhizobiales*）主要分布在 19℃ D 处理，并且所占比例接近 15%。此外，未分类 α 变形菌（unclassified *Alphaproteobacteria*）、亚硝化单胞菌科（Nitrosomonadaceae）、肠杆菌科（Enterobacteriaceae）及红细菌科（Rhodobacteraceae）占 *nirK* 群落的小部分，并且主要分布于 D 处理中。

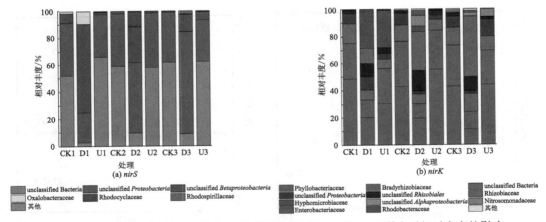

图 6.12　不同温度下牦牛排泄物输入对沼泽湿地土壤 *nirS* 和 *nirK* 科水平相对丰度的影响

数字 1、2 和 3 分别代表培养温度 13℃、19℃和 25℃

6.3.6　牦牛排泄物输入土壤环境与反硝化微生物群落的关系

牦牛排泄物输入影响下土壤环境及反硝化微生物 α 多样性相关关系如表 6.10 所示。*nirS* 和 *nirK* 的 ACE 指数均和 NO_2^--N 含量呈负相关关系（$r=-0.69$，$P<0.05$；$r=-0.86$，$P<0.01$）。此外 *nirS* 的 ACE 指数和 AP 也呈负相关关系（$r=-0.71$，$P<0.05$）。

nirS 和 *nirK* 的 Shannon 指数均与土壤含水量呈极显著负相关关系（$r=-0.88$，$P<0.01$；$r=-0.80$，$P<0.01$），此外，*nirS* 的 Shannon 指数与 pH 及 TOC 含量呈负相关关系（$r=-0.77$，$P<0.05$；$r=-0.74$，$P<0.05$），并且与 NO_2^--N 含量呈极显著负相关关系（$r=-0.87$，$P<0.01$），而与 NO_3^--N 含量呈显著正相关关系（$r=0.78$，$P<0.05$）。

表 6.10　土壤环境及 *nirS* 和 *nirK* α 多样性的相关分析

基因	α 多样性	含水量	pH	NH_4^+-N	NO_3^--N	NO_2^--N	TOC	TN	AP	NAR	NIR
nirS	ACE 指数	−0.52	−0.44	0.53	0.58	−0.69[*]	−0.48	−0.37	−0.71[*]	0.34	−0.21
	Shannon 指数	−0.88[**]	−0.77[*]	0.18	0.78[*]	−0.87[**]	−0.74[*]	−0.41	−0.87[**]	0.38	0.08
nirK	ACE 指数	−0.45	−0.35	0.12	0.29	−0.86[**]	−0.23	−0.34	−0.44	0.46	0.33
	Shannon 指数	−0.80[**]	−0.55	−0.33	0.37	−0.62	−0.51	−0.28	−0.52	0.42	0.44

* 相关系数的显著水平 $P<0.05$。

** 相关系数的显著水平 $P<0.01$。

CCA 反映了排泄物输入影响下土壤环境对 *nirS* 和 *nirK* 群落结构的影响（图 6.13）。*nirS* 基因群落的 CCA1 和 CCA2 轴分别是 36.14%和 26.55%，解释了 *nirS* 群落结构变异程度 62.69%。*nirK* 基因群落的 CCA1 和 CCA2 轴分别是 34.23%和 23.43%，解释了 *nirS* 群落结构变异程度 57.66%。如表 6.11 所示，蒙特卡洛检验显示，土壤 TOC 含量、AP 含量、NO_2^--N 含量、NO_3^--N 含量及含水量对 *nirS* 及 *nirK* 的群落结构有显著的影响（$P<0.05$）。AP 含量和 TOC 含量极显著影响 *nirS* 及 *nirK* 的群落（$P<0.01$），并且对群落解释度高于其他环境因子。NO_3^--N 含量是影响 CK 及 U 处理 *nirS* 和 *nirK* 群落的主要环境因子，而 NO_2^--N 含量是导致 13℃ D 处理与其他处理产生差别的主要环境因子。

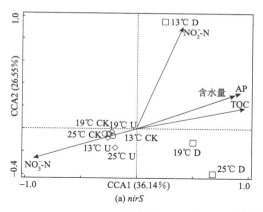
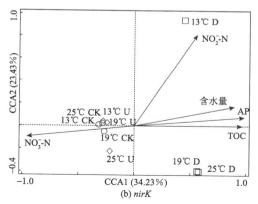

图 6.13　*nirS* 和 *nirK* 基因群落组成和土壤环境的 CCA 分析

箭头表示环境因子，箭头和排序轴的夹角代表该环境因子与排序轴的相关性大小，箭头的长短表示该环境因子对群落结构影响的大小

表 6.11　CCA 中单个环境因子对 *nirS* 和 *nirK* 群落差异解释度及 *P* 值

基因	因子	解释度/%	P
nirK	AP	35.6	0.004
	TOC	34.6	0.006
	NO_3^--N	33.8	0.012
	含水量	30.6	0.018
	NO_2^--N	28.8	0.008

续表

基因	因子	解释度/%	P
	TOC	32.7	0.002
	AP	32.0	0.008
nirS	NO$_3^-$-N	30.6	0.014
	含水量	29.5	0.010
	NO$_2^-$-N	24.8	0.048

6.3.7 牦牛排泄物输入影响下反硝化微生物对反硝化作用的影响

基于相关分析，分析牦牛排泄物输入影响下，土壤环境及反硝化微生物多样性与 DR 的相关性（表 6.12），土壤含水量和 DR 呈显著正相关关系（$r=0.60$，$P<0.05$），而 *nirS* 的 Shannon 指数和 DR 呈显著负相关关系（$r=-0.69$，$P<0.05$），其他环境因子及微生物多样性与 DR 无显著相关关系。

表 6.12 土壤环境与 DR 的相关分析

	含水量	pH	NH$_4^+$-N	NO$_3^-$-N	NO$_2^-$-N	TN	AP	TOC	NAR	NIR	ACE 指数 $_{nirS}$	Shannon 指数 $_{nirS}$	ACE 指数 $_{nirK}$	Shannon 指数 $_{nirK}$
DR	0.60*	0.32	0.32	−0.21	0.13	0.03	0.33	0.33	0.05	0.18	−0.03	−0.69*	−0.06	−0.42

*相关系数的显著水平为 $P<0.05$。

基于结构方程模型及相关理论，拟合不同温度影响下牦牛排泄物输入下影响 DR 的机制，拟合指标均满足结果（CMIN/df=1.52，$P=0.46$，CFI=0.97，RMSEA=0.02）。SEM 解释了放牧干扰下土壤 DR 75%的变化，其中土壤含水量对 DR 有显著的直接正向影响（图 6.14）。AP 含量及 NO$_2^-$-N 含量通过影响 *nirS* 和 *nirK* 多样性间接影响 DR。*nirS* 和 *nirK* 的 Shannon 指数均对 DR 有显著的负影响，此外 *nirK* 的 Shannon 指数也可以通过影响 NIR 进而影响 DR。与其他环境因子及 *nirS* 相比，*nirK* 的 Shannon 指数对 DR 的直接影响程度最大。

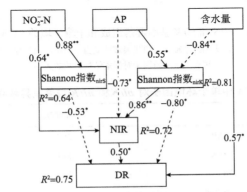

图 6.14 牦牛排泄物输入影响下反硝化速率的影响机制（Fang et al., 2021）

实线代表正向影响，虚线代表负面影响。

* 相关系数的显著水平 $P<0.05$

** 相关系数的显著水平 $P<0.01$

6.3.8　讨论

6.3.8.1　不同温度下牦牛排泄物输入对土壤理化性质的影响

牦牛排泄物输入不仅作为维持脆弱高寒草地及湿地生态系统生产力的重要养分来源，还是氮转化和温室气体排放的重要驱动（杜子银等，2019）。牦牛粪便输入增加 pH，与土壤相比，牦牛粪便具有较高的 pH，其输入调节土壤 pH，此外，牦牛粪便中含有较多 TOC，其矿化和氨化产生氨，导致牦牛粪便处理 pH 增加（Boon et al.，2014）。由于尿素的水解作用，尿液在土壤中的应用导致 pH 增加（Shaaban et al.，2019），而 Guo 等（2014）发现由于硝化作用的进行，尿液输入土壤 pH 降低，本研究 U 处理土壤 pH 并无显著增加并且 19℃ 及 25℃ 低于 CK 处理，可能由于温度提高，增加硝化作用，从而降低 pH，这与 Cai 等（2017）的研究结果一致，本研究发现尿液输入显著增加土壤 NH_4^+-N 含量和 NO_3^--N 含量，这可能是由于尿液中含有较多的无机氮，从而增加 U 处理中无机氮含量。牦牛粪便返还增加土壤 NH_4^+-N 含量和 NO_3^--N 含量（Cai et al.，2014），而本研究发现牦牛粪便输入降低 NH_4^+-N 含量和 NO_3^--N 含量，可能的原因是土壤氮矿化速率和硝化速率与土壤 pH 呈显著正相关关系（王雪等，2018），较高的 pH 促进土壤氮的矿化和硝化作用，导致土壤中 NH_4^+-N 和 NO_3^--N 的含量减少。此外，本研究发现 D 处理 NO_2^--N 含量显著高于 CK 处理，可能原因是牦牛排泄物输入增加土壤含水量，从而创造厌氧条件并刺激反硝化微生物生长，导致较多的 NO_2^--N 产生。

6.3.8.2　不同温度下牦牛排泄物输入对土壤反硝化速率的影响

牦牛排泄物输入显著增加 DR，并且双因素方差分析显示温度及其与排泄物输入的交互作用显著影响 DR。一方面，尿液添加量显著增加 NO_3^--N 含量，而粪便添加量增加 TOC 含量和 NO_2^--N 含量，均可以为土壤提供氮源和碳源，促进反硝化菌的生长，进而增加 DR，这与 Shi 等（2019）的研究结果一致。另一方面，温度升高可以提高微生物利用 NO_3^--N 的效率，促进反硝化功能基因特别是 *nirK* 的生长（Xu et al.，2017）。此外，温度调节土壤反硝化微生物丰度和酶活性对变暖的响应，并影响碳-氮耦合关系（Song et al.，2019）。

25℃ 处理的 DR 显著高于 13℃ 及 19℃，可能是由于较高的温度加速粪便的分解（Luo et al.，2010），并且粪便分解主要受土壤含水量和温度影响，而粪便分解过程中土壤温度及水分的提高（Yang et al.，2019b），加速粪便分解，从而为微生物生长提供更多碳源，提高其活性，而较强的活性导致较高的反硝化潜力。25℃ D 处理的 DR 明显高于 U 处理，也与高温促进粪便分解，提高其含水量，进而影响微生物及 DR 有一定关系。与本研究不一致，王大鹏等（2018）发现在 10～30℃ 的土壤温度范围，土壤 DR 随着土壤温度的升高呈现先增加后降低的趋势，产生差别的原因可能是本研究中不仅 DR 受温度影响，并且牦牛排泄物输入为微生物提供碳源及氮源，在一定程度上促进 DR。

含水量与 DR 有显著正相关关系并且在驱动 DR 中发挥着重要作用，以往的研究表明，随着土壤含水量的提高，土壤厌氧程度越来越高，DR 也越来越高（Wang et al.，2017a；

Di et al.，2014），此外，水分的增加加速土壤液体的扩散速度，为微生物提供可溶性有机碳等关键的底物（Blagodatsky and Smith，2012），从而促进 DR。此外，本研究发现 AP 对 DR 有间接影响，这与 Kim 等（2017）的研究结果一致，即湿地土壤中 P 富集有较高的 DR，而本研究中排泄物输入导致 AP 增加，从而缓解 P 的限制，为反硝化微生物创造更适宜的环境，导致其丰富度增加，进而促进 DR（Kim et al.，2017；Tang et al.，2016）。与 Hu 等（2015）的研究结果不一致，本研究发现 NO_3^--N 含量与 DR 无显著相关关系，这可能是由于湿地腐朽植物高含量有机质的积累，NO_3^--N 等养分不是湿地土壤微生物生长的限制因子（An et al.，2019）。

本研究中 NO_2^--N 可以影响 NIR 及 nirS 多样性，进而影响 DR。NO_2^--N 作为反硝化作用过程中的重要底物，排泄物的添加使 NO_2^--N 含量增加，而 NO_2^--N 含量的增加不仅为 NIR 提供底物，也为 nirS 生长提供可利用的氮源，这与毛铁墙等（2020）发现湛江湾沉积物 nirS 型反硝化细菌丰度与 NO_2^--N 含量呈显著正相关一致。此外，温度调节土壤反硝化微生物丰度和酶活性对气候变暖的响应（Song et al.，2019），表明温度的影响也不容忽视。

与 nirS 相比，nirK 对 DR 有更大的直接影响。一方面，反硝化菌群落组成与湿地土壤反硝化活性密切相关（Bowen et al.，2020），本研究中 nirK 的丰富度高于 nirS，表明 nirK 在调节 DR 中发挥着更为重要的作用。另一方面，由于 nirS 和 nirK 群落组成的差异并且具有不同的生态位，在调节 DR 的过程中具有不同程度影响（Beckers et al.，2017）。

6.3.8.3 不同温度下牦牛排泄物输入对土壤反硝化酶活性的影响

不同温度下牦牛排泄物输入均对 NAR 和 NIR 无显著影响，这可能与取样时间、频率等因素有一定关系，此外 U 处理 13℃的 NAR 略高于 CK 及 D 处理，而在 19℃和 25℃低于其他处理，表明随着温度升高，U 处理 NAR 受到抑制。闫钟清等（2017）发现，水、氮变化及其交互作用对氮转化酶活性的促进或抑制作用表现出一定的复杂性和不稳定性，这有待进一步开展深入的研究。

6.3.8.4 不同温度下牦牛排泄物输入对土壤反硝化微生物多样性的影响

牦牛排泄物输入降低 nirS 和 nirK 的多样性，这可能是由于排泄物中具有较多无机氮，其输入刺激竞争性强的物种生长，同时稀有物种的数量下降，导致微生物丰富度下降。与本研究结果相似，Wang 等（2018a）发现随着氮沉降增加，微生物多样性呈现降低趋势，并且可能会影响生态系统功能，并可能对全球气候变化产生深远的影响。根据 Hooper 等（2005）的假说，沼泽湿地中细菌多样性较高，则说明其生态系统功能较强，显示牦牛排泄物输入可能降低沼泽湿地生态功能。此外，土壤微生物多样性的减少改变微生物维持多种地上和地下生态系统功能的能力（An et al.，2019），沼泽的抗干扰能力会降低。

不同温度下，牦牛排泄物输入导致 nirS 和 nirK 的丰富度及多样性变化趋势不同，并且 nirK 比 nirS 对排泄物输入更为敏感，显示了 nirS 和 nirK 群落对外界环境变化有不同响应。与本研究结果类似，Cantarel 等（2012）基于最大似然树发现增温显著改变 nirK

的群落结构。然而，湛钰等（2019）发现在水稻土中 *nirK* 的丰度和种群相对丰度的变化幅度明显小于 *nirS*，这可能与不同区域、不同生态系统土壤性质等导致反硝化微生物群落差异有一定关系（Hallin et al.，2009）。潘福霞等（2020）发现，芦苇和香蒲根际土壤反硝化微生物的丰富度及多样性均显著高于对照土，表明植物对土壤反硝化微生物多样性的影响等也是反硝化微生物群落发生差异的重要原因。

6.3.8.5　不同温度下牦牛排泄物输入对土壤反硝化微生物群落结构的影响

湿地土壤细菌群落不仅起着维持生态系统功能的作用，而且也可以作为反映湿地健康状况或者恢复状态的重要指标之一（Ansola et al.，2014）。叶杆菌科、慢生根瘤菌科及根瘤菌科在 *nirK* 群落中占有较高比例，研究表明叶杆菌科、慢生根瘤菌科及根瘤菌科作为一类重要的根际土壤微生物，在增加土壤养分可用性、抑制对植物有害的真菌及抵抗外界环境胁迫方面发挥着至关重要的作用（Enagbonma and Babalola，2020），此外这些物种在降解多环芳烃、农药、重金属等土壤污染物中发挥着重要作用（Chen et al.，2017b）。叶杆菌科、慢生根瘤菌科及根瘤菌科总数随着排泄物输入及温度升高而增加，表明这些微生物对牦牛排泄物输入及温度升高有较强的适应能力。值得注意的是，这些物种被归类为固氮细菌（Zilli et al.，2019），在促进土壤氮循环及降低 N_2O 排放等方面发挥着重要的作用（Anderson et al.，2011），显示出增温趋势下牦牛排泄物输入对氮循环影响具有复杂性的特点。

与本书放牧干扰的研究类似，牦牛排泄物输入处理 *nirS* 均是未识别到科水平的物种，显示沼泽湿地土壤中具有较多的新物种。大多数 *nirS* 和 *nirK* 群落物种都可以归类到变形菌，Masuda 等（2019）发现，土壤 *nir* 型反硝化微生物中，超过 70% 为变形菌，变形菌参与土壤中存在的基本矿质营养物质的生物地球化学循环，土壤中较多的变形菌可能有助于提高土壤肥力（Chaudhry et al.，2012）。本研究 D 处理中变形菌所占比例高于 CK 及 U 处理，表明与尿液相比，短期内牦牛粪便输入可以作为提高土壤肥力的重要措施。

反硝化微生物群落中，生丝微菌科、草酸杆菌科及红环菌科较其他物种对温度变化更为敏感，以前研究发现温度通过改变氮的有效性和植物生产力进而影响微生物（Xiong et al.，2014），这些物种可能对环境的适应能力不如叶杆菌科、慢生根瘤菌科及根瘤菌科，从而导致其对温度较为敏感。此外，随着温度升高，D 处理根瘤菌所占比例不断增加，并且在 25℃ 所占比例超过 50%。根瘤菌作为 α 变形菌的一类，Yergeau 等（2012）注意到温度升高使得土壤中更多有机质变为可利用态，这反过来支持 α 变形菌的生长。

6.3.9　小结

1）排泄物输入显著增加土壤含水量，D 处理 pH 均显著高于 CK 及 U 处理，尿液输入显著提高土壤无机氮，土壤 NO_2^--N 含量、TOC 含量及 AP 含量、均表现为 D 处理显著高于 CK 处理。排泄物输入处理显著提高 DR，而排泄物输入对土壤 NIR 无显著影响。

2）所有温度下，排泄物输入降低 *nirS* 及 *nirK* 的多样性指数，增温趋势下，*nirK* 比 *nirS* 对排泄物输入更为敏感。未分类变形菌和未分类细菌是 *nirS* 的优势物种。在 *nirK* 群落中,叶杆菌科和慢生根瘤菌科的比例高于其他种类,并且主要分布在 CK 和 U 处理中,而根瘤菌科主要分布在 D 处理中。根瘤菌科的比例随温度升高明显增加,而生丝微菌科的比例下降,而红环菌科及红螺菌科对温度敏感,主要分布在 D 处理的 19℃ 及 25℃。

3）TOC 含量、AP 含量和 NO_2^--N 含量是显著影响 nirS 及 nirK 群落结构的土壤环境因子。nirS 和 nirK 的多样性均对 DR 有显著的负影响,此外 nirK 的多样性也可以通过影响 NIR 进而影响 DR。

6.4　研究结论与展望

6.4.1　研究结论

本研究针对放牧过程中不同放牧类型和不同温度下牦牛排泄物输入对湿地土壤反硝化微生物的机制影响,采用野外取样和室内控制培养实验相结合的方法,通过选取对照区、牲畜践踏区和藏香猪翻拱区,设置对照处理、牦牛尿液输入和粪便输入处理,测定土壤理化性质、酶活性、反硝化微生物群落和反硝化速率,分析不同放牧类型和不同温度下牦牛排泄物输入对沼泽湿地土壤理化性质、酶活性、反硝化速率及反硝化微生物群落的影响,揭示放牧对沼泽湿地土壤微生物影响的内在机制,探讨放牧干扰下反硝化微生物在沼泽湿地反硝化过程中所起的作用。本研究得出的主要结论如下。

（1）不同放牧类型对沼泽湿地土壤反硝化微生物的影响机制

牲畜践踏和藏香猪翻拱均显著影响沼泽湿地土壤的理化性质、亚硝酸盐还原酶活性和反硝化速率,牲畜践踏比藏香猪翻拱对土壤理化性质的影响更显著,而藏香猪翻拱显著增加亚硝酸盐还原酶活性和反硝化速率。牲畜践踏对反硝化微生物丰富度的影响更显著,而藏香猪翻拱对反硝化微生物多样性及群落组成的影响更显著。藏香猪翻拱导致黄单胞菌科、亚硝化单胞菌科和未分类绿弯菌等新物种出现,而牲畜践踏导致生丝微菌科消失。此外,nirK 比 nirS 对不同放牧干扰更为敏感。NO_3^--N 含量和亚硝酸盐还原酶活性是影响微生物群落的主要环境因子,nirS 及 nirK 的多样性通过影响 NIR 间接影响 DR,nirK 和 nirS 的多样性对 NIR 有显著正影响。

（2）不同温度下牦牛排泄物输入对沼泽湿地土壤反硝化微生物的影响机制

牦牛排泄物输入增加土壤含水量,牦牛粪便输入增加 pH、NO_2^--N 含量、TOC 含量和 AP 含量,而牦牛尿液输入显著增加土壤 NH_4^+-N 含量和 NO_3^--N 含量。牦牛排泄物输入处理显著提高反硝化速率,而对土壤亚硝酸盐还原酶活性无显著影响。排泄物输入降低反硝化微生物群落多样性。牦牛粪便输入对土壤反硝化微生物群落影响更显著,草酸杆菌科、红环菌科、红螺菌科、根瘤菌科、生丝微菌科及亚硝化单胞菌科等物种均主要分布于粪便处理中。增温趋势下,nirK 比 nirS 对排泄物输入更为敏感。nirS 和 nirK 的多样性均对反硝化速率有显著的负影响,此外 nirK 的多样性也可以通过影响 NIR 进而影响反硝化速率。牦牛排泄物输入导致的 AP 含量、NO_2^--N 含量和含水量变化是引起沼泽湿地土壤反硝化微生物群落结构发生改变的主要因素。nirS 和 nirK 的多样性均对反硝化速率有显著的负影响,此外 nirK 的多样性也可以通过影响 NIR 进而影响反硝化速率。

6.4.2　展望

　　本研究探讨不同放牧类型和不同温度下牦牛排泄物输入对沼泽湿地土壤环境、反硝化速率及反硝化微生物群落的影响，为阐明放牧对沼泽湿地土壤反硝化微生物的影响机制提供依据。不足之处是本章的野外研究未设置放牧的强度，也未考虑植物在反硝化过程中的作用。此外，本章只选取反硝化过程中限制性的亚硝酸盐还原酶功能基因，而没有考虑其他功能基因及其绝对丰度的作用。为了更好地解释放牧干扰及排泄物输入对湿地土壤反硝化作用的影响，在今后的研究中应考虑放牧强度、植物和其他功能基因的影响，并开展长期监测的动态研究，以求得更精准的数据，为湿地放牧对湿地生态系统反硝化作用研究提供理论基础。

第7章 放牧对湿地 CO_2 排放的影响

7.1 放牧对泥炭沼泽湿地 CO_2 排放的影响

7.1.1 研究内容及方法

7.1.1.1 研究内容

（1）不同放牧干扰对泥炭沼泽湿地植被的影响

本课题组选取滇西北高原碧塔海弥里塘湿地为研究区，设定牦牛践踏区、猪翻拱区和对照区，通过调查植物物种组成结构和测定地上生物量，分析不同放牧干扰对泥炭沼泽湿地植被的影响。

（2）不同放牧干扰对泥炭沼泽湿地土壤理化性质的影响

本课题组选取滇西北高原碧塔海弥里塘湿地为研究区，设定牦牛践踏区、猪翻拱区和对照区，通过测定土壤容重、土壤 pH、有机碳含量、全氮含量、全磷含量，分析不同放牧干扰对泥炭沼泽湿地土壤理化性质的影响。

（3）不同放牧干扰对泥炭沼泽湿地 CO_2 排放的影响

本课题组选取滇西北高原碧塔海弥里塘湿地为研究区，设定牦牛践踏区、猪翻拱区和对照区，通过测定生态系统 CO_2 排放通量，分析不同放牧干扰对泥炭沼泽湿地 CO_2 排放的影响。

（4）牦牛粪便输入对泥炭沼泽湿地 CO_2 排放的影响

本课题组选取滇西北高原碧塔海海尾湿地为研究区，设定设置牦牛粪便输入区、牦牛粪便输入和践踏交互作用区及对照区，通过定期监测样地 CO_2 排放通量，同时记录 0～10 cm 土壤温度和湿度，分析牦牛粪便输入对泥炭沼泽湿地 CO_2 排放的影响。

7.1.1.2 技术路线

本章以湿地生态学、土壤学、环境化学等学科理论为指导，依据典型性和代表性原则，在滇西北高原碧塔海国际重要湿地内选择弥里塘和海尾湿地为研究区，监测牦牛践踏区、家猪翻拱区和对照区的植被、土壤理化性质和 CO_2 排放特征。分析牦牛粪便输入、粪便输入和践踏交互作用对湿地 CO_2 排放的影响，揭示放牧对泥炭沼泽湿地土壤 CO_2 排放影响的内在机制（图 7.1）。

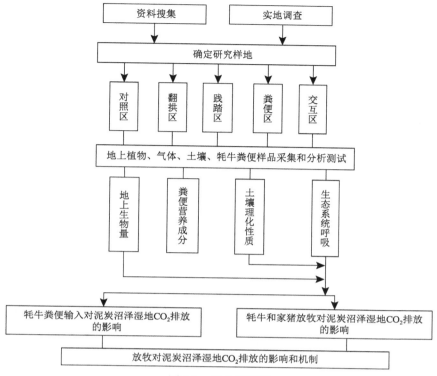

图 7.1　技术路线图

7.1.1.3　研究方法

1. 实验设计

本课题组 2015 年 8～10 月选取碧塔海国际重要湿地内弥里塘湿地为研究区,在未受放牧干扰的地方(地表植被未受影响)设置对照区(DZ);在牦牛集中践踏过的地方设置牦牛践踏区(JT),放牧强度为 3.5 头/hm²,在家猪集中翻拱过的地方设置家猪翻拱区(ZG),放牧强度为 2.5 头/hm²(图 7.2)。每个样区大小为 10 m×10 m,在每个样区内随机选取 3 个 1 m×1 m 的样地。于每月中旬左右选择一晴朗的天气对实验地的 CO₂ 排放通量进行测定,测量时间为 9:00～11:00。为降低对土壤的扰动,每次测定 CO₂ 排放通量之前在每个小样地内各安置 1 个 LI-8100 PVC 土壤环。每个土壤环的内径为 20 cm、高为 12 cm,将 PVC 土壤环的一端削尖后压入土中,每个土壤环露出地面的高度为 7.5 cm。利用 LI-8100 碳通量测量系统进行 CO₂ 排放通量的测定。分别在对照区(DZ)、牦牛践踏区(JT)和家猪翻拱区(ZG)内随机设置 3 个 1 m×1 m 的植被调查样方,调查样方内物种,并记录每个物种的数目,再用剪刀齐地面将地上植被剪下,装入自封样品袋中,编号带回实验室。采集完植物地上生物量之后分别在原地采集土壤样品和土壤容重,土壤容重采用环刀法采集,按照 0～10 cm、10～20 cm、20～30 cm 土层采样,同时采集土壤样品并装入自封口袋,做好标记后带回实验室风干,剔除杂物,然后根据测试要求进行研磨、过筛以测定土壤理化性质。

| 对照区 | 践踏区 | 翻拱区 |

图 7.2　实验样地图

本课题组 2015 年 8 月在碧塔海海尾湿地开展牦牛粪便输入、粪便输入和践踏交互作用对湿地 CO_2 排放影响的测定。设置对照区（DZ）、牦牛粪便输入区（FB）、粪便输入和践踏交互作用区（JH），海尾湿地牦牛放牧强度为 2.5 头/hm²。每个样区大小为 10 m×10 m，在每个样区内随机选取 3 个 1 m×1 m 的小样地。于实验开始前一天在每个样地内各安置 1 个 LI-8100PVC 土壤环。每个土壤环的内径为 20 cm、高为 12 cm，每个土壤环露出地面的高度为 7.5 cm，并保持土壤环在整个实验期间位置不变。牦牛粪便的收集也于实验开始前进行，在实验区内随机选取 6 头牦牛，于第二天早上跟踪收集选中的牦牛排泄的新鲜粪便，收集的粪便置于塑料桶内，低温储存，待收集量达到实验所需之后，于实验开始前一天模拟野外自然粪便特征（直径为 20 cm，厚度为 4 cm，含水量为 82.7%，有机碳含量为 486.3 g/kg，全氮含量为 24.07 g/kg，全磷含量为 5.02 g/kg），将混合均匀的牦牛粪便添加到土壤环内。利用 LI-8100 碳通量测量系统进行 CO_2 排放通量的测定。

2. 指标测定

采用样方法，调查样方内物种，并记录每个物种的数目，再用剪刀齐地面剪下，将其装入自封样品袋中，编号带回实验室。参照《中国植物志》《云南植物志》《中国高等植物图鉴》《中国蓼属植物图谱》等专著，对采集的标本进行种的鉴定，并在 75℃的恒温烘箱中烘干至恒重，称重，进行植物地上生物量测定。

土壤温度和湿度的测定利用 LI-8100 碳通量测量系统自带的土壤温度、湿度探头分别测定地下 10 cm 深处土壤温度和土壤含水量。

土壤容重的测定采用环刀法。实验结束移走土壤环后，利用铁锹挖掘 30 cm 的土壤剖面，按照 0～10 cm、10～20 cm、20～30 cm 的分层法取样。取样时先利用修土刀修平土壤剖面，然后将环刀托放在已知质量的环刀上，将环刀刃口向下垂直压入土中，直至环刀筒中充满样品。用修土刀切开环周围的土壤样品，取出已充满土的环刀，削平环刀两端多余的土，并擦净环刀外面的土。同时，在同层取样处，用铝盒采样，测定土壤含水量。把装有土壤样品的环刀两端立即加盖，以避免水分蒸发，并立即称重（精确到 0.01g），做好记录。将装有土壤样品的铝盒在 105℃烘箱中烘干称重（精确到 0.01g），测定土壤含水量。按照公式计算土壤容重：$d=g\cdot100/[V\cdot(100+W)]$，式中，$d$ 为土壤容重（g/cm³）；g 为环刀内湿土重（g）；V 为环刀容积（cm³）；W 为样品含水量（%）。

土壤 pH 的测定采用酸度计法。将风干研磨后的土壤过 1 mm 网筛，称取 10 g 放入

50 mL 的烧杯中，按照水：土 2.5：1.0 的比例加入蒸馏水，充分搅拌后静置 30min，然后用校正过的 pH 计测定悬浮液的 pH。测定时将玻璃电极的球部浸入悬浮液泥层中，按下测定按钮，等待数字稳定之后读取数值，并做好记录。

有机碳采用重铬酸钾氧化法测定。称取风干研磨并过 60 目筛子的土壤样品 0.25g 置于硬质试管中，用移液管缓缓准确加入 0.136 mol/L 重铬酸钾-硫酸（$K_2Cr_2O_7$-H_2SO_4）溶液 10mL。在 170℃的油锅中进行油浴，待试管中液体沸腾产生气泡时开始计时，煮沸 5min，取出试管，冷却。将溶液洗出至锥形瓶内，每个样品内加入 2～3 滴邻菲罗啉指示剂，然后使用 0.2 mol/L $FeSO_4$ 进行滴定，滴定至砖红色，记录滴定量，代入公式进行计算，得到土壤有机碳含量。有机碳（mg/g）=$[1.1×(V_0-V)×0.003×N×1000]/W$，式中，1.1 为校正常数；0.003 为有机碳的毫克当量；N 为 $FeSO_4$ 的当量浓度，即 N=加入 $K_2Cr_2O_7$ 的体积 $V_0×K_2Cr_2O_7$ 的当量浓度；V 为样品消耗的 $FeSO_4$ 量（mL）；V_0 为空白消耗的 $FeSO_4$ 量（mL）；W 为样品质量（g）。

全氮用凯氏定氮法测定。称取烘干样品 0.2 g 置于消煮管中，加入混合催化剂 1.8 g，加几滴水湿润后，加 5 mL 浓硫酸，将消煮管放置在消煮炉，开始时用小火加热，当消煮液呈棕色时，可提高温度，将溶液消煮至浅蓝色或淡蓝色时，将其取下冷却至室温，将所得溶液及消煮管转入凯氏定氮仪中开始定氮。全氮（mg/g）= $(V-V_0)×N×0.014×1000/W$，式中，V 为样品消耗的盐酸体积（mL）；V_0 为空白消耗的盐酸体积（mL）；N 为盐酸的当量浓度；0.014 为氮的毫克当量；W 为样品质量（g）。

土壤全磷采用硫酸-高氯酸消煮法。利用分析天平称取土壤样品 1.0000 g 置于 250mL 消煮管中以 1mL 水润湿，加入硫酸 8mL 摇动后再加入高氯酸 10 滴（0.5 mL），摇匀，瓶口上放一漏斗，置于电炉上在 400℃下进行消煮至瓶内溶液开始转白后继续消煮 20min，全部消煮时间为 45～60min。将冷却后的消煮液用蒸馏水小心地洗入 100 mL 容量瓶中，冲洗时用水少量多次冲洗。轻轻摇动容量瓶，待完全冷却后，用蒸馏水定容后静置过夜。然后用 5mL 离心管于 6000 r/min 离心 10min，用 5 mL 移液枪吸取离心液 2 mL 加入 2 mL 样品杯中，并在 660nm 的滤光片下进行测定。

3. 数据处理

将每个样地内 3 个小样地的指标的平均值作为该样地土壤理化性质、CO_2 排放通量、土壤 10 cm 温度和土壤 10 cm 湿度。利用方差分析检验各个样地之间的差异显著性。环境因子（土壤温度和土壤湿度）与气体通量的相关关系采用 Pearson 相关系数检验其相关显著性，采用线性回归分析检验 CO_2 排放通量与土壤温度和土壤湿度之间的关系。数理统计差异分析利用 SPSS 19.0 软件进行，作图采用 Excel 2010 软件。数据组之间显著差异性水平设置为 P=0.05。

7.1.2　不同放牧类型对泥炭沼泽湿地 CO_2 排放的影响

7.1.2.1　牦牛践踏对泥炭沼泽湿地 CO_2 排放的影响

1. 牦牛践踏对泥炭沼泽湿地植被的影响

牦牛践踏对泥炭沼泽湿地植被造成一定影响。对照区的植被覆盖度为 90%左右，植被高度为 5～10 cm；牦牛践踏区的植被覆盖度为 75%左右，植被高度为 1～3 cm（表 7.1）。
说明牦牛践踏显著降低植被覆盖度和植被高度。牦牛践踏对泥炭沼泽湿地物种的影响如
表 7.1 所示。在对照区内共调查到 14 个植物种，隶属 8 科 12 属；在牦牛践踏区内共调
查到 23 个植物种，隶属 11 科 19 属。牦牛践踏区消失 4 个物种，同时增加 13 个物种（表
7.2），其中，紫茎小芹是我国的特有种，同时反映了生物入侵的现象。

表 7.1　牦牛践踏对泥炭沼泽湿地植被的影响

位置	干扰类型	物种数量	植被覆盖度/%	高度/cm
弥理塘湿地	对照区	10	95	5～10
		10	90	5～10
		11	85	5～10
	牦牛践踏区	14	85	1～3
		14	70	1～3
		15	80	1～3

表 7.2　牦牛践踏对泥炭沼泽湿地植物物种的影响

科名	物种名	
	对照区	践踏区
沙草科	膨囊苔草 *Carex lehmanii* 华扁穗草 *Blysmus sinocompressus* 发秆苔草 *Carex capillacea*	膨囊苔草 *Carex lehmanii* 华扁穗草 *Blysmus sinocompressus* 发秆苔草 *Carex capillacea* 云雾苔草 *Carex nubigena*
蔷薇科	矮地榆 *Sanguisorba filiformis*	矮地榆 *Sanguisorba filiformis* 西南委陵菜 *Potentilla fulgens*
伞形科	紫茎小芹 *Sinocarum coloratum*	
龙胆科		扁蕾 *Gentianopsis barbata* 粗状秦艽 *Gentiana crassicaulis*
灯心草科	葱状灯心草 *Juncus allioides*	
禾本科	发草 *Deschampsia caespitosa* 禾本科一种 *Gramineae* sp.	发草 *Deschampsia caespitosa*
蓼科	小蓼花 *Polygonum muricatum* 珠芽蓼 *Polygonum viviparum* 圆穗蓼 *Polygonum macrophyllum*	小蓼花 *Polygonum muricatum* 珠芽蓼 *Polygonum viviparum* 圆穗蓼 *Polygonum macrophyllum* 尼泊尔蓼 *Polygonum nepalense*
毛茛科	曲升毛茛 *Ranunculus longicaulis* var. *geniculatus* 花葶驴蹄草 *Caltha scaposa*	曲升毛茛 *Ranunculus longicaulis* var. *geniculatus* 花葶驴蹄草 *Caltha scaposa* 矮金莲花 *Trollius farreri* 湿地银莲花 *Anemone rupestris*

续表

科名	物种名	
	对照区	践踏区
报春花科	偏花报春 *Primula secundiflora*	
车前科		车前 *Plantago asiatica*
菊科		星状风毛菊 *Saussurea stella*
		狭叶垂头菊 *Cremanthodium angustifolium*
玄参科		管花马先蒿台氏变种 *Pedicularis siphonantha* var. *delavayi*
姜科		藏象牙参 *Roscoea tibetica*
唇形科		深紫糙苏 *Phlomis atropurpurea*

　　牦牛践踏对泥炭沼泽湿地地上生物量的影响如图 7.3 所示。牦牛践踏区地上生物量为 224.77 g/m^2，而对照区的地上生物量为 419.21 g/m^2，即牦牛践踏区较对照区的地上生物量降低约 46%，且差异性达到显著水平（$P<0.05$）。

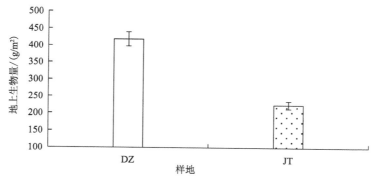

图 7.3　牦牛践踏对泥炭沼泽湿地地上生物量的影响

2. 牦牛践踏对泥炭沼泽湿地土壤理化性质的影响

　　牦牛践踏对土壤容重的影响如图 7.4 所示。牦牛践踏作用显著增加了 0～20 cm 土层的土壤容重。在对照区，随着土壤深度的增加，土壤容重呈逐渐增加的趋势，其中 20～30 cm 土层与 0～10 cm、10～20 cm 土层的土壤容重差异显著（$P<0.05$），而 0～10 cm 与 10～20 cm 土层的土壤容重差异不显著（$P>0.05$）；在践踏区，土壤容重也随土壤深度的增加呈增加的趋势，0～10、10～20 cm 土层的土壤容重均与 20～30 cm 土层的土壤容重呈显著差异（$P<0.05$），0～10 cm 土层与 10～20 cm 土层的土壤容重差异不显著（$P>0.05$）。牦牛践踏作用对土壤 0～20 cm 土层的土壤容重影响程度最大，0～10、10～20 cm 土层的土壤容重与对照区相比显著增大（$P<0.05$），20～30 cm 土层的土壤容重与对照区无显著差异（$P>0.05$）。

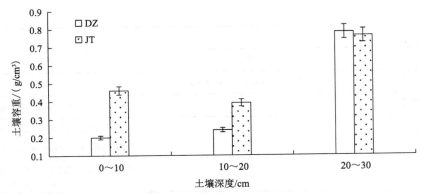

图 7.4　牦牛践踏对泥炭沼泽湿地土壤容重的影响

牦牛践踏对土壤 pH 的影响如图 7.5 所示，由图可知，弥里塘湿地的土壤均呈酸性（pH＜7）。无论在对照区还是践踏区，土壤 pH 都表现为随着土壤深度的增加呈先降低后增加的趋势，显著性分析表明践踏区内 0～30 cm 内土壤 pH 与对照区不存在显著差异（$P＞0.05$），说明牦牛践踏对土壤 pH 无明显影响。

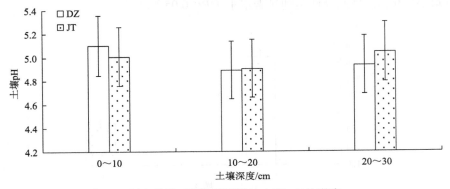

图 7.5　牦牛践踏对泥炭沼泽湿地土壤 pH 的影响

牦牛践踏对土壤有机碳含量的影响如图 7.6 所示，可知牦牛践踏作用使得土壤有机碳含量降低，尤其表层（0～10 cm）有机碳含量显著降低（$P＜0.05$）。在对照区和践踏

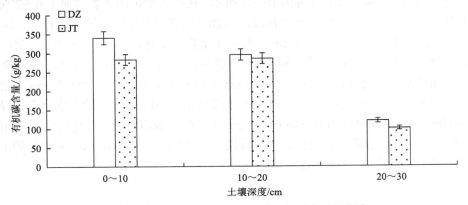

图 7.6　牦牛践踏对泥炭沼泽湿地土壤有机碳含量的影响

区，随着土壤深度的增加，有机碳含量均呈逐渐降低的趋势。对照区各土壤深度有机碳含量差异显著（$P<0.05$）；在践踏区，$0\sim10$ cm 与 $10\sim20$ cm 土层有机碳含量无显著差异，但均显著高于 $20\sim30$ cm 土层有机碳含量（$P<0.05$）。

　　牦牛践踏作用对土壤全氮含量的影响如图 7.7 所示，与对照区相比，牦牛践踏作用降低了 $0\sim30$ cm 土层的土壤全氮含量，尤其显著降低了 $0\sim20$ cm 土层的土壤全氮含量。在对照区，随土壤深度的增加，全氮含量呈逐渐降低的趋势，但 $0\sim10$ cm 土层与 $10\sim20$ cm 土层之间无显著差异，但均显著高于 $20\sim30$ cm 土层（$P<0.05$）。在践踏区，随土壤深度的增加，全氮含量也呈降低的趋势，且各土层之间全氮含量差异显著（$P<0.05$）。

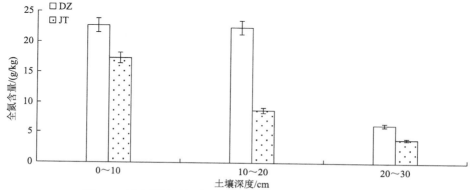

图 7.7　牦牛践踏对泥炭沼泽湿地土壤全氮含量的影响

　　牦牛践踏对土壤全磷含量的影响如图 7.8 所示，由图 7.8 可知牦牛践踏作用使 $0\sim10$ cm 土层的全磷含量略有增加，$10\sim20$ cm 和 $20\sim30$ cm 土层的全磷含量显著降低。在对照区，随土壤深度的增加，土壤全磷含量逐渐降低，其中 $0\sim10$ cm 土层显著高于 $10\sim20$ cm、$20\sim30$ cm 土层的全磷含量，$10\sim20$ cm 土层与 $20\sim30$ cm 土层之间无显著差异。在践踏区，全磷含量也随着土壤深度的增加呈降低的趋势，且各土层之间的全磷含量均差异显著（$P<0.05$）。

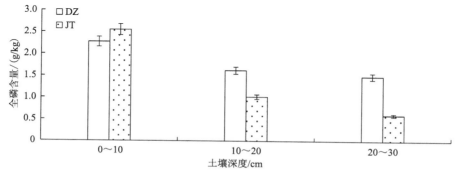

图 7.8　牦牛践踏对泥炭沼泽湿地土壤全磷含量的影响

3. 牦牛践踏对泥炭沼泽湿地 CO_2 排放的影响

　　由图 7.9 可知，$8\sim10$ 月牦牛践踏区的 CO_2 排放通量均显著低于对照区（$P<0.05$）。

牦牛践踏区和对照区的气体排放通量均随季节变化而呈逐渐降低的趋势，8 月最高，10 月最低，且各月份间 CO_2 排放通量差异显著（$P<0.05$）。将 8～10 月的 CO_2 排放通量进行平均，以代表生长季末期的 CO_2 排放通量，其中，对照区的平均 CO_2 排放通量为 3.81μmol/（m^2·s），牦牛践踏区的平均 CO_2 排放通量为 2.86μmol/（m^2·s）。可见，牦牛践踏作用显著降低泥炭沼泽湿地的 CO_2 排放。

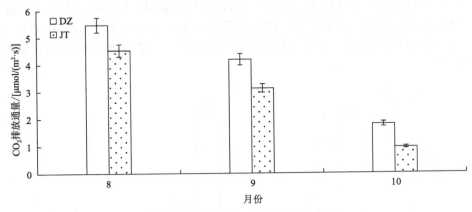

图 7.9　牦牛践踏对湿地 CO_2 排放通量的影响

7.1.2.2　猪翻拱对泥炭沼泽湿地 CO_2 排放的影响

1. 猪翻拱对泥炭沼泽湿地植被的影响

对照区植被覆盖度为 90% 左右，而猪翻拱区降至 50% 左右。对照区植被高度为 5～10 cm，而猪翻拱区降至 3～5 cm（表 7.3）。猪翻拱区有植物 18 种，隶属 11 科 17 属，对照区有植物 13 种，隶属 8 科。与对照区相比，猪翻拱区消失 4 个物种，分别为发秆苔草、小蓼花、圆穗蓼和偏花报春，增加 9 个物种，分别为扁蕾、椭圆叶花锚（*Halenia elliptica*）、尼泊尔蓼、矮金莲花、湿地银莲花、车前、星状风毛菊、狭叶垂头菊、深紫糙苏（表 7.4）。猪翻拱使得泥炭沼泽湿地地上生物量显著降低（$P<0.05$），由对照区的 419.21 g/m^2 降至 98 g/m^2，约降低 77%（图 7.10）。

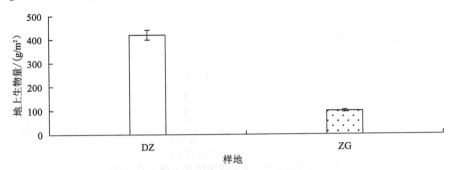

图 7.10　猪翻拱对泥炭沼泽湿地地上生物量的影响

表 7.3　猪翻拱对泥炭沼泽湿地植被的影响

位置	干扰类型	物种数量	植被覆盖度/%	高度/cm
弥理塘湿地	对照区	10	95	5～10
		10	90	5～10
		11	85	5～10
	猪翻拱区	10	55	3～5
		11	40	3～5
		14	50	3～5

表 7.4　猪翻拱对泥炭沼泽湿地植物物种的影响

科名	物种名	
	DZ	ZG
沙草科	膨囊苔草	膨囊苔草
	华扁穗草	华扁穗草
	发秆苔草	
蔷薇科	矮地榆	矮地榆
伞形科	紫茎小芹	紫茎小芹
龙胆科		扁蕾
		椭圆叶花锚
灯心草科	葱状灯心草	葱状灯心草
禾本科	发草	发草
廖科	小蓼花	珠芽蓼
	珠芽蓼	尼泊尔蓼
	圆穗蓼	
毛茛科	曲升毛茛	曲升毛茛
	花葶驴蹄草	花葶驴蹄草
		矮金莲花
		湿地银莲花
报春花科	偏花报春	
车前科		车前
菊科		星状风毛菊
		狭叶垂头菊
唇形科		深紫糙苏

2. 猪翻拱对泥炭沼泽湿地土壤理化性质的影响

猪翻拱对土壤容重的影响如图 7.11 所示，猪翻拱作用使 0～10cm 和 10～20cm 土层的土壤容重略微增加，但是显著降低 20～30cm 土层的土壤容重（$P<0.05$）。在 0～30cm 土壤深度，对照区和猪翻拱区的土壤容重均随土壤深度的增加呈逐渐升高的趋势。

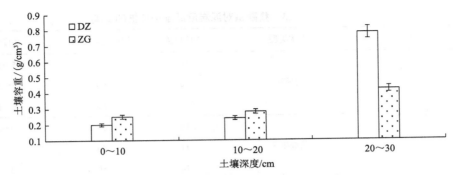

图 7.11　猪翻拱对泥炭沼泽湿地土壤容重的影响

　　猪翻拱对土壤 pH 的影响如图 7.12 所示，猪翻拱作用显著降低 0～10 cm 和 10～20 cm 土层的 pH（$P < 0.05$），使 20～30 cm 土层的 pH 略微增加。在 0～30 cm 土壤深度，对照区和猪翻拱区的土壤 pH 均呈先降低后增加的趋势。

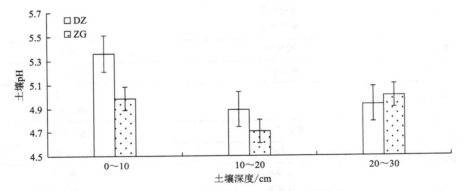

图 7.12　猪翻拱对泥炭沼泽湿地土壤 pH 的影响

　　猪翻拱对土壤有机碳含量的影响如图 7.13 所示，猪翻拱作用使得 0～10cm、10～20cm、20～30cm 土层的土壤有机碳含量增加，尤其是 0～10cm 和 10～20cm 土层的有机碳含量显著增加（$P < 0.05$）。在 0～30cm 土壤深度，对照区和猪翻拱区的土壤有机碳含量随土壤深度的增加均呈逐渐降低的趋势，且各层之间有机碳含量差异显著（$P < 0.05$）。

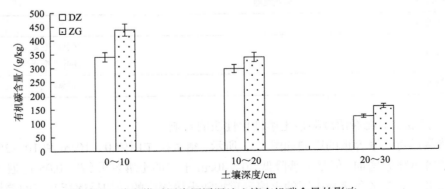

图 7.13　猪翻拱对泥炭沼泽湿地土壤有机碳含量的影响

　　猪翻拱对土壤全氮含量的影响如图 7.14 所示，猪翻拱作用显著增加土壤表层（0～10 cm）的全氮含量（$P<0.05$），对 10～20 cm、20～30 cm 土层的土壤全氮含量无显著影响。在 0～30 cm 土壤深度，对照区和猪翻拱区的土壤全氮含量随土壤深度的增加均呈降低的趋势。

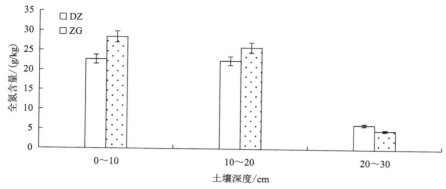

图 7.14　猪翻拱对泥炭沼泽湿地土壤全氮含量的影响

　　猪翻拱对土壤全磷含量的影响如图 7.15 所示，猪翻拱作用显著降低土壤 0～10cm、20～30 cm 的全磷含量，但对 10～20 cm 土层无影响。在 0～30 cm 土壤深度，对照区的全磷含量随土壤深度的增加呈降低的趋势，而猪翻拱区呈先增加后降低的趋势。

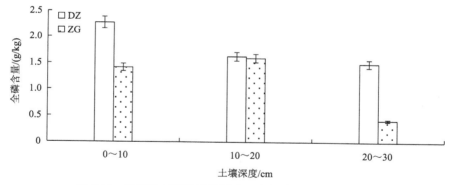

图 7.15　猪翻拱对泥炭沼泽湿地土壤全磷含量的影响

3. 猪翻拱对泥炭沼泽湿地 CO$_2$ 排放的影响

　　由图 7.16 可知，8～10 月猪翻拱区的 CO$_2$ 排放通量均显著低于对照区（$P<0.05$）。猪翻拱区和对照区的气体排放通量均随季节的变化呈逐渐降低的趋势，8 月最高，10 月最低，且各月份间 CO$_2$ 排放通量差异显著（$P<0.05$）。将 8～10 月的 CO$_2$ 排放通量进行平均，以代表生长季末期的 CO$_2$ 排放通量，其中，对照区的 CO$_2$ 排放通量平均值为 3.81μmol/（m^2·s），猪翻拱区为 2.33μmol/（m^2·s），可见猪翻拱作用显著降低泥炭沼泽湿地的 CO$_2$ 排放。

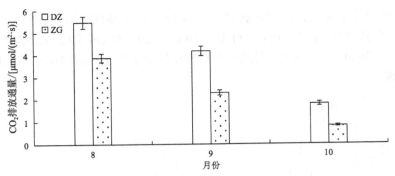

图 7.16　猪翻拱对泥炭沼泽湿地 CO_2 排放通量的影响

7.1.2.3　讨论

Ford 等（2013）在英国里布尔湾的盐沼湿地研究发现，放牧区的湿地 CO_2 排放通量显著低于禁牧区；本研究也得出牦牛践踏区和猪翻拱区的 CO_2 排放通量显著小于对照区（$P<0.05$）。生态系统 CO_2 排放通量是地上植物呼吸、地下根呼吸、土壤微生物呼吸和土壤动物呼吸的总和（宋长春等，2006）。本研究中的牦牛践踏地 CO_2 排放通量小于对照地可能是由于牦牛践踏、猪翻拱作用改变地上植被群落的结构，踩踏和取食降低地上生物量，从而降低植物的自养呼吸；同时降低对地下根和微生物碳的供应，从而降低土壤呼吸。李文等（2015）、欧阳青等（2014）、王爱东等（2010）的研究也表明放牧较禁牧或者围封都显著降低土壤呼吸速率。

也有学者研究发现放牧对 CO_2 排放没有显著影响。例如，宗宁等（2013）研究了模拟放牧对青藏高原高寒草甸生态系统 CO_2 排放的影响。张新杰等（2015）通过研究不同载畜率下短花针茅草荒漠草原土壤呼吸与植物地下生物量的关系发现，随着载畜率的增加，植物累积地下生物量减少，根系生长减缓，土壤呼吸随载畜率的增加呈下降趋势，但影响并不显著。Lecain 等（2002）在美国矮草草原的长期放牧实验也显示土壤呼吸速率在放牧区和围栏区之间无显著差异。周文昌等（2015）研究了围栏禁牧与放牧对若尔盖高原泥炭地 CO_2 排放的影响，发现围栏内禁牧和放牧地 CO_2 排放均无显著差异，其原因可能是放牧减少地上生物量，从而降低植物的自养呼吸和微生物呼吸；同时提高土壤温度，增加土壤呼吸，这两方面的影响相互抵消。

还有部分研究表明放牧减少地表生物量（Ward et al.，2007），进而减少植物光合作用的同化能力（Falk et al.，2014），导致地表土壤裸露，长期的放牧可能将会增加土壤温度和地表水分的蒸发强度，进而可能增加 CO_2 排放通量。例如，王跃思等（2003）在内蒙古天然与放牧草原温室气体排放的研究中发现，放牧羊草草原比天然羊草草原 CO_2 排放量有所增加，主要原因是放牧减少地表生物量，从而影响植物光合作用吸收 CO_2。另外，牲畜取食地上植物之后，通过消化系统和内分泌系统，又以尿液和粪便的形式返还到生态系统中，刺激植被生产力并将植物转变为易于分解的排泄物，加速有机质的分解，从而可能增加生态系统呼吸（Wang et al.，2013b；宗宁等，2013）。

综上所述，当前有关放牧对 CO_2 排放影响的研究还未取得一致结果，表现为放牧干

扰后 CO_2 排放量增加、降低和无影响。放牧对温室气体 CO_2 排放的影响机理复杂，不同的气候条件、土壤理化性质、植被类型和群落组成都会对 CO_2 的释放产生不同程度的影响，因此需要进一步细化研究。

7.1.2.4 小结

牦牛践踏使得地上生物量降低 46%，践踏区植被消失 4 种，同时增加 13 个新的物种，植被覆盖度降低 15 个百分点，植被高度降低了 40%～70%；牦牛的践踏使 0～20 cm 土层土壤容重显著增加，对 20～30 cm 土层土壤容重无显著影响；牦牛践踏作用对泥炭沼泽湿地的土壤 pH 无显著影响；0～10 cm 土层土壤有机碳含量由于牦牛践踏作用而显著降低，但对 10～30 cm 土层无显著影响；践踏作用显著降低 0～20 cm 土层土壤全氮含量，对 20～30 cm 土层无显著影响；践踏作用对湿地 0～10 cm 土层土壤全磷含量无显著影响，但显著降低 20～30 cm 土层土壤的全磷含量；牦牛践踏作用使得 8～10 月的土壤 CO_2 排放通量显著降低，随着月份的变化，CO_2 排放通量呈逐渐降低的趋势，其中，8 月最高，10 月最低。

猪翻拱使得地上生物量降低 77%，猪翻拱区植被消失 4 种，同时增加 9 个新的物种，植被覆盖度降低 40 个百分点，植被高度降低 20%～50%；猪翻拱作用对 0～20 cm 土层土壤容重无显著影响，但显著降低 20～30 cm 土层土壤容重。猪翻拱作用使得 0～20 cm 土层的土壤 pH 显著降低，对 20～30 cm 土层无显著影响；猪翻拱使得 0～20 cm 土层土壤有机碳和全氮的含量显著增加，对 20～30 cm 土层无显著影响；0～10 cm、20～30 cm 土层的土壤全磷含量由于猪翻拱而显著降低，但对 10～20 cm 土层无显著影响；猪翻拱作用使得 8～10 月的土壤 CO_2 排放通量显著降低，随着月份的变化，CO_2 排放通量呈逐渐降低的趋势，其中，8 月最高，10 月最低。

7.1.3 排泄物输入对泥炭沼泽湿地 CO_2 排放的影响

7.1.3.1 牦牛粪便输入对泥炭沼泽湿地 CO_2 排放的影响

牦牛粪便输入对 CO_2 排放通量的影响如图 7.17 所示，在整个监测期间，粪便输入区的 CO_2 排放通量始终高于对照区（$P<0.05$）。牦牛粪便输入之后的第 9 天，CO_2 排放通量达到最大值，为 19.17μmol/（$m^2 \cdot s$），之后 CO_2 排放通量逐渐降低，在 8 月 21 日又略有上升，之后又呈下降的趋势。监测期间粪便输入区的平均 CO_2 排放通量为 14.38μmol/（$m^2 \cdot s$）。相比之下，对照区 CO_2 排放通量表现比较平稳，呈先上升后下降的趋势，但波动性不大，实验期间的平均 CO_2 排放通量为 4.71μmol/（$m^2 \cdot s$）。

7.1.3.2 牦牛践踏对泥炭沼泽湿地 CO_2 排放的影响

牦牛践踏对湿地 CO_2 排放通量的影响如图 7.17 所示，监测期间牦牛践踏区的 CO_2 排放通量始终小于对照区、粪便输入区和粪便输入和践踏交互作用区（$P<0.05$）。监测期间牦牛践踏区的 CO_2 排放通量变化曲线相对平稳，平均值为 2.60μmol/（$m^2 \cdot s$）。

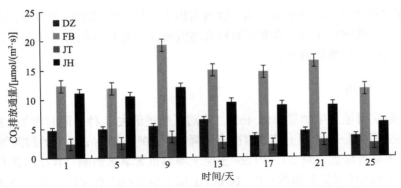

图 7.17　牦牛粪便输入对泥炭沼泽湿地 CO_2 排放通量的影响

7.1.3.3　牦牛粪便输入和践踏交互作用对泥炭沼泽湿地 CO_2 排放的影响

粪便输入和践踏的交互作用对湿地 CO_2 排放通量的影响如图 7.17 所示，监测期间粪便输入和践踏交互作用区的 CO_2 排放通量始终高于对照区（$P<0.05$）。粪便输入和践踏交互作用区在监测期间的平均 CO_2 排放通量为 9.48μmol/（m^2·s），显著高于对照区 [4.71μmol/（m^2·s）]。粪便输入和践踏交互作用区的 CO_2 排放通量又显著低于粪便输入区。

7.1.3.4　牦牛放牧对泥炭沼泽土壤温度和湿度的影响

牦牛放牧作用下泥炭沼泽湿地 10 cm 土层土壤温度和土壤湿度变化特征如图 7.18 和图 7.19 所示。实验期内，对照区 10 cm 土层土壤温度均值为 14.3℃，牦牛粪便输入区为 14.0℃，牦牛践踏区为 14.0℃，粪便输入和践踏交互作用区为 13.9℃，4 个样区 10 cm 土层土壤温度变化差异不显著（$P>0.05$）。4 个样区 10 cm 土层土壤湿度在实验期间均波动较大，其中对照区土壤湿度变化范围为 40%～125%，牦牛粪便输入区为 48%～120%，牦牛践踏区为 23%～77%，粪便输入和践踏交互作用区为 17%～100%。对照区、牦牛粪便输入区的土壤湿度均与牦牛践踏区的土壤湿度存在显著性差异（$P<0.05$）；对照区与牦牛粪便输入区、对照区与粪便输入和践踏交互作用区、牦牛粪便输入区与粪便输入和践踏交互作用区、牦牛践踏区与粪便输入和践踏交互作用区之间的土壤湿度变化差异性不显著（$P>0.05$）。

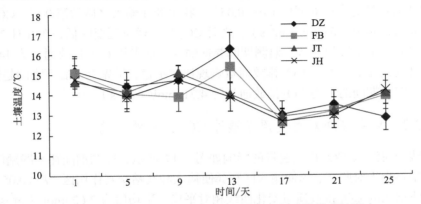

图 7.18　牦牛放牧对泥炭沼泽湿地 10 cm 土层土壤温度的影响

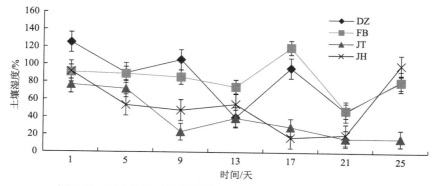

图 7.19 牦牛放牧对泥炭沼泽湿地 10 cm 土层土壤湿度的影响

7.1.3.5 牦牛放牧影响下泥炭沼泽土壤温度和湿度变化对 CO_2 排放的影响

10 cm 土层土壤温度和土壤湿度变化与 CO_2 排放之间的关系如表 7.5 所示。通过 Pearson 相关性分析得知，对照区的 CO_2 排放通量与 10 cm 土层土壤温度存在显著正相关（$P<0.05$），而与 10 cm 土层土壤湿度呈负相关，但相关性不显著；牦牛粪便输入区的 CO_2 排放通量与 10 cm 土层土壤温度和土壤湿度均呈负相关，且相关性均不显著；牦牛践踏处理下的 CO_2 排放通量与 10 cm 土层土壤温度呈正相关关系，与 10 cm 土层土壤湿度呈负相关关系，但相关性均不显著；牦牛粪便和践踏交互作用下的 CO_2 排放通量与 10 cm 土层土壤温度呈正相关，与 10 cm 土层土壤湿度呈负相关，且相关性不显著。

表 7.5 牦牛放牧影响下泥炭沼泽湿地 CO_2 排放通量与土壤温度和湿度的关系（余磊朝等，2016）

气体通量	处理样区	10 cm 土层土壤温度	10 cm 土层土壤湿度
CO_2	对照区	0.866[*]	−0.425
	粪便输入区	−0.236	−0.344
	牦牛践踏区	0.384	−0.520
	粪便输入和践踏交互作用区	0.426	−0.102

* 达到显著水平 0.05。

通过一元线性回归分析 CO_2 排放通量与土壤温度和土壤湿度的关系，发现只有对照区的 CO_2 排放通量与土壤温度存在显著的线性相关关系，即随着土壤温度的升高，CO_2 排放通量逐渐增大，而与土壤湿度不存在线性相关关系。牦牛粪便输入区、践踏区及粪便输入和践踏交互作用区的 CO_2 排放通量与土壤温度和土壤湿度均不存在线性相关关系。

7.1.3.6 讨论

牦牛放牧过程中的粪便输入作为肥料为土壤提供营养成分的同时，不可避免地影响湿地系统的碳循环过程。Lin 等（2011）研究发现，牦牛粪便斑块的 CO_2 排放通量比对照区高出 36%～50%。本研究也发现，牦牛粪便输入区的 CO_2 排放通量显著高于对照区（$P<0.05$）。蔡延江等（2014）测定的牦牛粪便斑块中总有机碳含量达到了 32.1%。本研究中牦牛粪便总有机碳含量达到了 48.36%。一些研究结果表明，牦牛粪便输入之后引

起 CO_2 释放量增加的原因可能是粪便斑块本身、土壤微生物的增加和地上、地下生物量的增加。本研究中由于监测时间比较短,故推测牦牛粪便样地的高 CO_2 排放通量可能来自粪便微生物和无脊椎动物对粪便中有机碳的分解;葛世栋等(2014)研究了高寒草甸粪便温室气体的排放特征,发现 CO_2 的释放在整个观测期内呈单峰曲线,且 CO_2 排放峰值发生在处理后第 7 天,整个实验期间 CO_2 平均排放通量比对照区提高 36.42%。本研究发现 CO_2 的排放也呈单峰曲线,排放最大值出现在测量的第 9 天,之后 CO_2 排放通量逐渐降低。整个观测期间,粪便 CO_2 平均排放通量比对照区提高约两倍。何奕忻(2009)研究了牦牛粪便对川西北高寒草甸土壤养分的影响,发现牦牛粪便在短期内对土壤有机碳含量的提高没有显著作用,可能是由于牦牛粪便的输入促进微生物及昆虫的活动,从而加快有机碳的分解。粪便的分解受到生物因素和非生物因素的共同影响,不同的区域、天气和季节,粪便分解的时间也不相同。Holter(1979)研究发现,在无覆盖的情况下只需 32 天就能分解粪便总量的 75%。生物因素如粪便中的粪便微生物和无脊椎动物的活动也对粪便的分解起着至关重要的作用。

牦牛粪便输入和践踏交互作用区 CO_2 排放通量低于牦牛粪便输入区,但是显著高于对照区和牦牛践踏区。说明牦牛粪便输入和践踏交互作用区是牦牛粪便输入和牦牛践踏叠加作用的结果。牦牛粪便输入后,CO_2 排放通量相比对照区和践踏区显著增加,而牦牛践踏的区域生态系统 CO_2 排放通量显著低于对照区,因此这两者的叠加作用使得粪便输入和践踏交互作用区的 CO_2 排放通量处于粪便输入区与牦牛践踏区之间。牦牛粪便的分解抵消牦牛践踏导致的湿地系统 CO_2 排放通量降低的效果。

7.1.3.7 小结

1)牦牛粪便输入之后,短期内能显著提高泥炭沼泽湿地 CO_2 排放通量,监测第 9 天时 CO_2 排放通量达到最大值。监测期间,粪便输入区的 CO_2 排放通量变化曲线呈不规则的 M 形曲线。对照区 CO_2 排放通量变化曲线在监测期间比较平稳,波动幅度不大。

2)交互作用区 CO_2 排放通量在监测期间也显著高于对照区,CO_2 排放通量变化曲线呈逐渐下降的趋势。

3)对照区的 CO_2 排放通量与 10 cm 土层土壤温度存在显著正相关,而与 10 cm 土层土壤湿度呈不显著的负相关;牦牛粪便输入区的 CO_2 排放通量与 10 cm 土层土壤温度和土壤湿度均呈不显著的负相关;交互作用下的 CO_2 排放通量与 10 cm 土层土壤温度呈正相关,与 10 cm 土层土壤湿度呈负相关,但相关性不显著。

4)对照区的 CO_2 排放通量与 10 cm 土层土壤温度存在显著的线性相关关系,与 10 cm 土层土壤湿度不存在线性相关关系。

7.1.4 研究结论与展望

7.1.4.1 研究结论

本章通过研究牦牛放牧和家猪放牧对泥炭沼泽湿地植被、土壤理化性质和 CO_2 排放的影响,牦牛粪便输入对泥炭沼泽湿地 CO_2 排放的影响,主要得到以下结论。

1）牦牛践踏和猪翻拱使得泥炭沼泽湿地地上生物量显著低于对照区（$P<0.05$）。践踏区消失 4 个植物种，增加 13 个植物种，植被覆盖度降低 15 个百分点，植被高度降低 40%～70%；猪翻拱区消失 4 个植物种，增加 9 个植物种，植被覆盖度降低 40 个百分点，植被高度降低 20%～50%，说明猪翻拱作用比牦牛践踏作用对地上植被的破坏程度更大。

2）牦牛践踏显著增加了 0～20 cm 土层土壤容重（$P<0.05$），尤其对 0～10 cm 土层土壤的压实程度更为明显，对 20～30 cm 土层土壤容重无显著影响；猪翻拱作用对 0～20 cm 土层的土壤容重无显著影响，但显著降低 20～30 cm 土层的土壤容重，说明猪翻拱作用比牦牛践踏作用对土壤的破坏程度更大，影响程度更深；弥里塘湿地土壤呈酸性（pH<7），牦牛践踏作用对 0～30 cm 土层土壤 pH 没有显著影响（$P>0.05$）；猪翻拱作用显著降低 0～20 cm 土层土壤 pH，对 20～30 cm 土层土壤 pH 无显著影响；牦牛践踏显著降低 0～10 cm 土层土壤有机碳含量（$P<0.05$），对 10～30 cm 土层土壤有机碳含量无显著影响；猪翻拱显著增加 0～10 cm、10～20 cm 土层土壤有机碳含量，对 20～30 cm 土层土壤有机碳含量无影响。说明猪翻拱较牦牛践踏对湿地土壤有机碳含量影响程度更大，且表现为相反结果；牦牛践踏使得 0～20 cm 土层土壤全氮含量显著降低（$P<0.05$），对 20～30 cm 土层土壤全氮含量无影响；猪翻拱显著增加 0～20 cm 土层土壤全氮含量，对 20～30 cm 土层土壤全氮含量无影响，牦牛践踏和猪翻拱对 0～20 cm 土层土壤全氮含量的影响结果相反；牦牛践踏对湿地土壤表层（0～10 cm）全磷含量无显著影响，但显著降低了 10～30 cm 土层土壤全磷含量（$P<0.05$）；猪翻拱显著降低 0～10 cm、20～30 cm 土层土壤全磷含量，对 10～20 cm 土层土壤全磷含量无显著影响。

3）牦牛践踏和猪翻拱均显著降低泥炭沼泽湿地的 CO_2 排放通量（$P<0.05$），相比牦牛践踏作用，猪翻拱作用对湿地 CO_2 排放的影响程度更大；牦牛粪便输入之后，短期内能显著提高湿地 CO_2 排放通量（$P<0.05$），监测第 9 天时 CO_2 排放通量达到最大值。监测期间，粪便输入区的 CO_2 排放通量变化曲线呈不规则的 M 形曲线。对照和牦牛践踏区的 CO_2 排放通量变化曲线在监测期间比较平稳，波动幅度不大；粪便输入和践踏交互作用区 CO_2 排放通量在监测期间显著高于对照区（$P<0.05$），但 CO_2 排放通量变化曲线在整个监测期间呈逐渐下降的趋势。

7.1.4.2　展望

本章研究牦牛放牧和家猪放牧过程中的践踏作用和翻拱作用对泥炭沼泽湿地 CO_2 排放及土壤理化性质的影响，同时研究牦牛粪便输入和践踏交互作用对泥炭沼泽湿地 CO_2 排放的影响，虽得出了一些结论，但仍然存在很多不足，主要有以下几方面。

（1）研究时间尺度问题

由于时间的限制，本研究在弥里塘湿地只测得了植被生长季末期（8～10 月）不同放牧干扰对泥炭沼泽湿地 CO_2 排放的影响，今后要扩大测量时间和频率，至少应以 1 年的时间为周期，监测植被不同生长季节、不同放牧干扰对湿地 CO_2 排放的影响，以探究不同放牧干扰下湿地 CO_2 排放的全年动态变化。本研究在海尾湿地分析牦牛粪便输入对湿地 CO_2 排放的影响时，监测周期比较短，且每次监测间隔的时间较长，获得的数据量不大，今后应延长监测时间，同时增加监测频率。

（2）监测指标的选取

放牧活动对湿地生态系统的影响是一个比较复杂的过程，会影响生态系统的各方面，本研究只选取了几个主要的植被、土壤理化性质指标作为监测指标，一些重要的指标如地下生物量、土壤呼吸及微生物呼吸对不同放牧类型的响应没有进行研究，今后应注重这方面的研究，以期从不同角度就放牧活动对湿地生态系统 CO_2 排放的影响机理进行研究。

7.2　放牧对高寒草甸 CO_2 排放的影响

7.2.1　研究内容及方法

7.2.1.1　研究内容

（1）藏猪放牧对高寒草甸土壤理化性质的影响

分析不同季节藏猪放牧干扰对高寒草甸土壤物理性质和化学性质的影响，阐明藏猪放牧对高寒草甸土壤结构及组成的破坏机制，揭示藏猪放牧对高寒草甸土壤理化性质的影响机理和作用规律。

（2）藏猪放牧对高寒草甸植物群落的影响

分析藏猪放牧对高寒草甸植被生物量和物种分配特征的影响，阐明藏猪放牧对高寒草甸植被演替和生长特征的影响机制，揭示藏猪放牧对高寒草甸植物群落的影响机理和作用规律。

（3）藏猪放牧对高寒草甸土壤 CO_2 排放通量的影响

分析不同季节藏猪放牧对高寒草甸土壤 CO_2 排放通量的日动态变化特征和季节动态变化特征的影响，揭示藏猪放牧对高寒草甸土壤 CO_2 排放通量的影响机理和作用规律。

7.2.1.2　研究方法

（1）样地选择

根据统计年鉴，自 20 世纪中叶以来，滇西北纳帕海湿地中的高寒草甸一直被当地藏族牧民用作冬季牧场（11 月初至次年 5 月中旬），主要放牧牦牛、绵羊以及少量藏猪。因为藏猪生长速度缓慢（12 个月 20～25kg，24 个月 35～40kg），利润很低，放牧数量逐渐减少。然而，自 2009 年以来，为了满足市场对藏猪肉日益增长的需求，散养藏猪的数量出现了大幅增长。目前，纳帕海约有三分之一的高寒草甸受到藏猪干扰的影响，藏猪放牧为高寒草甸生态系统带来了众多不利的因素。

考虑到牦牛和绵羊长期的放牧效应，以及该地区历史上放牧的普遍性，因此，纳帕海湿地很难找到一个完全不受牛羊放牧干扰的地区，本研究将藏猪放牧视为干扰因子。我们通过对土壤-根系复合体的检测，可以清楚地将未被扰动与藏猪扰动的土壤样地区分开来。因为，不受藏猪放牧干扰，根系与聚集的土壤会紧密结合，形成土壤-根系复合体。

一旦遭受藏猪干扰（只剩下枯枝和支离破碎的根），在高原的寒冷条件下植被恢复将需要很长时间。基于历史调查，研究地点选在布伦、哈木谷、伊拉 3 个典型的放牧区域，其中布伦属于沼泽化草甸，土壤类型为泥炭沼泽土（泥炭深度 1～1.5 m），季节性淹水。哈木谷草原和伊拉属于陆生草甸，土壤类型为草甸土，常年无淹水。采样点分别设置藏猪干扰区和对照区（表 7.6）。结合现场调查和近年来高分卫星遥感影像数据判读分析，确保所选取的对照样方在历史上没有被藏猪干扰过，能够反映该区域的长期放牧效应。同时，在 3 个研究区分别设置藏猪干扰和对照的平行研究样带，研究样带上每隔 5 m 设置 1 个 1 m×1 m 的研究样方，每条样带共设置研究样方 6 个，3 个研究区域共计 36 个研究样方。各研究样带与研究样方四角用木桩标记并用 GPS 定位。另外，对照样方和藏猪干扰样方具有相一致的气候、水文和地貌特征。

表 7.6　采样点地理位置和自然特征（Xiao et al., 2021）

研究区	纬度（N）/°	经度（E）/°	海拔/m	植被覆盖度/%	类型	样地特征
布伦	27°49′07″	99°37′56″	3271	70	沼泽化草甸	采样点均在居民区附近，放牧强度较为一致。藏猪干扰放牧土壤样地呈斑块状分布，表层土层被翻拱至地表，且大面积暴露在空气中。
哈木谷	27°50′37″	99°38′28″	3275	85	草甸	
伊拉	27°52′14″	99°39′30″	3238	60	草甸	

（2）野外原位测定

土壤 CO_2 排放通量采用便携式土壤呼吸仪(LI-8100A，LI-COR，USA)现场测定 CO_2 排放通量。分别在雨季（7 月）和旱季（1 月）选择晴朗且气候条件稳定的时间对布伦、哈木谷和伊拉藏猪翻拱和对照样方土壤 CO_2 通量进行测定。野外采样时，将测定系统的气室与基座密切相连，连接电池后，测定前对机器进行开机预热 20 min，设置网络，将测定系统与配套笔记本电脑（用于存储数据）连接，调整好参数。每次测量时，先将预先制好的 PVC 环垫（ID=20 cm，H=12 cm）打入每块样地内的待测点，打入土壤中的深度大约 1～2 cm，并砸实外圈土壤以防漏气，并在整个测定过程中保持 PVC 环静止不动。在避免破坏土壤表层结构的前提下将 PVC 环垫内的活体植物的地上部分剪掉并移出，以消除测定时植物自养呼吸对土壤 CO_2 排放通量产生的影响，并尽量避免对土壤表层结构的破坏。安排的测定时间为每天的 8:00～17:00。每个样方设置测量时间长度为 10 min，测定结束后迅速移动至下一个样方，每条样带 6 个样方共计 1 h，然后对干扰和对照样带上的样方进行循环测定，且保证干扰和对照样带两台机器同时运行。

（3）室内分析

a. 植物群落分析

2017 年 9 月，采用样方法进行植物群落特征调查，在每个样带中心及其对角边上，随机选取 5 个 1 m×1 m 的样方，样方间距 20 m 以上，记录样方内植物的类型，随后我们对样方内物种进行采样并对种类进行鉴定记录。随后，计算每种植物的相对密度、相对频度、相对显著度，以上三者加权平均计算可以得到物种重要值，重要值最高的物种即为样带的优势物种。最后采用杰卡德相似性系数（Jaccard similarity coefficient）计算藏猪干扰与对照样带之间植物群落的相似性（Ricotta et al., 2016），杰卡德相似性系数数值越大，表明不同样带之间植物物种的相似性就越高。其中，相对密度=（样方中某物种的个体数/样方中全部物种的个体数之和）×100%；

相对频度=（样方中某物种的频度/样方中全部物种的频度之和）×100%；

相对显著度=（样方中某物种的胸高断面积/样方中全部物种的胸高断面积之和）×100%；

植物物种重要值=（相对密度+相对频度+相对显著度）/3。

b. 植物生物量及土壤基本理化性质测定

在布伦、哈木谷、伊拉每个待测样点周围选择一个样方（大小为 50 cm×50 cm），使用环刀（直径 5 cm，高度 5 cm）在每块样方上进行取样，取样深度为 20 cm，每条样带 6 个重复，取环刀样的同时对取样剖面的土壤进行采集并装入自封袋中。样方内收割的新鲜植物带回实验室清洗干净，用牛皮纸包裹编号后放入烘箱，进行 65℃烘干至恒重后，用四分位电子天平进行植物地上、地下生物量的测量，并做好记录。从野外带回来的土壤，一部分放入 4℃冰箱保存，进行土壤活性有机碳的测定，另一部分进行风干处理。土样风干后，将其中的石块、动植物残体挑出，过 2 mm 孔径的筛，混合均匀后分成两份，一部分用作物理分析，一部分用作化学分析。用作化学分析的土壤一部分过 0.149 mm 孔径筛，利用电极法对土壤 pH 进行测定，一部分过 0.25 mm 孔径筛，通过重铬酸钾法对土壤有机质进行测定。总活性有机碳利用高锰酸钾氧化法测定；土壤微生物量碳利用氯仿熏蒸法测定；全氮采用凯氏定氮仪测定；速效磷采用碳酸氢钠浸提钼锑抗比色法测定。利用环刀法测量土壤容重、总孔隙度、土壤含水率，根土比等物理指标。公式如下：

$$D = \frac{m_0}{V}; \quad P_{non} = C_{max} \times D; \quad C_{nat} = \frac{(m_1 - m_0)}{V}$$

公式中，m_0、m_1 分别为环刀及环刀内土壤干重、鲜重；D（g/cm^3）为土壤容重；V（cm^3）为环刀容积；P_{non} 为总孔隙度；C_{nat} 为自然含水率。

（4）数据处理

a. 藏猪放牧强度的确定

鉴于放牧对高寒草甸生态系统的作用强度具有显著的空间异质性。放牧干扰通常直接作用于湿地植被、土壤等，进而对植物繁殖库和更新策略产生影响，草甸植被、土壤本底特征可较好体现放牧压力特征并较好体现放牧的强度。因此，对采样区植物、土壤环境本底的相关参数进行同步监测与研究，通过植物-土壤指数（plant-soil index，PSI）分析藏猪干扰型放牧对高寒草甸的影响，即：

$$PSI = \sqrt{P^2 + S^2} \left(0 < PSI \leqslant \sqrt{2}\right)$$

$$P = \sum_{i=1}^{n} P_i \times W_{P_i} \left(0 < P \leqslant 1\right)$$

$$S = \sum_{j=1}^{m} S_j \times W_{S_j} \left(0 < S \leqslant 1\right)$$

式中，P 为植物群落状态，S 为土壤状态。其中，P 的评估指标包括植物地上生物量和地下生物量，P_i 为植物群落指标 i，W_{Pi} 为该指标的权重。S 的评估指标包括土壤的物理指标（容重，含水率，根土比，孔隙度）和化学性质（pH，有机质，总活性有机碳）。S_j 为土壤指标 j，W_{Si} 为该指标的权重。采用熵权法，按标准化计算熵值和确权，以确定 P 和 S 各指标的权重。PSI 值越大表明植物—土壤系统状态越好，其受藏猪放牧的影响越小，PSI 越小表明植物—土壤系统受藏猪放牧的影响越大，放牧强度较大。进而通过 PSI 确定藏猪放牧对高寒草甸的影响。

　　b. 数据统计分析方法

　　所有数据用 Microsoft Excel 2007 进行整理，统计各指标平均值与标准差。采用单因素方差分析法（One-way ANOVA）对不同放牧方式下的土壤物理、化学性质及生物量之间的差异性进行分析。利用多因素方差分析法（Multiple-way ANOVA），分析了季节、放牧方式、草甸类型对土壤 CO_2 排放通量及植物—土壤指数的交互作用。运用 Canoco 4.5 生态学多元统计分析模型分析样本的空间差异特征，利用蒙特卡洛置换检验分析环境因子对土壤 CO_2 排放通量影响的显著性水平，根据冗余分析（RDA）探讨了土壤 CO_2 排放通量在不同季节、不同草甸类型之间的差异性特征。上述分析均采用 SPSS 16.0 进行统计分析，其中 $P<0.05$ 为显著，$P<0.01$ 为极显著，作图采用 Sigmaplot 10.0。

7.2.2　藏猪放牧下的高寒草甸土壤理化特征

　　整体来看，藏猪干扰显著降低了土壤含水率、根土比、有机质的和总活性有机碳的含量（$P<0.05$），提高了土壤容重、pH 和孔隙度。另外，不同季节条件下布伦、哈木谷、伊拉土壤理化指标呈现出不同的变化特征。其中，旱季时［表 7.7（a）］，受藏猪放牧干扰的影响，哈木谷和伊拉土壤理化性质较对照呈现出较为明显的波动特征（$P<0.05$），与其它因子相比，根土比和孔隙度的变化幅度更为显著（$P<0.01$）。雨季时［表 7.7（b）］，藏猪放牧干扰对哈木谷和伊拉土壤理化指标的影响和旱季相比表现出较为相似的变化特征。布伦除土壤孔隙度和有机质表现出较为明显的波动趋势（$P<0.05$），其它理化指标均无显著变化（$P>0.05$）

表 7.7　土壤基本理化指标

（a）旱季

样地		容重/(g/cm^3)	pH	含水率/%	根土比	孔隙度/%	有机质/(g/kg)	总有机活性碳/(mg/g)
布伦	对照	0.84±0.22	7.06±0.61	0.68±0.06	0.14±0.03	51.51±5.31	447.43±85.74	14.64±3.85
	干扰	0.90±0.24	7.21±0.24	0.60±0.11	0.01±0.01	65.00±6.01	368.58±23.26	12.27±4.04
	P	0.065	0.58	0.119	<0.01	<0.05	0.075	0.324
哈木谷	对照	1.06±1.04	6.19±0.44	0.25±0.02	0.07±0.02	36.72±8.80	80.33±23.56	4.83±0.80
	干扰	1.28±0.24	7.15±0.58	0.20±0.06	0.01±0.01	83.18±15.78	54.33±13.90	5.05±1.14
	P	0.076	<0.05	0.146	<0.01	<0.01	<0.05	0.706
伊拉	对照	1.23±0.19	6.30±0.36	0.25±0.05	0.05±0.02	52.85±8.06	100.67±11.74	11.46±7.56
	干扰	1.39±0.25	7.34±0.44	0.17±0.03	0.01±0.01	98.55±12.94	66.87±17.07	9.92±6.01
	P	0.24	<0.05	<0.05	<0.01	<0.01	<0.05	0.703

（b）雨季

样地		容重/（g/cm³）	pH	含水率/%	根土比	孔隙度/%	有机质/(g/kg)	总有机活性炭/(mg/g)
布伦	对照	0.64±0.03	7.61±0.07	0.73±0.08	0.05±0.03	63.93±6.48	472.16±41.26	21.01±2.60
	干扰	0.64±0.12	7.57±0.04	0.74±0.01	0.05±0.04	92.52±10.23	376.6±41.13	19.52±1.99
	P	0.923	0.238	0.156	0.861	<0.01	<0.01	0.292
哈木谷	对照	0.74±0.06	7.32±0.10	0.30±0.02	0.07±0.04	76.20±15.30	70.7±10.25	15.49±2.73
	干扰	0.98±0.14	7.87±0.11	0.26±0.03	0.01±0.01	100.52±19.4	47.78±18.24	9.45±1.57
	P	<0.05	<0.01	<0.05	<0.05	<0.05	<0.05	<0.01
伊拉	对照	0.82±0.01	7.83±0.13	0.44±0.78	0.05±0.04	68.11±7.67	180.99±50.34	15.68±4.85
	干扰	0.89±0.15	8.01±0.03	0.29±0.02	0.01±0.01	98.91±11.55	85.79±25.23	11.29±1.42
	P	0.339	<0.05	<0.05	<0.05	<0.01	<0.05	0.059

7.2.3 藏猪放牧下的高寒草甸植物特征

7.2.3.1 植物生物量及分配特征

放牧干扰下不同草甸、不同季节植物生物量指标具有明显的波动特征（表7.8）。从采样点来看，无论是旱季还是雨季以布伦为代表的沼泽化草甸，对照样地里植物生物量低于哈木谷和伊拉草甸，其中旱季布伦的地上生物量为（23.56±23.23g/m²）总生物量为（149.06±45.39 g/m²），而布伦雨季对照生物量情况略有增加，地上和总生物量分别为（113.78±37.21 g/m²）和（1040.75±364.03 g/m²）。另外，藏猪放牧显著降低了高寒草甸地上部分和地下部分的总生物量（P <0.05），减少了地表植被的覆盖度和生物量。从季节上来看，雨季条件下，布伦、哈木谷和伊拉植物地上生物量和总生物量较旱季增加明显，而且不同采样点的总生物量较地上部分出现了差异性较大的特征,由此表明了雨季降水显著提高了植物的地上和地下生物量，且地下生物量在总的生物量中占据着重要地位。

表 7.8 放牧对植物生物量的影响 （单位：g/m²）

样地		旱季		雨季	
		地上生物量	总生物量	地上生物量	总生物量
布伦	对照	23.56±23.23	149.06±45.39	113.78±37.21	1040.75±364.03
	干扰	0.01±0.01	1.08±0.80	11.26±23.03	540.03±115.51
	P	<0.05	<0.01	<0.01	<0.05
哈木谷	对照	35.13±15.55	428.89±42.55	310.95±45.83	2872.44±442.41
	干扰	2.45±2.43	5.21±1.57	15.05±5.83	225.65±58.92
	P	<0.05	<0.01	<0.01	<0.01
伊拉	对照	38.97±29.24	616.67±114.73	294.78±52.43	1566.26±317.95
	干扰	1.43±1.76	5.67±1.43	16.88±22.24	218.73±45.39
	P	<0.05	<0.01	<0.01	<0.01

7.2.3.2 植物群落丰富度与组成结构特征

对比分析对照与藏猪放牧干扰区植物群落丰富度与组成结构特征（图 7.20），整体来看，虽然不同处理下的植物物种数量变化不显著（ $P > 0.05$ ），但是藏猪放牧较对照植物物种数均呈减少趋势。平均每个样方上观察到 2～5 种植物。其中陆生草甸（哈木谷和伊拉）上观察到的物种数量（4～5 种）略高于在沼泽化草甸（布伦）上观察到的物种数量，且表现出较为相似的物种多度特征。

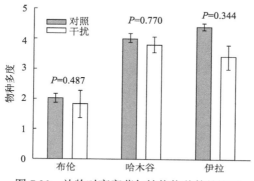

图 7.20 放牧对高寒草甸植物物种数的影响

另外，植物群落结构组成在藏猪放牧干扰下发生了显著的变化，且不同采样点里植物组成差异较大（表 7.9）。布伦对照条件下的优势植物主要有水葱和水蓼。而在藏猪放牧干扰下，华扁穗草和白茅的重要值较高，碎米荠、水葱、小藜均受藏猪干扰呈现出重要值减少的趋势。另外，哈木谷的优势物种是矮地榆和水葫芦苗，藏猪放牧干扰使水蓼和云南高山豆均有增加的趋势。受藏猪放牧干扰伊拉的优势植物华扁穗草（重要值范围是 0.212～0.199）向黄花蔺（重要值范围是 0.109～0.200）演替。根据杰卡德相似性系数布伦、哈木谷、伊拉地区不同放牧方式下的相似性系数分别为 89.4%、89.8% 和 93.2%。由此可见，与陆生草甸相比，沼泽化草甸中的植物物种组成发生了更为明显的变化。

表 7.9 干扰与对照条件下样方中植物的重要值与杰卡德相似性指数

样地	植物名称	干扰	对照
布伦	华扁穗草 *Blysmus sinocompyessus*	0.299	0.083
	早熟禾 *Poa annua*	0.155	0.085
	碎米荠 *Cardamine hirsuta*	0.040	0.045
	沼生蔊菜 *Rorippa islandica*	0.036	0.115
	水葱 *Scirpus tabernaemontani*	0.076	0.129
	蕨麻 *Potentilla anserina*	0.025	0.007
	小藜 *Chenopodium serotinum*	0.047	0.077
	水蓼 *Polygonum hydropiper*	0.000	0.271
	白茅 *Pantropical weeds*	0.205	0.000
相似性指数		89.4%	

续表

样地	植物名称	干扰	对照
哈木谷	矮地榆 *Sanguisorba filiformis*	0.424	0.382
	水葫芦苗 *Halerpestes cymbalaria*	0.226	0.308
	酸模水蓼 *Polygonum hydropiper*	0.049	0.023
	沼生蔊菜 *Rorippa islandica*	0.006	0.127
	棱喙毛茛 *Ranunculus trigonus*	0.063	0.064
	车前 *Plantago asiatica*	0.026	0.033
	蕨麻 *Potentilla anserina*	0.040	0.021
	云南高山豆 *Tibeta yunnanensis*	0.026	0.006
	水蓼 *Polygonum hydropiper*	0.140	0.016
相似性指数		89.8%	
伊拉	华扁穗草 *Blysmus sinocompyessus*	0.212	0.199
	早熟禾 *Poa annua*	0.090	0.180
	西伯利亚蓼 *Polygonum sibiricum*	0.073	0.000
	崂峪苔草 *Carex giraldiana*	0.198	0.123
	水葫芦苗 *Halerpestes cymbalaria*	0.017	0.013
	白茅 *Pantropical weeds*	0.000	0.101

续表

样地	植物名称	干扰	对照
伊拉	黄花蔺 *Limnocharis*	0.109	0.200
	碎米荠 *Cardamine hirsuta*	0.199	0.083
相似性指数		93.2%	

注：仅列出重要值综合比重较大的物种

7.2.4 藏猪放牧下的高寒草甸土壤 CO_2 排放通量特征

7.2.4.1 土壤 CO_2 排放通量季动态变化

从季节上看（图 7.21），雨季的高寒草甸土壤 CO_2 排放通量的平均值较旱季明显升高，且藏猪放牧显著降低了土壤 CO_2 的排放通量，藏猪干扰下布伦、哈木谷、伊拉土壤 CO_2 排放通量较对照分别降低了 70.4%、87.5%、60.7%。从采样点来看，不同季节影响下的布伦对照土壤 CO_2 排放通量均大于干扰样地，其中旱季布伦藏猪干扰较对照土壤 CO_2 排放通量降低了 30.2%，而雨季降低了 70.4%。藏猪干扰影响下的哈木谷和伊拉在旱季时则出现了土壤 CO_2 排放通量大于对照的现象，藏猪干扰较对照土壤 CO_2 排放通量分别增加了 24.7% 和 18.3%。其中哈木谷藏猪干扰下的土壤 CO_2 排放通量与对照相比差异十分显著（$P < 0.01$）。

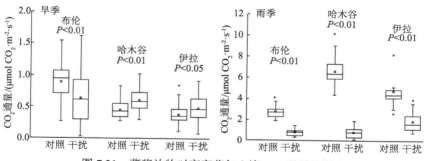

图 7.21 藏猪放牧对高寒草甸土壤 CO_2 通量的影响

7.2.4.2 土壤 CO_2 排放通量日动态变化

由图 7.22 可知,不同季节布伦、哈木谷、伊拉藏猪干扰与对照土壤 CO_2 排放通量的日变化曲线存在差异,具有明显的日波动变化特征。旱季时,布伦对照和干扰样地土壤 CO_2 排放通量的最高值均出现在 10:00～11:00 之间,其数值分别为 1.05 $\mu mol\ CO_2\ m^{-2}\ s^{-1}$ 和 0.94 $\mu mol\ CO_2\ m^{-2}\ s^{-1}$,哈木谷和伊拉对照土壤 CO_2 排放通量在一天之内呈现出不断上升的趋势,在傍晚时分超过了干扰样地且达到全天最大值,且对照和干扰土壤 CO_2 排放通量的日变化规律较为一致。雨季时,各采样点藏猪干扰土壤 CO_2 排放通量均小于对照,各采样点土壤 CO_2 排放通量的全天最高值均出现在午后。同时,无论是对照还是藏猪干扰,雨季 CO_2 排放通量日变化波动曲线与旱季相比更为平稳。

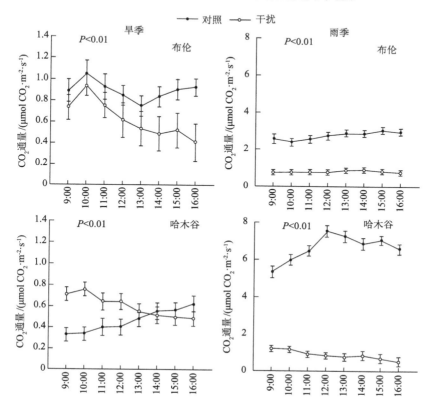

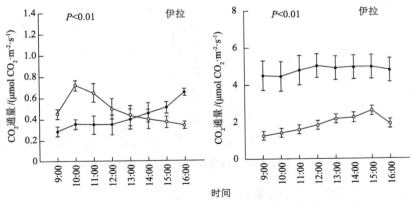

图 7.22　藏猪放牧对高寒草甸土壤 CO_2 通量日动态的影响

7.2.5　藏猪放牧下高寒草甸土壤 CO_2 排放通量影响因子的相关性分析

7.2.5.1　土壤 CO_2 排放通量与土壤物理性质的相关性

由图 7.23 可知,对照样地土壤容重与 CO_2 排放通量存在显著的负相关关系($P<0.01$),而藏猪放牧土壤 CO_2 排放通量的日变化与土壤容重无显著相关关系。同时,不同采样点土壤含水率、根土比与 CO_2 排放通量之间均不存在显著相关关系($P>0.05$)。对照和藏猪放牧土壤 CO_2 排放通量与孔隙度均呈显著的正相关关系($P<0.05$)。

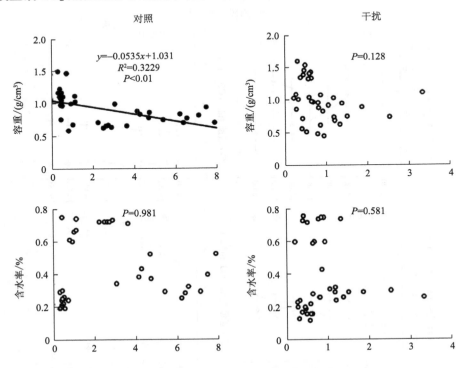

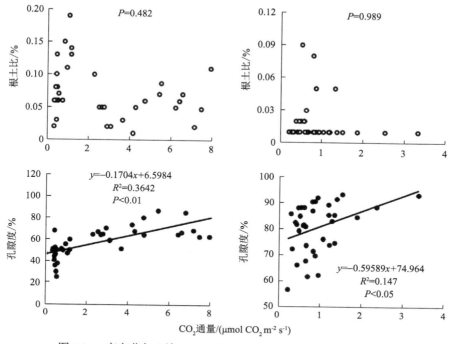

图 7.23 高寒草甸土壤 CO₂ 通量与土壤物理性质的线性回归分析

7.2.5.2 土壤 CO₂ 排放通量与土壤化学性质的相关性

通过对土壤化学性质与土壤 CO₂ 排放通量进行线性拟合分析（图 7.24），发现土壤 pH 都与 CO₂ 排放通量呈显著的正相关关系（$P < 0.01$）。土壤有机质与土壤 CO₂ 排放通量无显著相关关系（$P > 0.05$）。对照较藏猪放牧干扰土壤 CO₂ 排放通量与总活性有机碳拥有更加显著的相关关系（$P < 0.01$），且土壤 CO₂ 排放通量随着土壤总活性有机碳的增加呈线性增长模式。

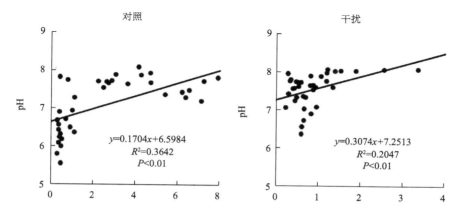

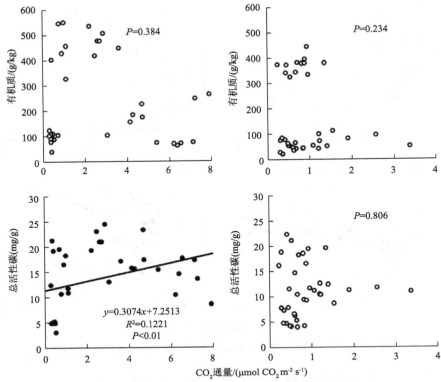

图 7.24　高寒草甸土壤 CO_2 通量与土壤化学性质的线性回归分析

7.2.5.3　土壤 CO_2 排放通量与植物生物量的相关性

通过对采样点植物生物量与土壤 CO_2 排放通量数值进行拟合分析。如图 7.25 可知，采样点中对照样地的植物生物量与 CO_2 排放通量呈显著的正相关关系（$P<0.01$）。藏猪干扰影响下的生物量与 CO_2 排放通量的变化无显著相关关系（$P>0.05$）。由此表明，生物量是影响土壤 CO_2 排放通量的关键要素，藏猪干扰型放牧，破坏了湿地植被，进而引起土壤 CO_2 排放通量发生了无规律的波动变化。

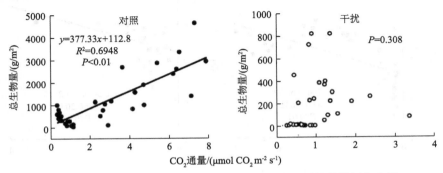

图 7.25　高寒草甸土壤 CO_2 通量与植物生物量的线性回归分析

7.2.5.4　土壤 CO_2 排放通量与环境因子的通径分析

通径分析结果表明，植物生物量是影响土壤 CO_2 排放通量的关键要素。在地上生物量、地下生物量、pH 三个环境因子直接影响土壤 CO_2 排放通量，地上生物量的直接作用最大，地下生物量次之，pH 对土壤 CO_2 排放通量的作用最小。通过分析各个间接通径系数发现，地上生物量通过影响地下生物量进而间接影响土壤 CO_2 排放通量，其间接通径系数是 0.311（图 7.26）。

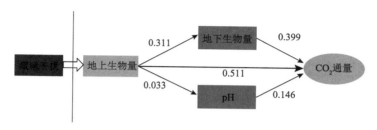

图 7.26　结构方程模型

图中实线表示影响因子与土壤 CO_2 通量均呈正相关性，通径系数越高，箭头线段越粗。

7.2.5.5　土壤响应变量与解释变量的 RDA 分析

根据土壤理化性质、植物生物量与土壤 CO_2 排放通量的 RDA 排序分析，无论是雨季[图 7.27（a）]还是旱季[图 7.27（b）]轴 1 的解释度（42.6%，32.6%）均高于轴 2 的解释度（25.1%，10.8%），这表明轴 1 包含了大部分的土壤环境信息，可以较好地解释各环境因子以及样本之间的关系。旱季对照和藏猪放牧干扰的样点聚集在一起，区分度不高，而雨季哈木谷和伊拉在对照和放牧干扰之间有显著区分。从排序结果上看，植物的地上总生物量与第一轴呈正相关关系，土壤孔隙度和 pH 与第一轴呈负相关，且地上生物量和土壤 pH 是影响土壤 CO_2 排放通量的主要环境因素。旱季土壤理化性质及植物生物量与土壤 CO_2 排放通量所形成的夹角较小且更为集中，具有更加显著的相关性。

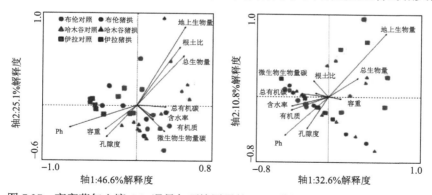

图 7.27　高寒草甸土壤 CO_2 通量与环境因子的 RDA 分析（A、雨季　B、旱季）

7.2.5.6　土壤 CO_2 排放通量与植物-土壤指数之间的关系

根据不同采样点下植物-土壤指数的变化特征可知，不同季节对照和藏猪放牧干扰影响下的植物-土壤指数显著不同，且对照的植物-土壤指数均大于藏猪放牧干扰。哈木谷无论是旱季还是雨季，对照和藏猪干扰影响下的植物-土壤指数均呈现出十分显著的变化特征（$P<0.01$）。可见，植物-土壤指数可以很好地表征放牧强度对高寒草甸的影响，且藏猪翻拱放牧严重影响了土壤的物理和化学性质和植物生物量特征（表 7.10）。

表 7.10 不同采样点内植物-土壤指数的变化规律

样地		旱季		雨季
布伦	对照	0.14±0.01	对照	0.24±0.08
	干扰	0.13±0.00	干扰	0.17±0.02
	P	<0.05	P	<0.05
哈木谷	对照	0.10±0.01	对照	0.29±0.09
	干扰	0.08±0.00	干扰	0.09±0.01
	P	<0.01	P	<0.01
伊拉	对照	0.09±0.01	对照	0.24±0.11
	干扰	0.08±0.00	干扰	0.09±0.01
	P	<0.05	P	<0.01

采用线性回归方程对不同样带高寒草甸土壤 CO_2 排放通量日平均值与植物-土壤指数进行拟合分析，得到了对照及藏猪干扰下的高寒草甸土壤 CO_2 排放通量与植物-土壤指数之间的关系（图 7.28），对照样地中土壤 CO_2 排放通量与PSI 达到了极显著相关关系（$P<0.001$），R^2 为 0.6606。由此说明该线性模型能很好地模拟土壤 CO_2 排放通量与植物-土壤指数之间的关系。总体来看，PSI 对非干扰条件下 CO_2 排放通量预测效果更好，而放牧增加了 CO_2 排放通量的不确定性，减弱了 PSI 对土壤碳通量变化的预测能力。

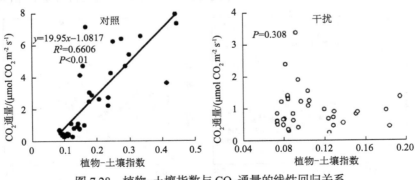

图 7.28 植物-土壤指数与 CO_2 通量的线性回归关系

通过植物-土壤指数与 CO_2 排放通量日平均值的多因素方差分析（表 7.11）表明，不同季节，放牧、采样点对土壤 CO_2 排放通量均产生了显著影响（$P<0.01$），其中，季节与放牧对植物与土壤状态的影响十分显著（$P<0.01$），而采样地点的不同对植物-土壤指数并无显著影响（$P>0.05$）。另外，季节、采样点与放牧之间存在明显的交互作用，其中,植物-土壤指数受到放牧的影响,其影响程度与季节和采样地点均相关($P<0.05$),而土壤 CO_2 排放通量只有在季节与放牧的交互影响下才更为显著($P<0.01$)。

表 7.11　植物-土壤指数与 CO_2 通量的多因素方差分析表

项目	影像因素	季节	采样点	处理	季节 × 处理	采样点 × 处理
植物-土壤指数	F	67.91	1.97	53.23	30.46	9.09
	P	<0.01	0.148	<0.01	<0.01	<0.01
CO_2 通量	F	98.91	34.17	52.06	44.16	1.29
	P	<0.01	<0.01	<0.01	<0.01	0.160

7.2.6　讨论

7.2.6.1　藏猪放牧对植物-土壤系统的影响规律

动物通过践踏、采食地上植物或者翻拱取食的方式直接或间接对草地生态系统产生影响(刘建军等,2005)。过度放牧导致湿地植被盖度下降,植物物种组成发生变化,植物生物量明显降低,(唐明艳等,2013)。藏猪翻拱对高寒草甸植被与土壤造成严重干扰,形成大面积次生裸地,使表层土壤板结,降低高寒草甸初级生产力,不利于高寒草甸生态系统的稳定和平衡(王行等,2018)。本研究发现藏猪放牧对植物地下生物量的影响程度显著大于地上生物量,这表明地下生物量在藏猪翻拱取食过程中受到了更为严重的干扰。植物群落结构的改变不仅受到土壤养分的影响,还与土壤水分有密切关系(Fransen et al., 2001)。受季节性水位升高的影响,布伦草甸土壤养分得以保存且水分含量很高,植物以较快的速度进行群落演替,以适应自然环境的变化,展现出较强的土壤-植物反馈机制。优势种的更新是植物群落演替的重要标志,藏猪干扰放牧下布伦草甸的优势种是华扁穗草和白茅,它们对干扰胁迫具有较强的抵抗作用。无论是藏猪干扰还是对照样地矮地榆和水葫芦苗都是哈木谷的优势物种,可能是这两种物种生命力顽强,在不利的环境中可以自身调控,较好地生存。藏猪放牧导致伊拉草甸土壤干旱程度进一步加剧,土壤水分对地表植物的生长产生胁迫,藏猪干扰和对照区优势物种(华扁穗草)的优势度并未发生明显转变,土壤对植物的反馈作用整体较弱。

高寒草甸生态系统的地上、地下部分是相互联系的。地表植被种类以及生长状况的不同,会相应的改变所在地下土壤微环境,从而影响土壤 CO_2 排放通量的变化(Hone et al., 2002)。土壤养分与水分是影响植物生长的主导因素,植物不同个体对土壤资源利用的差异影响植物群落结构与动态。在不同生态位中,空间资源与土壤环境同时影响植物群落结构组成(Bedford et al., 1999)。在藏香猪放牧影响下,植物生长对土壤环境的依赖性逐渐增加,在自我调控及组织中表现出较强的土壤-植物反馈效应,而在植物演替过程中优势度的改变则表现出不同物种对土壤资源竞争的差异性,与优势种本身的生物学特性密切相关。藏香猪放牧导致植被盖度降低、裸土面积增加,植物具有较高的空间竞争与光竞争优势,此时土壤水分成为制约生态系统演替过程和对环境变化响应的关键驱动因素。近年来,诸多生态学家通过研究放牧对土壤和植被影响的机制逐渐总结出关于放牧的最优干扰理论即"中度干扰理论",并结合"植物-土壤-微生物间互作的补偿性"观点,提出了放牧优化设想,认为植物生物量的变化与放牧强度之间的关系不是线性的,即随着放牧强度的增加,草甸的植物生物量先增加,后呈现下降的趋势(陶冶等,2011)。据此,本研究结合实际情况对采样区植物、土壤环境本底的相关参数进行同步监测,通过放牧干扰区的土壤理化性质和生物量的变化来具体指示藏猪放牧的强度,构建植物-土壤指数,从而有效的反映出藏猪放牧活动对土壤状态的影响和作用规律。总体来看,植物-土壤指数在对照样地里对土壤 CO_2 排放通量预测效果更好,而藏猪放牧增加了土壤 CO_2 排放通量的不确定性,限制了植物-土壤指数的预测能力。

7.2.6.2 藏猪放牧对高寒草甸 CO_2 排放通量的影响规律

放牧是高寒草地生态系统最重要利用方式之一,长期的放牧活动势必对高寒草地碳收支产生影响(泽让东科等,2016)。通常情况下,在草地生态系统碳循环研究中应包含草地-牲畜-土壤界面系统下的碳循环。而高寒草甸生态系统碳收支的主要过程是在土壤中,高寒草甸的地上生物量中的碳含量小于土壤中贮存的碳含量,而且植物中的碳素由植被部分进入土壤的途径相对简单,通常在雨季结束后即可完成。在这种接近于土壤-大气系统碳循环的过程中,土壤有机质以及凋落物的分解速率是支配整个系统碳循环功能最关键的变量。6 月份到 9 月份大致为纳帕海湿地的雨季,水热同期的有利条件和显著的昼夜温差,以及高海拔低纬度较强的光合有效辐射等因素致使滇西北高寒草甸生态系统在短暂的生长季节具有较强的 CO_2 吸收和释放能力。而旱季时,滇西北低温阻碍了草地生态系统土壤微生物和根部的呼吸,导致非生长季节滇西北高寒草甸生态系统 CO_2 排放量很低,这时雨季固定的 CO_2 的量显著超过了旱季排放的 CO_2 的量,从而致使该地高寒草甸表现为大气 CO_2 的"汇"。

藏猪干扰型放牧破坏了土壤结构,导致地表植被单一,土壤有机碳含量降低,进而影响了 CO_2 的排放通量,破坏了高寒草甸碳循环的正常进程。自然状态下,高寒草甸生态系统的碳收支基本保持在平衡状态,高寒草甸受到干扰后会不断退化必将会造成植被生产力的降低,植物凋落物减少,从而导致土壤碳库入不敷出,高寒草甸生态系统碳由"汇"向"源"转变(阚雨晨等,2012)。本研究发现,高寒草甸土壤中有机物质的积累和转化直接影响了生态系统的碳汇功能,藏猪放牧干扰严重影响土壤理化性质,导致营养物质的流失,土壤退化严重。藏猪破坏了地表植物,造成亚表层土壤裸露地表,呈斑块状分布,同时藏猪还破坏地下草根层造成土壤结构和物质组成发生改变,土壤有机质矿化、养分流失,严重影响生态系统的碳"汇"与"源"的功能。土壤 CO_2 排放通量是一个受众多因素影响的生物学和非生物学的过程,植物、动物、微生物都在其中发挥着至关重要的作用(张国明等,2007)。一般情况下牛羊放牧过程是通过牲畜采食植物、践踏土壤以及排泄物归还等多种途径直接或是间接影响草地 CO_2 的排放通量(崔树娟等,2015)。而藏猪作为强干扰放牧的典型代表,高强度的藏猪放牧往往会促使生物和非生物因子同时发生变化,导致高寒草甸不断退化,土壤理化性质发生改变、土壤肥力、微生物数量与多样性降低,从而影响了土壤 CO_2 的排放通量(杨阳等,2012;余磊朝等,2016)。整体来看,藏猪强干扰放牧条件下,地表植被和地下根部被大量啃食,导致了地表植物生物量急剧减少，CO_2 排放通量明显降低。藏猪干扰型放牧改变了植物冠层结构以及植物根系分泌物的量，降低了植物的自养呼吸，从而降低地上部分中的碳进入土壤再循环的速率，影响了碳在整个生态系统中的分布格局。此外，研究发现，雨季藏猪干扰土壤 CO_2 排放通量要明显低于对照，分析原因，植物生物量的多寡较好地指示了土壤 CO_2 排放通量的变化，雨季时，气温高降水多，水分和热量的适宜条件增加了地表植被的盖度，一方面，植被生长活动的增强将在很大程度上增加土壤 CO_2 排放通量，另一方面，地下生物量的繁殖和延伸，使根系呼吸作用加强，从而进一步增加雨季土壤 CO_2 排放通量（李文等，2015）。旱季时，土壤失去了植物覆盖，影响土壤 CO_2 排放通量的主要因素将由地上植物转变为枯落物及土壤本身，在同样受到藏猪干扰影响的高寒草甸上，枯落物及土壤本身较地表植物对土壤 CO_2 排放通量的影响更大。因此，这也就能很好地解释在季节差异上同样受到藏猪干扰放牧的影响下旱季的土壤 CO_2 排放通量比雨季更低的原因。

在众多土壤理化因子中，容重对土壤 CO_2 的排放通量影响最大，这是因为土壤是一个多孔的系统，根系和土壤微生物呼吸释放的 CO_2 首先聚集在这些空隙中，然后遵循物理学扩散原理逐渐释放到大气。另外研究发现，对照中土壤容重、孔隙度、pH、总活性有机碳与土壤 CO_2 排放通量均呈现出显著的相关关系，而藏猪干扰土壤除了与 pH 和孔隙度表现出较为显著的正相关关系外，与其他土壤物理化学性质均无显著相关性。分析原因，藏猪放牧干扰容易造成土壤紧实度增加，进而导致土壤孔隙度与水稳性团聚体减少，引起透水性、透气性下降，阻碍了气体的顺畅排放。本研究还发现无论是藏猪干扰还是对照区，土壤 CO_2 排放通量与土壤 pH 均呈现出较好的相关性，这很可能与土壤微生物活性有关，土壤物理性质的变化进而影响了土壤化学性质呈现出无规律的变化特征。然而，有研究表明，放牧干扰对若尔盖高原泥炭地和内蒙古天然草原 CO_2 排放通量并没有显著影响（周文昌等，2015）。这与本研究发现的旱季高寒草甸不同采样点 CO_2 排放通量的差异性不显著的结果基本一致，这可能是因为长期低温和高海拔的气候环境阻碍了碳的循环和流通，土壤温度和水分可能也是影响 CO_2 排放通量的重要因素，这有待后续深入研究。同时，本研究还发现，旱季各采样点藏猪干扰土壤 CO_2 排放通量部分时间大于对照。探究其原因，一方面，哈木谷和伊拉本属于陆生草甸，土壤为草甸土，旱季时，本身失去了地表植被保护，受藏猪干扰破坏的程度明显加深，另外，藏猪剧烈翻拱，促使表层营养物质持续更新，提高了土壤营养物质的循环通量，增强了土壤 CO_2 排放通量（苟燕妮等，2015）。另一方面，藏猪翻拱取食行为，将导致植被盖度降低，促使土壤表层接受到更多的光照，地表土壤温度迅速提升，而这些均有利于表层土壤有机质的分解，提高了 CO_2 的排放通量。此外，本研究还发现，旱季布伦对照土壤 CO_2 排放通量的日平均值显著大于干扰土壤，而布伦作为典型的沼泽化草甸，碳储量十分丰富，因此我们可以预测出冬日里的沼泽化草甸可能是主要的土壤 CO_2 释放源。

7.2.7　小结

本节研究以滇西北高原纳帕海湿地作为研究区域，开展了藏猪放牧对高寒草甸土壤

CO_2 排放通量、土壤理化性质、植物群落结构影响的研究工作。通过构建植物-土壤指数确定藏猪放牧对高寒草甸的干扰强度，阐明藏猪放牧对高寒草甸土壤 CO_2 排放通量的影响及作用规律，该研究为加强放牧管理、增强高寒草甸的保护提供科学依据。主要研究结论如下：

（1）藏猪干扰与对照土壤相比明显降低了土壤含水率、根土比、有机质的和总活性有机碳的含量，提高了土壤容重、pH 和孔隙度。旱季时，哈木谷和伊拉土壤根土比和孔隙度的变化幅度较为显著，雨季时，布伦除土壤孔隙度和有机质表现出较为明显的波动趋势外，其它理化指标均无显著变化。

（2）从采样点来看，以布伦为代表的沼泽化草甸，其植物生物量低于哈木谷和伊拉草甸。从季节上来看，雨季布伦、哈木谷和伊拉的植物地上生物量和总生物量较旱季增加明显，且受藏猪放牧干扰影响，布伦较哈木谷和伊拉植物物种数量少，物种组成发生了明显的变化。藏猪放牧破坏了高寒草甸土壤的原有结构，形成了大面积的次生裸地，极大降低了高寒草甸初级生产力，从而影响了高寒草甸生态系统功能的正常发挥。

（3）藏猪干扰型放牧降低了高寒草甸土壤的 CO_2 的排放通量。藏猪放牧对高寒草甸土壤和植被具有较强的干扰与破坏能力，改变了土壤的物理化学性质及植物生物量，导致土壤 CO_2 排放通量发生了无规律的变化。通过土壤 CO_2 排放通量与土壤理化性质进一步的拟合分析可知，藏猪干扰放牧条件下土壤 CO_2 排放通量与孔隙度和 pH 具有较为显著的正相关关系。

（4）通径分析表明地上生物量、地下生物量、pH 三个环境因子直接影响了土壤 CO_2 排放通量，其中影响程度为：地上生物量>地下生物量>pH。对照样地中植物-土壤指数对土壤 CO_2 排放通量的预测效果更好，而藏猪放牧增加了土壤 CO_2 排放通量的不确定性，削弱了植物-土壤指数的预测能力。通过植物-土壤指数与土壤 CO_2 排放通量进一步拟合分析可知，藏猪干扰下的植物-土壤指数显著低于对照土壤，且相对应的土壤 CO_2 排放通量也较低，构建植物—土壤指数可以有效的估算高寒草甸与大气之间的碳交换量。

第8章　牦牛排泄物输入对湿地土壤有机碳矿化的影响

8.1　研究内容及方法

8.1.1　研究内容

本研究选取滇西北典型沼泽湿地为研究区，采用野外调查采样和室内培养分析相结合的方法，对比研究牦牛排泄物（粪便和尿液）输入对沼泽湿地土壤有机碳矿化、微生物群落结构和酶活性的影响。

（1）排泄物输入对沼泽湿地土壤有机碳矿化的影响

选取碧塔海典型沼泽化草甸和泥炭湿地为采样区，分别测定土壤湿度、土壤容重、土壤有机碳含量、土壤总氮含量、土壤 pH。通过室内恒温培养，采用碱吸收法测定土壤有机碳矿化量和矿化速率，分析牦牛排泄物输入对土壤理化性质、土壤有机碳矿化的影响。

（2）排泄物输入对沼泽湿地土壤微生物群落结构的影响

选取碧塔海典型沼泽化草甸和泥炭湿地为采样区，通过室内恒温培养，采用磷脂脂肪酸（PLFA）法测定土壤细菌、真菌、放线菌、革兰氏阳性细菌和革兰氏阴性细菌的生物量，分析排泄物输入对沼泽湿地土壤微生物群落结构的影响。

（3）排泄物输入对沼泽湿地土壤酶活性的影响

选取碧塔海典型沼泽化草甸和泥炭湿地为采样区，通过室内恒温培养，测定土壤 AP、BG、NAG、CBH 和 PO 的活性，分析排泄物输入对沼泽湿地土壤酶活性的影响。

通过上述研究，阐明排泄物输入对沼泽湿地土壤有机碳矿化的影响，探讨排泄物输入影响下土壤理化性质、微生物群落和酶活性与土壤有机碳矿化之间的关系，揭示排泄物输入对沼泽湿地土壤有机碳矿化的影响特征和机制。

8.1.2　技术路线

本研究选取滇西北碧塔海典型沼泽化湿地土壤，采用室内恒温箱培养方法，研究粪便输入对泥炭沼泽湿地土壤有机碳矿化的影响，根据实验中土壤 CO_2 的释放量比较分析粪便输入下土壤有机碳矿化动态特征；利用 PLFA 法测定培养结束后土壤中微生物群落结构变化以及相对应的碳矿化动态变化，解释粪便输入对土壤有机碳矿化的机理。利用相关软件对土壤有机碳矿化的数据进行分析，并结合矿化过程中活性有机碳组分的动态变化特征，初步判定土壤有机碳矿化的动力学特征和放牧干扰对矿化过程的影响机制（图 8.1）。

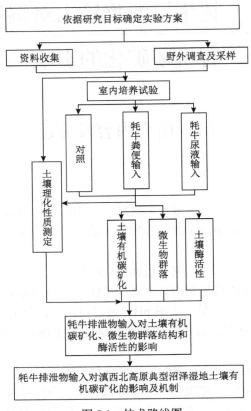

图 8.1　技术路线图

8.1.3　研究方法

本研究采用比较研究方法，野外调查与室内分析相结合，研究放牧过程中牦牛排泄物输入对高原沼泽湿地土壤有机碳矿化的影响。实验主要为室内控制培养实验，研究牦牛排泄物输入对两种不同类型湿地土壤（沼泽化草甸土和泥炭土）有机碳矿化的影响。

8.1.3.1　野外采样

实验样地以滇西北高原典型沼泽湿地弥里塘湿地为研究区，研究放牧过程中动物排泄物（粪便、尿液）输入对土壤有机碳矿化的影响。本课题组于 2016 年 10 月初，依据典型性和代表性原则选取沼泽化草甸和泥炭地样地，每个样地大小为 10 m×10 m，每个样地内根据五点取样法，在样地四个顶点各取一个样，再在样地正中间取一个点进行采样（消除地势差别及土壤水分含量的影响），采集 0～10 cm 土层土壤样品并充分混合。取样时去除地表覆盖生物后用铲进行土壤取样，取样同时用铝盒取容重样品，每个样点收集土壤样品约 2.5 kg 鲜土放恒温箱内带回。于实验室内对取回的土壤样品预处理，手工剔除土壤里面所含有的植物根系和杂质。对经过预处理的样品（约 2 kg），一部分进行风干处理，另一部分土壤放在 4℃ 下冷藏。

实验中所需排泄物的收集：提前一天随机选取附近牧民饲养的 6 头牦牛做标记，在放牧结束后被标记的牦牛被圈禁，于第二天早上在牧民的帮助下收集粪便和尿液。实验中添加的粪便根据 Lovell 和 Jarvis（1996）的方法，按照野外实际调查统计进行输入量设置；尿液按照 van Groenigen 等（2005）报道的野外放牧平均尿液量 4 L/m² 添加。沼泽化草甸土和泥炭土壤粪便输入量分别为 0.49 g/g 和 0.52g/g（湿重）；尿液输入量为 50 mL/kg（湿重）。

8.1.3.2　室内培养实验设计

根据野外调查取样和计算确定好排泄物输入量。土壤样品在低温保存带回实验室后，将新鲜的土壤样品手动剔除土壤中可见的活的植物根系，随后称取相当于 80 g 干土重的新鲜土壤样品（沼泽化草甸土和泥炭土壤含水量分别为 183.9% 和 188.6%），转入事先消毒处理的 750 mL 玻璃培养瓶中，两种土壤类型（沼泽化草甸土和泥炭土）分别设置对照（CK）、粪便输入（DI）和尿液输入（UI），粪便输入与土壤充分混合，每个处理均三次重复。

矿化量测定采用碱液吸收法（Wang et al., 2014b）。将新鲜土壤样品和排泄物放入培养瓶后，放入 25℃ 的恒温培养箱内，在恒温培养箱内预培养 7 天后进行正式的矿化培养。分别在矿化培养的第 2 天、第 4 天、第 6 天、第 8 天、第 11 天、第 14 天、第 20 天、第 27 天、第 34 天、第 43 天、第 50 天和第 57 天将培养瓶内放置盛有 40 mL 1 mol/L NaOH 的小烧杯取出，加入过量 1 mol/L BaCL₂，加入两滴酚酞指示剂，然后用浓度为 0.5 mol/L 的 HCl 进行滴定，根据消耗的 HCl 量计算培养期内土壤释放的 CO₂ 量。在培养的第 6 天、第 14 天、第 27 天、第 34 天和第 50 天用分析天平称重，根据损失的质量向培养瓶内添加去离子水，保持瓶内土壤含水量稳定。在培养的同时另外设置三个无土空白试验，将 750 mL 的玻璃培养瓶内放入 50 mL 内部盛有 20 mL 1 mol/L NaOH 的小烧杯，以此确定空气中的 CO₂ 浓度。滴定完成后将培养瓶不封闭放置 20 min 后，再将盛有标定好 NaOH 浓度的小烧杯放入，继续进行培养。培养时间共计 57 天，滴定 12 次。

8.1.3.3　指标测定

（1）土壤理化性质的测定

土壤 TOC 和 TN 含量的测定。将采取的土壤样品经风干过 2 mm 筛之后，称取 5g 放入 100 mL 的烧杯，每个土壤样品进行三次重复，向其中加入 1% 的盐酸溶液淹没土壤样品，充分搅拌后，放入电鼓风烘箱，温度设定为 105℃，烘干后的土壤样品进行包样、上机测量，土壤 TOC 和 TN 含量的测定采用德国 Elementar 公司的 vario TOC select 总有机碳分析仪测定。

土壤 NH_4^+-N 和 NO_3^--N 含量的测定采用连续流动分析仪法。将预培养结束后的土壤样品称取 5 g 新鲜土壤样品,每个土壤样品进行三次重复,称取后转入 100 mL 的烧杯中,加入 50 mL 1 mol/L KCl 溶液,之后用振荡器在 200 r/min、25℃条件下振荡 1 h 后,取出静置 30 min 后,提取上清液通过滤纸过滤到 50 mL 的塑料试剂管中,随后转移到流动分析仪测定。

土壤 pH 测定:在预培养结束后,取出一定量的土壤样品,风干后按照水、土质量比 5∶1 测定土壤悬浮液的 pH。

(2)土壤有机碳矿化测定

矿化量计算根据以下公式:

$$F = (40 \times P_1 - A \times P_2 - B) \times 0.5 \times 44 / 10 / 70$$

式中,F 为矿化量 CO_2,mg/g;P_1 为 NaOH 浓度,mol/L;A 为 HCl 消耗量,mL;P_2 为 HCl 浓度,mol/L;B 为无土空白瓶内空气中 CO_2 消耗的 NaOH 量。日均矿化量=F/d(mg/g),d 为培养间隔时间。

累积矿化量(CO_2-C)计算公式如下:

$$CO_2\text{-C} = \sum_1^n (F_1 + F_2 + \cdots + F_n)$$

式中,F_n 为第 n 天测定时土壤矿化量。

(3)土壤微生物群落结构的测定

在室内碳矿化培养结束后,取出一定质量的土壤样品,运用 PLFA 法分析培养土壤中细菌真菌、放线菌及格兰氏阳/阴性菌的相对数量,分析排泄物输入对土壤微生物群落结构的影响。

称取 6 g 新鲜土壤样品,放入到 50 mL 的消毒无菌玻璃离心管中。加入单相提取试剂(氯仿∶甲醇∶柠檬酸=1∶2∶0.8),提取土壤中的磷脂脂肪酸,涡旋振荡 20s;然后在 2500 r/min 下离心 10min;随后用经过 $CHCl_3$ 润洗的胶头滴管将上清液转移到干净的玻璃管中,随后加入 3.1 mL 氯仿和 3 mL 磷酸盐缓冲溶液,涡旋振荡后在 2500 r/min 下离心 15min,吸取下清液,转移至玻璃试管中,随后在氮吹仪下用氮气吹干。吸取 2 mL 氯仿加入到含硅酸盐固相萃取柱中,活化萃取柱;用移液枪将 300 μL 氯仿加入到氮吹干后的试管中,并将其转入萃取柱中,再吸取 300 μL 氯仿加入到试管中洗涤试管内壁,并将其再次全部转入萃取柱中,向萃取柱中加入两次 2.5 mL 氯仿和两次 3 mL 丙酮,将滤液收集后装入废液收集器中。随后向萃取柱中分两次加入 5 mL 甲醇,用离心管收集淋洗液,随后在氮吹仪浓缩。向吹干后的离心管中加入 1 mL 1∶1 的甲醇-甲苯,涡旋振荡 20 s 后加入 1 mL 0.2 mol/L 的氢氧化钾,旋涡振荡 30 s,随后加入 2 mL 4∶1 的正乙烷-氯仿,加入 1 mL 1 mol/L 的乙酸溶液和 1 mL 超纯水,涡旋振荡 30 s 后在 25℃下 2500 r/min 下离心 5min,将上层正乙烷转到到小瓶中。将脂肪酸甲酯重悬于己烷中,加入 10mL 十九烷酸甲酯(0.1 μg/μL)作为内标,然后用氮气干燥。使用 MIDI Sherlock 微生物鉴定系统(MIDI,Newark,DE,USA)鉴定各个 FAME。根据 Wang 等(2016b)的方法评估个体微生物标志物。将 i14：0、i15：0、a15：0、i16：0、i17：0 和 a17：0 生物标记归类为革兰氏阳性细菌（GP）；将 16：1ω7c、18：1ω7c、18：1ω5c 和 cy17：0 归类为革兰氏阴性细菌（GN）。将 10Me16：0、10Me16：0 和 10Me18：0 划分为放线菌（ACT）。总的细菌数量是根据革兰氏阳性细菌和革兰氏阴性细菌之和，将 18：2ω6,9c 生物标记归类为真菌。

（4）土壤酶活性测定

本研究以用 MUB（methylum belliferyl-linked substrates）缓冲液为基底，加入不同的底物后，在对应不同的酶和特定的波长下能够发出不同的荧光，以此来测定酸性磷酸酶、乙酰葡萄糖苷酶和纤维素水解酶的活性。称取 1.5 g 新鲜土壤样品，加入 100 mL MUB 缓冲液，然后放置培养 4 h。培养结束后，在离心机上以 6000 r/min 下离心 5min，随后，取 300 μL 上清液转入到酶标仪（Synergy H4，BioTek，America）微孔板中，分别在激发波长 330 nm 和测定波长 450 nm 下测定土壤酶活性。

酚氧化酶活性测定方法根据 Pind 等（1994）的方法进行。取 1.5 g 新鲜土壤样品两份分别置于 10 mL pH=5 的 50 mmol/L HAc-NaAc 缓冲溶液中，振荡 30 min 形成土壤悬浮液。然后，向其中的一份样品继续加入 10 mL pH=5 的 50 mmol/L HAc-NaAc 缓冲液（作为对照），另一份样品中加入 10 mL 溶于 50 mmol/L HAc-NaA 缓冲液的浓度为 10 mmol/L 的 L-DOPA（Sigma）溶液，并在 30℃下振荡培养 15min，然后在 5000 r/min 下离心 5min，吸取上清液，利用紫外分光光度计（Cary 60，Agilent，America）测定 460 nm 下上清液的吸光值。

8.1.3.4　数据分析

运用单因素方差分析检验沼泽化草甸土和泥炭土两组不同处理组间及组内的所有变量的差异。采用双向 ANOVA 分析排泄物输入对土壤 CO_2 排放、细胞外酶活性和土壤微生物群落结构的影响。当数据间存在显著差异时，Tukey 差异可信度检验作为事后检验进行，以区分差异显著性。土壤 CO_2 通量与预培养后土壤理化性质之间的相关性采用 Pearson 线性相关分析。使用线性回归分析来研究每个变量对 CO_2 通量的影响。对所有酶活性进行逐步回归分析，以确定土壤 CO_2 排放的最有力的预测因子。所有的显著水平设置为 $P<0.05$，极显著水平指 $P<0.01$，统计分析使用 SPSS 19.0 进行，采用 Origin 8.0 和 Excel 进行制图。

8.2　牦牛排泄物输入对湿地土壤特征和有机碳矿化的影响

由表 8.1 可以看出，沼泽化草甸土和泥炭土都属于酸性土壤。两种类型土壤容重与土壤 pH 均无显著差异，而泥炭土壤有机碳和总氮含量都显著高于沼泽化草甸土（$P<0.05$）；沼泽化草甸土壤 C/N 比要高于泥炭土（$P<0.05$）。

表 8.1 沼泽化草甸土和泥炭土样品理化性质

土壤类型	容重/（g/cm³）	SOC/（g/kg）	TN/（g/kg）	pH	C/N
沼泽化草甸土	0.52 ± 0.03^a	200.59 ± 2.0^a	11.13 ± 4.06^a	5.46 ± 0.03^a	19.22 ± 5.05^a
泥炭土	0.48 ± 0.05^a	374.45 ± 5.94^b	22.67 ± 4.10^b	5.03 ± 0.01^a	16.70 ± 2.60^b

注：数据表示为均值±标准差（$n=3$）。
纵列不同小写字母表示不同类型土壤间具有显著差异。

8.2.1 牦牛排泄物输入对土壤 pH 和无机氮含量的影响

从表 8.2 可以看出，在沼泽化草甸土和泥炭土中，牦牛粪便和尿液输入后都显著地提高土壤 pH。在沼泽化草甸土和泥炭土中，粪便输入使得土壤 pH 分别提高 26.19% 和 22.27%，尿液输入使得 pH 分别提高 14.10% 和 20.28%。可见对于不同类型的土壤，排泄物输入对土壤 pH 的影响程度不同。对于沼泽化草甸土和泥炭土两种类型土壤，粪便输入下土壤 pH 增加值高于尿液输入（$P<0.05$）。

表 8.2 牦牛排泄物输入对土壤 pH 和无机氮含量的影响

项目	沼泽化草甸土			泥炭土		
	对照	粪便输入	尿液输入	对照	粪便输入	尿液输入
pH	5.46 ± 0.03^{Aa}	6.89 ± 0.01^{Ab}	6.23 ± 0.01^{Ac}	5.03 ± 0.01^{Ba}	6.15 ± 0.03^{Bb}	6.05 ± 0.04^{Bc}
NH₄⁺-N/（mg/kg）	121.15 ± 72.41^{Aa}	377.19 ± 46.24^{Ab}	1276.84 ± 72.25^{Ac}	71.23 ± 18.46^{Ba}	213.34 ± 13.27^{Bb}	902.19 ± 47.26^{Bc}
NO₃⁻-N/（mg/kg）	4.34 ± 1.54^{Aa}	6.53 ± 2.90^{Ab}	3.10 ± 0.77^{Ac}	28.31 ± 2.77^{Ba}	31.50 ± 1.87^{Bb}	41.86 ± 8.11^{Bc}

注：数据表示为均值±标准差（$n=3$）。
不同小写字母表示同一类型土壤不同处理间有显著差异，不同大写字母表示同一处理下不同土壤类型间具有显著差异（$n=3$）。

排泄物输入显著促进土壤中无机氮的含量。在沼泽化草甸土和泥炭土中，粪便输入显著增加土壤中的 NH_4^+-N 含量（$p<0.05$），特别是尿液输入（表 8.2）。对于沼泽化草甸土，粪便输入显著增加土壤中的 NO_3^--N 含量，但是尿液输入下，土壤中的 NO_3^--N 含量并无显著增加。在泥炭土中，排泄物输入都使得 NO_3^--N 含量增加。排泄物输入对泥炭土土壤 NO_3^--N 含量的影响与 NH_4^+-N 变化趋势一致（$P<0.05$）。

8.2.2 牦牛排泄物输入对土壤有机碳矿化的影响

8.2.2.1 牦牛排泄物输入对土壤有机碳累积矿化量的影响

从图 8.2 可以看出，沼泽化草甸土中，粪便输入处理下土壤累积矿化量[（32832.1±77）mg/kg]是对照处理[（16216.3±137）mg/kg]的 2.02 倍（$P<0.001$），是尿液输入处理[（16697.1±127）mg/kg]的 1.97 倍（$P<0.001$）；虽然尿液输入处理下土壤有机碳累积矿化量比对照处理高出 3%，但是尿液输入处理与对照处理之间无显著差异（$P=0.964$）。

在泥炭土中（图 8.3），粪便输入处理下，土壤累积矿化量[（37969.9±145）mg/kg] 是对照处理[（13853.8±95）mg/kg]的 2.74 倍（$P<0.001$），是尿液输入处理[（19886.0±280）mg/kg]的 1.91 倍（$P<0.001$）；尿液输入处理下土壤有机碳累积矿化量是对照处理的 1.44 倍（$P=0.001$）。

土壤有机碳累积矿化量因土壤类型和排泄物输入类型不同而不同。两种类型土壤下，粪便输入对土壤累积矿化量的影响最大。在沼泽化草甸土和泥炭土两种土壤类型中，同一排泄物添加处理，粪便输入处理下土壤累积矿化量泥炭土比沼泽化草甸土高出 15.65%（$P<0.05$），尿液输入处理下土壤累积矿化量泥炭土比沼泽化草甸土高出 19.10%（$P=0.167$）。对照处理泥炭土有机碳累积矿化量比沼泽化草甸土低 14.57%，差异不显著（$P=0.068$）。排泄物输入都显著促进沼泽化草甸土和泥炭土有机碳矿化。

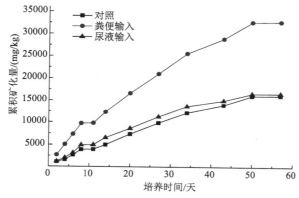

图 8.2　牦牛排泄物输入对沼泽化草甸土壤有机碳累积矿化量的影响

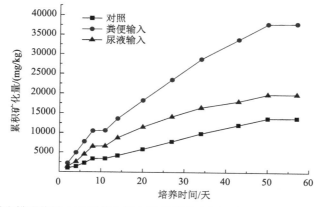

图 8.3　牦牛排泄物输入对泥炭土壤有机碳累积矿化量的影响（Liu et al., 2019b）

8.2.2.2　牦牛排泄物输入对土壤有机碳矿化速率的影响

从图 8.4 和图 8.5 可以看出，在沼泽化草甸土和泥炭土中，在整个培养期内，两种类型土壤不同处理下，土壤有机碳矿化速率变化总体呈一致趋势。对照处理与尿液输入处理中前 4 天呈现下降趋势，随后在第 4～8 天矿化速率又显著回升，处于快速矿化阶段并且在第 8 天出现最高值。粪便输入处理中沼泽化草甸土壤前 6 天矿化速率呈现下降趋势，随后在第 6~8 天矿化速率又增加并出现峰值,但是最高值为第 0~2 天;而泥炭土在 0~6 天处于快速矿化阶段,并在第 6 天达到最高值,随后处于下降趋势。各处理的土壤矿化速率都在第 8~11 天快速下降,并在培养的第 11 天出现最低值,在第 11~14 天矿化速率又快速回升,并且在第 14 天出现最高值后缓慢下降。随着培养时间的延长,在第 20~57 天对照处理与尿液输入处理矿化速率逐渐趋于平稳且有小幅度波动,而粪便输入处理在第 14 天后矿化速率呈逐渐下降趋势。

排泄物输入处理下,沼泽化草甸土和泥炭土中尿液输入处理和对照处理均在培养的第 8 天左右达到矿化速率最大值,沼泽化草甸土和泥炭土分别为(897.2±44.6)μg/(g·d)、(624.3±27.2) μg/ (g·d) 和 (1019.4±107.1) μg/ (g·d) 、(546.2±67.6) μg/ (g·d)。粪便输入处理下,沼泽化草甸土在培养的第 2 天达到最大值,为 (1395.1±187.3) μg/ (g·d);泥炭土粪便输入在培养的第 6 天达到最大值,为 (1421.1±157.3) μg/ (g·d)。两种类型土壤有机碳矿化速率都在培养的第 11 天时出现最低值,对照、粪便和尿液处理下分别为 (509.7±94.7) μg/ (g·d) 、(1256.6±56.5) μg/ (g·d) 和 (605.6±37.7) μg/ (g·d) (沼泽化草甸) 及 (423.2±39.4) μg/ (g·d) 、(1383.6±176.1)μg/(g·d)和(675.0±74.1) μg/ (g·d) (泥炭土)。

两种类型土壤有机碳矿化速率总体都呈现出开始波动上升、之后迅速下降达到最低值,后又迅速上升,再波动下降,并在培养结束时再次达到最低值的趋势。在培养期第 1~14 天,沼泽化草甸土壤有机碳矿化速率都表现为粪便输入>尿液输入>对照($P<0.05$),而从第 14 天到培养结束,土壤有机碳矿化速率总体呈现出粪便输入>对照>尿液输入,其中尿液输入与对照之间的差异并不大 ($P>0.05$)。可见,在沼泽化草甸中,粪便输入在整个培养期内都显著促进土壤有机碳矿化速率的增加;而尿液输入在培养早期对土壤有机碳矿化速率有着显著的促进作用,但是随着时间的延长,其促进作用不明显。对于泥炭土,在整个培养期内,土壤有机碳矿化速率都表现为粪便输入>尿液输入>对照($P<0.05$)。排泄物输入显著促进沼泽化草甸和泥炭土土壤有机碳矿化速率增加。并且相比于沼泽化草甸,排泄物输入处理下泥炭土土壤有机碳矿化速率都显著高于沼泽化草甸土 ($P<0.05$),而对照泥炭土有机碳矿化速率则低于沼泽化草甸土。

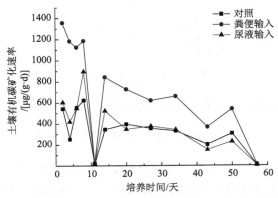

图 8.4 牦牛排泄物输入对沼泽化草甸土壤有机碳矿化速率的影响

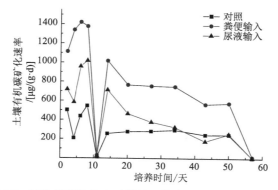

图 8.5　牦牛排泄物输入对泥炭土壤有机碳矿化速率的影响

8.2.3　讨论

本研究表明，牦牛排泄物输入显著促进沼泽化草甸和泥炭湿地土壤有机碳累积矿化量与土壤有机碳矿化速率增加，尽管不同类型的湿地土壤其有机碳矿化速率和累积矿化量上有着量的不同。同时，不同的累积矿化量数据结果表明了牦牛粪便输入对土壤有机碳矿化量的增加影响要远大于尿液输入。这是因为在排泄物添加后，牦牛粪便中含有大量有机质，粪便输入相当于施肥，给土壤提供养分，促进土壤 CO_2 排放增加（余磊朝等，2016；Zhang et al.，2007）；粪便自身所包含的微生物活动也对粪便和土壤有机质的分解起着重要的作用（何奕忻，2009）。牦牛粪便尿液的输入不仅增加土壤中有机质的含量，还增加土壤中氮含量（Bakker et al.，2004），氮输入增加土壤微生物对碳的需求（Sinsabaugh and Moorhead，1994），促进土壤有机碳的分解，增加碳矿化（Huang et al.，2011）。在培养前期，尿液输入处理下土壤碳矿化速率明显高于对照，而累积碳矿化量相比于对照组并没有显著增加，可能是由于外源氮（尿液）输入显著增加湿地土壤中氮的有效性，提高土壤氮底物的供给和可利用性，刺激土壤中原先受到氮限制的微生物活性，进而加快土壤有机碳矿化（胡敏杰等，2016），使得早期土壤碳矿化速率明显高于对照，但是随着可供微生物利用的易分解底物的减少，有效碳源成为微生物活动的限制性因素（Stapleton et al.，2005），使得土壤有机碳矿化速率逐渐减弱，直到达到稳定状态（胡敏杰等，2016）。由图 8.4 可以看出，尽管在矿化培养之前已经进行了为期一周的预培养过程，但是在培养早期（0～4 天）依旧出现了一个矿化速率下降的趋势，可能是由于土壤中含有的大量的易分解有机碳在培养前期快速分解，并且随时间的延长，土壤中含有的易分解有机质减少，使得矿化速率下降（胡敏杰等，2016）。

本研究发现，在预培养后，排泄物输入显著促进土壤中的 pH 升高（表 8.2），可能是由于牦牛排泄物添加导致土壤中有机质含量发生变化，进而使得土壤 pH 升高（Shang et al.，2013）。During 和 Weeda（1973）也指出，牛粪便输入导致土壤 pH 升高也可能是由于粪便的天然碱性属性。同时，数据分析表明，土壤 pH 升高与土壤有机碳累积矿化量显著相关（$P<0.05$）。Leifeld 等（2008）研究发现，当土壤 pH 在 4.3～5.3 时，土壤有机碳的分解与 pH 显著相关，土壤 pH 降低，对土壤有机碳分解有抑制作用。Ye 等（2012）发现，当泥炭地中低 pH 条件被移除后，更多的土壤 C 基质将能够被土壤微生物

利用，进而使得土壤 CO_2 排放增加，而尿液输入处理下铵态氮含量显著高于对照，所以尿液输入处理土壤有机碳矿化速率并没有显著高于对照。

相比泥炭土，沼泽化草甸类型土壤尿液输入处理下土壤累积矿化量要显著高于对照，可能是由于在沼泽化草甸类型土壤中，其早期土壤累积矿化速率要显著高于对照，尿液输入增加土壤中氮养分的供应，进而提高土壤中的微生物活性，加速土壤有机质矿化（Ameloot et al.，2014）。但是随着可供微生物利用的易分解有机质含量的迅速减少，土壤中的有效碳养分成为微生物活性的限制条件（Stapleton et al.，2005），使得土壤有机碳矿化逐渐减弱，直到最后处于平稳状态（Ameloot et al.，2014）。土壤 C/N 直接关系到土壤有机质分解能力。沼泽化草甸中高的土壤 C/N（表 8.1）意味着较低的土壤质量。随着尿液的输入，土壤中的微生物就不需要再过多地通过分解土壤有机质获得氮养分，因此减缓沼泽化草甸尿液输入下的土壤有机质矿化（Wang et al.，2013b），同时导致泥炭土对照处理下土壤有机碳矿化量低于沼泽化草甸土对照处理。但是由于土壤中的有机碳含量要远高于沼泽化草甸，即使在泥炭土土壤 C/N 要低于沼泽化草甸土土壤，尿液输入显著促进土壤氮养分的增加，将会改变土壤中酶活性，并且进一步提高土壤有机质的分解，增加土壤碳矿化量。这是由于酶活性与有机质分解显著正相关，高碳矿化量可能与排泄物输入后提高酶分解代谢能力有关（Sinsabaugh and Moorhead，1994）。

8.2.4　小结

1）不同土壤类型不同处理下土壤有机碳矿化速率显著不同（$P<0.05$）；两种类型土壤有机碳矿化速率总体都呈现出先波动上升，之后迅速下降达到最低值，后又迅速上升，再波动下降，并在培养结束时又达到最低值的趋势。并且都在培养的第 11 天出现最低值。对于两种土壤类型，排泄物输入都显著增加土壤有机碳矿化速率，表现为粪便输入＞尿液输入＞对照。

2）排泄物输入都显著增加土壤有机碳累积矿化量，特别是粪便输入下，土壤有机碳累积矿化量显著提高（$P<0.01$），粪便输入下，沼泽化草甸土和泥炭土土壤有机碳累积矿化量比对照分别增加 102% 和 174%；尿液输入下比对照分别增加 3% 和 44%，土壤累积矿化量与有机碳矿化速率一致。

3）土壤类型不同，土壤有机碳矿化速率与累积矿化量也不同。研究结果表明，相同排泄物添加处理下，泥炭土土壤有机碳矿化速率和累积矿化量都高于沼泽化草甸土，粪便输入处理下两者差异显著（$P<0.05$），而尿液输入处理下两者差异不显著（$P=0.167$）。

8.3　牦牛排泄物输入对湿地土壤微生物群落结构的影响

8.3.1　牦牛排泄物输入对不同土壤微生物的影响

8.3.1.1　牦牛排泄物输入对土壤细菌的影响

从图 8.6 可以看出，在沼泽化草甸土和泥炭土两种不同类型土壤中，牦牛排泄物添加对土壤细菌含量的影响不同。在沼泽化草甸土中，排泄物添加处理显著增加土壤细菌生物量（$P<0.05$），土壤细菌生物量表现为粪便输入＞尿液输入＞对照，粪便输入和尿液输入处理下，土壤细菌生物量分别比对照处理增加 18.93% 和 11.84%。对于泥炭土，牦牛粪便输入处理下土壤细菌生物量比对照处理增加 2.84%，但差异不明显（$P>0.05$），而尿液输入处理则降低土壤细菌生物量。

两种不同类型土壤相同处理下，土壤细菌生物量明显不同，沼泽化草甸土土壤细菌生物量显著高于泥炭土（$P<0.01$）。沼泽化草甸土对照、粪便输入和尿液输入处理比泥炭土相同处理分别高出 158.85%、199.36% 和 240.0%。

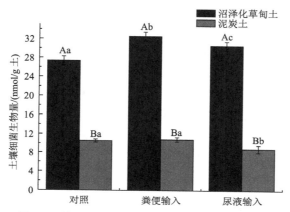

图 8.6　牦牛排泄物输入对土壤细菌生物量的影响

不同小写字母表示同一类型土壤不同处理间具有显著差异，不同大写字母表示同一处理下不同土壤类型间具有显著差异

8.3.1.2　牦牛排泄物输入对土壤真菌的影响

从图 8.7 可以看出，在沼泽化草甸土中，牦牛粪便输入处理和尿液输入处理都促进土壤真菌生物量的增加。牦牛粪便输入处理和尿液输入处理下土壤真菌生物量分别比对照处理高出 52.69% 和 12.10%。粪便输入处理显著提高土壤真菌生物量（$P<0.05$），而尿液输入处理与对照处理之间土壤真菌生物量差异不显著。在泥炭土中，粪便输入处理

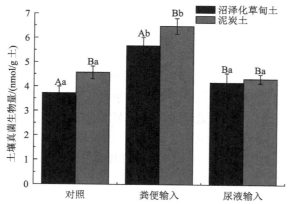

图 8.7　牦牛排泄物输入对土壤真菌生物量的影响

不同小写字母表示同一类型土壤不同处理间具有显著差异，不同大写字母表示同一处理下不同土壤类型间具有显著差异

显著增加土壤真菌生物量（$P<0.01$），粪便输入处理下，土壤真菌生物量 [（6.49±0.32）μmol/g 土]比对照处理 [（4.57±0.26）μmol/g 土]高出 42.01%；尿液输入处理降低土壤真菌生物量，但两者之间差异不显著。尿液输入处理下，两种类型土壤真菌生物量无显著差异。

8.3.1.3 牦牛排泄物输入对土壤放线菌的影响

从图 8.8 可以看出，在沼泽化草甸土中，排泄物输入显著降低土壤放线菌生物量（$P<0.05$），牦牛粪便输入处理 [（3.41±0.02）μmol/g 土]中土壤放线菌生物量比对照处理 [（4.34±0.26）μmol/g 土]降低 21.43%，尿液输入处理 [（3.94±0.10）μmol/g 土]比对照处理降低 9.22%。泥炭土中，牦牛排泄物输入都降低土壤放线菌生物量，而牦牛粪便输入处理显著降低土壤放线菌生物量（$P<0.05$），尿液输入处理与对照处理之间无显著差异。

两种土壤类型相同排泄物输入处理下，土壤放线菌生物量变化趋势一致，泥炭土放线菌生物量显著低于沼泽化草甸土（$P<0.05$）。

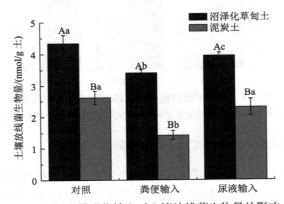

图 8.8 牦牛排泄物输入对土壤放线菌生物量的影响

不同小写字母表示同一类型土壤不同处理间具有显著差异，不同大写字母表示同一处理下不同土壤类型间具有显著差异

8.3.1.4 牦牛排泄物输入对土壤革兰氏阳性细菌的影响

由图 8.9 可以看出，在沼泽化草甸土中，牦牛粪便输入处理 [（14.63±0.40）μmol/g 土]显著增加土壤革兰氏阳性细菌生物量（$P<0.01$），而尿液输入处理 [（12.07±0.61）μmol/g 土]下土壤革兰氏阳性细菌生物量则与对照 [（12.63±0.95）μmol/g 土]无明显差异。在泥炭土中，牦牛排泄物输入都降低土壤革兰氏阳性细菌生物量，粪便输入处理 [（6.13±0.26）μmol/g 土]与对照处理之间无明显差异，而尿液输入处理 [（5.01±0.61）μmol/g 土]则比对照处理 [（6.73±0.03）μmol/g 土]降低 25.56%（$P<0.05$）。

两种土壤类型相同处理下，土壤革兰氏阳性细菌生物量显著不同，沼泽化草甸土革兰氏阳性细菌生物量显著高于泥炭土（$P<0.05$）。

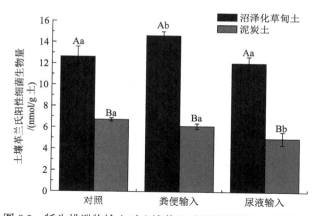

图 8.9　牦牛排泄物输入对土壤革兰氏阳性细菌生物量的影响

不同小写字母表示同一类型土壤不同处理间具有显著差异，不同大写字母表示同一处理下不同土壤类型间具有显著差异

8.3.1.5　牦牛排泄物输入对土壤革兰氏阴性细菌的影响

由图 8.10 可以看出，在沼泽化草甸土中，牦牛排泄物输入处理显著增加土壤革兰氏阴性细菌生物量（$P<0.05$）。牦牛粪便输入处理[（17.91±0.73）μmol/g 土]比对照处理[（14.74±0.46）μmol/g 土]增加 21.51%（$P<0.05$），而尿液输入处理[（18.54±0.28）μmol/g 土]下土壤革兰氏阴性细菌生物量则与粪便输入处理无明显差异。在泥炭土中，牦牛粪便输入[（4.73±0.26）μmol/g 土]促进土壤革兰氏阴性细菌生物量增加，但与对照处理之间无明显差异（$P>0.05$），而尿液输入处理[（3.83±0.21）μmol/g 土]则比对照处理[（3.84±0.30）μmol/g 土]降低 0.26%。

两种土壤类型相同处理下，土壤革兰氏阴性细菌生物量显著不同，沼泽化草甸土革兰氏阴性细菌生物量显著高于泥炭土（$P<0.01$）。

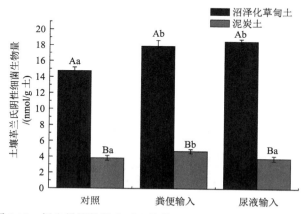

图 8.10　牦牛排泄物输入对土壤革兰氏阴性细菌生物量的影响

不同小写字母表示同一类型土壤不同处理间具有显著差异，不同大写字母表示同一处理下不同土壤类型间具有显著差异

8.3.1.6　牦牛排泄物输入对土壤细菌群落结构的影响

由图 8.11 可以看出，在沼泽化草甸土中，牦牛排泄物输入都降低土壤 GP/GN，排

泄物输入处理与对照处理之间无明显差异（$P>0.05$），总体表现为对照＞粪便输入＞尿液输入。泥炭土中，排泄物输入处理都显著降低了土壤 GP/GN（$P<0.05$），粪便输入处理与尿液输入处理对土壤 GP/GN 的影响无明显差异（$P>0.05$）。

  两种土壤类型中，排泄物输入都降低了土壤中 GP/GN。粪便输入处理下土壤 GN 数量增加高于 GP，直接导致了 GP/GN 降低；而尿液输入处理导致土壤中 GP 数量减少，使得土壤 GP/GN 降低。

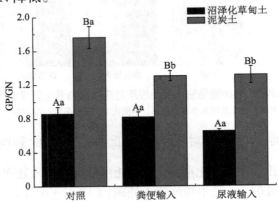

图 8.11 牦牛排泄物输入对土壤革兰氏阳性细菌生物量/革兰氏阴性细菌生物量（GP/GN）的影响
不同小写字母表示同一类型土壤不同处理间具有显著差异，不同大写字母表示同一处理下不同土壤类型间具有显著差异

8.3.1.7 牦牛排泄物输入对土壤真菌/细菌群落结构的影响

  由图 8.12 可以看出，在沼泽化草甸土中，排泄物输入都促进土壤真菌生物量/细菌生物量（F/B）升高，粪便输入处理下土壤 F/B 高于尿液输入处理，但三者之间差异不显著。在泥炭土中，排泄物输入显著促进土壤 F/B 的升高（$P<0.05$），粪便输入处理比尿液输入处理对土壤 F/B 的影响更显著，三者之间具有显著差异。

  两种类型土壤相同处理下，泥炭土 F/B 显著高于沼泽化草甸土（$P<0.01$），排泄物输入处理下，对土壤 F/B 都表现为粪便输入＞尿液输入＞对照。

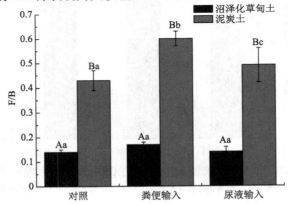

图 8.12 牦牛排泄物输入对土壤 F/B 的影响
不同小写字母表示同一类型土壤不同处理间具有显著差异，不同大写字母表示同一处理下不同土壤类型间具有显著差异

8.3.1.8　牦牛排泄物输入对土壤微生物量的影响

由图 8.13 可以看出不同类型土壤不同处理下土壤微生物群落结构明显不同。在沼泽化草甸土中，排泄物输入显著增加土壤微生物量（$P<0.05$），粪便输入处理比尿液输入处理的增加程度更显著；粪便输入处理[（41.63±0.62）μmol/g 土]和尿液输入处理[（38.72±0.54）μmol/g 土]分别比对照处理[（35.43±1.0）μmol/g 土]增加 17.50% 和 9.29%。泥炭土中，土壤微生物量粪便输入处理[（18.77±0.82）μmol/g 土]比对照处理[（17.75±0.11）μmol/g 土]增加 5.75%，而尿液输入处理[（15.47±0.60）μmol/g 土]则无增加。

两种不同类型土壤相同处理下，土壤微生物量显著不同。沼泽化草甸土壤微生物量显著高于泥炭土（$P<0.05$）。

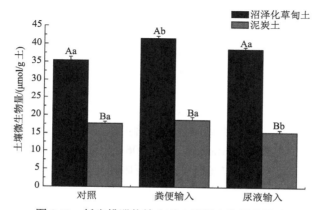

图 8.13　牦牛排泄物输入对土壤微生物量的影响

不同小写字母表示同一类型土壤不同处理间具有显著差异，不同大写字母表示同一处理下不同土壤类型间具有显著差异

在两种类型土壤中，泥炭土土壤微生物量显著低于沼泽化草甸土。在两种类型土壤中，排泄物输入都显著改变土壤微生物群落结构，特别是沼泽化草甸土。双因素方差分析表明（表 8.3），土壤类型对土壤微生物具有显著影响，特别是真菌群落（$P=0.001$）。排泄物输入类型也显著影响着土壤微生物量。综合分析表明，排泄物和土壤类型共同作用对土壤细菌群落结构的影响最大，对真菌和放线菌的影响相对较小。

表 8.3　土壤类型和牦牛排泄物输入与湿地土壤微生物量的关系（双因素方差分析）

因素	细菌	真菌	放线菌
土壤	$<0.01^{**}$	0.001^{**}	$<0.01^{**}$
排泄物	$<0.01^{**}$	$<0.01^{**}$	$<0.01^{**}$
土壤×排泄物	$<0.01^{**}$	0.112	0.309

** 差异显著性 $P<0.01$。

8.3.2 讨论

排泄物输入通过短暂地增加土壤中可供应 C 和 N 能够直接影响到土壤微生物数量。Gomez 和 Ferreras（2006）发现有机质添加增加土壤基质的利用分解并且改变土壤微生物群落结构。有研究发现，排泄物输入使得真菌/细菌增加，特别是粪便输入，表明了真菌是新输入 C 养分的主要利用者（Wang et al.，2014b），因为真菌被认为是惰性碳组分和聚合物的主要分解者（Esperschütz et al.，2011）。与其他的一些研究结论 N 添加显著减小土壤真菌/细菌相反，在本研究中发现，尿液输入也同样导致土壤真菌/细菌增加，这可能与土壤类型及输入的物质不同有关。排泄物输入导致真菌/细菌增加，也表明了当土壤中 C 和 N 养分供应增加时，土壤真菌要比细菌更容易生长，这也与其他人的一些研究结果一致（Högberg et al.，2010；Wang, et al.，2013b）。

排泄物输入处理下，土壤 GP/GN 降低说明了排泄物输入改变土壤细菌群落结构，同时排泄物输入更有利于革兰氏阴性细菌的生长。与真菌相同，革兰氏阴性细菌同样密切地关系着土壤 C 转化（Esperschütz et al.，2011）。与本研究结果一致，其他的一些研究也指出碳基质输入导致的新鲜的和可利用的 C 养分增加能够显著影响到土壤革兰氏阴性细菌的生长，革兰氏阴性细菌是土壤微生物中参与有机质分解循环过程的重要细菌群落（Elfstrand et al.，2008；Kramer and Gleixner，2008）。C 输入处理通过改变 C 养分的可利用性能够有助于土壤中某一类型微生物群落生长并超过其他类型微生物，进而导致土壤微生物群落结构发生改变（Brant et al.，2006；Strickland et al.，2009）。研究中不同处理下，不同的真菌/细菌和 GP/GN 也同样反映出土壤中微生物群落结构的变化。与此同时，本研究发现，土壤微生物量的变化与土壤有机碳矿化量并不一致，研究结果与 Min 等（2011）的结论一致，是土壤酶活性而不是土壤中微生物量更能够影响土壤有机碳矿化。

8.3.3 小结

1）牦牛排泄物输入显著影响土壤微生物群落结构。在沼泽化草甸中，排泄物输入显著增加土壤中的总微生物量和细菌数量（$P<0.05$），并且显著改变土壤中微生物群落结构（$P<0.05$），粪便输入处理增加土壤中真菌数量（$P<0.05$），而真菌生物量对照处理与尿液输入处理间无明显差异。而泥炭土中总微生物量排泄物输入处理与对照处理之间并没有明显的变化（$P>0.05$）。

2）排泄物输入显著改变沼泽化草甸和泥炭土土壤微生物群落结构，两种类型土壤中，排泄物输入处理都降低土壤中 GP/GN。排泄物输入处理都促进土壤 F/B 升高，特别是粪便输入处理中。双因素方差分析显示，土壤类型和排泄物输入类型对土壤细菌、真菌和放线菌具有极显著影响，而土壤类型与排泄物双重影响下对细菌具有显著影响，而对真菌和放线菌的影响相对较小。

8.4　牦牛排泄物输入对湿地土壤酶活性的影响

8.4.1　牦牛排泄物输入对不同土壤酶活性的影响

从图 8.14 可以看出，在沼泽化草甸土中，牦牛粪便和尿液输入均促进土壤酸性磷酸酶（AP）活性。土壤 AP 酶活性粪便输入 [（180.07±31.39）µmol/（g 干土·h）] 和尿液输入 [（95.2±1.25）µmol/（g 干土·h）] 处理分别比对照处理 [（81.99±10.28）µmol/（g 干土·h）] 高出 119.6% 和 16.1%；粪便输入处理与对照处理之间呈显著差异（$P<0.05$），而尿液输入处理与对照处理之间差异不明显，粪便输入处理比尿液输入处理更显著。在泥炭土中，排泄物输入处理显著增加 AP 酶活性，对照处理与粪便输入处理和尿液输入处理之间差异性分别为 $P<0.01$ 和 $P<0.05$。对照、粪便输入和尿液输入处理 AP 酶活性分别为（81.33±26.87）µmol/（g 干土·h）、（236.97±10.54）µmol/（g 干土·h）和（158.90±32.61）µmol/（g 干土·h）。沼泽化草甸土和泥炭土对照处理间土壤 AP 酶活性无明显差异，而相同排泄物输入处理间呈显著差异（$P<0.05$）。

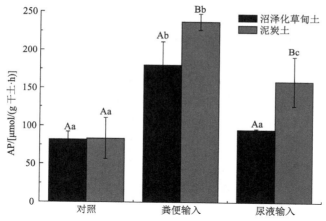

图 8.14　牦牛排泄物输入对湿地 AP 酶活性的影响

不同小写字母表示同一类型土壤不同处理间具有显著差异，不同大写字母表示同一处理下不同土壤类型间具有显著差异

从图 8.15 可以看出，在沼泽化草甸土中，β-葡萄糖苷酶（BG）活性粪便输入 [（55.52±26.90）µmol/（g 干土·h）] 比对照 [（54.26±26.06）µmol/（g 干土·h）] 增加 2.3%，两者间无明显差异；而尿液输入处理 [（20.02±1.86）µmol/（g 干土·h）] 比对照处理降低 63.10%（$P<0.05$）。在泥炭土中，BG 酶活性粪便输入处理 [（113.14±3.32）µmol/（g 干土·h）] 与对照处理 [（94.03±1.29）µmol/（g 干土·h）] 之间无明显差异，而尿液输入处理 [（57.6±8.78）µmol/（g 干土·h）] 却比对照处理降低 38.74%（$P<0.05$）。两种土壤类型下，粪便输入处理均促进土壤 BG 酶活性的增加，而尿液输入处理均降低土壤 BG 酶活性。两种不同类型土壤相同处理间，土壤 BG 酶活性具有显著差异（$P<0.05$）。

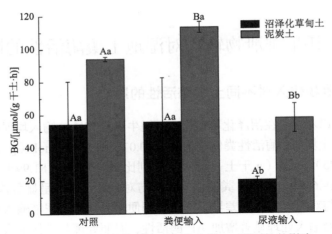

图 8.15　牦牛排泄物输入对湿地土壤 BG 酶活性的影响

不同小写字母表示同一类型土壤不同处理间具有显著差异，不同大写字母表示同一处理下不同土壤类型间具有显著差异

从图 8.16 可以看出，在沼泽化草甸土中，牦牛排泄物输入均降低土壤乙酰葡萄糖苷酶（NAG）活性。相比于粪便输入处理（89.33±7.13）μmol/（g 干土·h）和尿液输入处理（39.01±24.08）μmol/（g 干土·h），NAG 酶活性在对照处理下最高[（106.21±45.84）μmol/（g 干土·h）]，粪便输入处理与对照处理之间无显著差异，而尿液输入处理则显著降低 NAG 酶活性（$P<0.05$）。在泥炭土中，NAG 酶活性粪便输入处理[（73.78±8.52）μmol/（g 干土·h）]和尿液输入处理[（36.7±14.53）μmol/（g 干土·h）]分别比对照处理[（154.07±22.43）μmol/（g 干土·h）]降低 52.11% 和 76.18%；排泄物输入显著降低泥炭土 NAG 酶活性（$P<0.05$），尿液输入处理比粪便输入处理影响更显著。两种类型土壤相同处理间无明显差异，泥炭土对照处理 NAG 酶活性高于沼泽化草甸土，而排泄物输入处理均低于沼泽化草甸土。

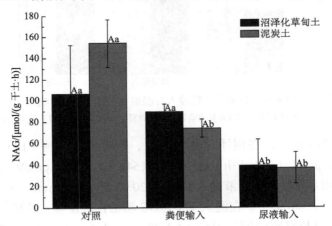

图 8.16　牦牛排泄物输入对湿地土壤 NAG 酶活性的影响

不同小写字母表示同一类型土壤不同处理间具有显著差异，不同大写字母表示同一处理下不同土壤类型间具有显著差异

由图 8.17 可以看出，在沼泽化草甸土中，粪便输入处理显著促进土壤纤维素水解酶（CBH）活性（$P<0.05$），而尿液输入处理与对照处理间无显著差异。CBH 酶活性粪便输入处理[（5.23±1.69）μmol/（g 干土·h）]和尿液输入处理[（3.53±0.76）μmol/（g

干土·h）］分别比对照处理［（2.85±0.09）μmol/（g 干土·h）］高出 83.51%和 23.86%。在泥炭土中，粪便输入处理显著促进土壤 CBH 酶活性（$P<0.01$），尿液输入处理也显著促进土壤 CBH 酶活性（$P<0.05$）；对照、粪便输入和尿液输入处理酶活性分别为（3.9±1.5）μmol/（g 干土·h）、（10.08±2.49）μmol/（g 干土·h）和（6.17±1.34）μmol/（g 干土·h）。两种土壤类型相同处理下，泥炭土 CBH 酶活性均显著高于沼泽化草甸土，粪便输入处理比尿液输入处理的影响更显著。

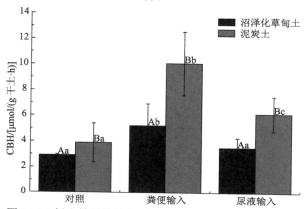

图 8.17　牦牛排泄物输入对湿地土壤 CBH 酶活性的影响

不同小写字母表示同一类型土壤不同处理间具有显著差异，不同大写字母表示同一处理下不同土壤类型间具有显著差异

由图 8.18 可以看出，在沼泽化草甸土中排泄物输入均显著降低土壤酚氧化酶（PO）活性（$P<0.05$），尿液输入处理与粪便输入处理间无显著差异。PO 酶活性粪便输入处理［（46.28±5.04）nmol/（g·min）］和尿液输入处理［（47.4±15.91）nmol/（g·min）］分别比对照［（85.34±13.48）nmol/（g·min）］降低 45.77%和 44.46%。在泥炭土中，粪便输入处理显著降低土壤 PO 酶活性（$P<0.05$），尿液输入处理下，土壤 PO 酶活性降低，但与对照和粪便输入处理间均无明显差异。两种类型土壤相同处理下，对照处理中，沼泽化草甸土 PO 酶活性显著高于泥炭土；牦牛排泄物输入处理中，沼泽化草甸土壤 PO 酶活性高于泥炭土，但差异不显著。

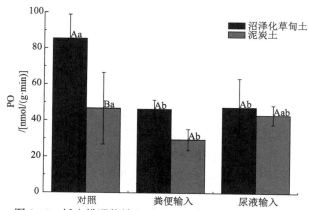

图 8.18　牦牛排泄物输入对湿地土壤 PO 酶活性的影响

不同小写字母表示同一类型土壤不同处理间具有显著差异，不同大写字母表示同一处理下不同土壤类型间具有显著差异

8.4.2 土壤及排泄物输入叠加作用对土壤酶活性的影响

由表 8.4 可以看出，双因素方差分析显示，土壤类型对 BG、AP 和 CBH 酶活性具有显著影响，而对 NAG 和 PO 酶活性则没有显著影响。相比于土壤类型，土壤酶活性受排泄物输入类型影响显著。五种酶活性下，除 PO 酶活性为 $P<0.05$ 外，其他四种酶活性都为极显著影响。土壤类型与排泄物类型交互作用对五种酶活性均无显著影响。

表 8.4　排泄物输入对湿地土壤酶活性的影响（双因素方差分析）

因素	BG	NAG	AP	CBH	PO
土壤	$<0.001^{**}$	0.306	0.009^{**}	0.003^{**}	0.056
排泄物	0.002^{**}	$<0.001^{**}$	$<0.001^{**}$	0.003^{**}	0.016^{*}
土壤×排泄物	0.541	0.168	0.13	0.134	0.353

* 差异显著性 $P<0.05$。
** 差异显著性 $P<0.01$。

8.4.3　讨论

不同酶活性对土壤有机质具有不同的但至关重要的影响，排泄物输入处理下土壤胞外酶活性显著增加证明了排泄物输入促进土壤有机质的分解。与土壤 CO_2 释放量增加相一致，排泄物输入也显著增加沼泽化草甸和泥炭土土壤酶活性，尽管 NAG 和 PO 酶活性在排泄物输入处理下出现减小。沼泽化草甸土相对较低的土壤酶活性表明了其土壤有机质分解速率要低于泥炭土，这也说明了沼泽化草甸土对照与尿液输入处理下土壤累积碳矿化量无显著差异的原因。

研究中发现，AP 酶活性在排泄物输入处理中增加，说明了土壤中没有 P 养分限制（Min K et al.，2011），C 养分作为土壤微生物最重要的养分之一，随着土壤中可供应 C 的增加，AP 酶活性也显著提高，土壤 C 供应越多，土壤 P 养分也越多地被利用（Falih and Wainwright，1996）。Keuskamp 等（2015）研究发现，铵态氮的施加也显著促进土壤中 AP 酶活性增加。

BG 酶作为纤维素水解酶，其涉及纤维素分解和各种生物化学过程，BG 酶活性的变化将会影响到一系列以葡萄糖为养分基础的土壤微生物活动。家畜排泄物作为 C 和 N 养分来源（Hatch et al.，2000；Ritz et al.，2004），有研究指出 BG 酶活性能够显著被底物影响（Lynd et al.，2002）。因此，对于排泄物输入处理，BG 酶活性在粪便输入处理下增加和在尿液输入处理下降低可能与不同的葡萄糖养分供应有关。

许多研究发现，氮获取酶活性在高氮供应条件下出现降低（Min et al.，2011；Moorhead and Sinsabaugh，2006）。本研究中排泄物输入下土壤 NAG 酶活性降低可能是因为微生物对土壤中 N 养分需求减小。Sinsabaugh 等（1993）研究指出，NAG 酶活性在低 N 条件下将会被引诱增加，然而在高 N 含量条件下，无竞争条件的抑制效应将会出现。在本研究中 CBH 酶活性在排泄物输入处理下增加，这种结果与其他在可耕土地实验中长期施加家畜农家肥后土壤 CBH 酶活性出现增加的研究结果一致（Ai et al.，2012）。本研究中土壤有机碳累积矿化量与 CBH 酶活性显著相关，表明纤维素水解酶在降解土壤纤维素从而提高土壤有机碳矿化方面具有重要作用。这也与其他相似研究的结果一致，牛粪施加显著促进土壤 CBH 酶活性增加，同时土壤呼吸作用也显著增加（Fan et al.，2012）。两种类型土壤中，PO 酶活性在排泄物输入处理下都出现降低，Cusack 等（2010）研究指出 N 添加能够降低土壤中氧化酶活性，但是使得水解酶活性增加，本研究结果与之一致。

8.4.4　小结

1）对于沼泽化草甸土和泥炭土，除 NAG 和 PO 酶活性外，泥炭土土壤酶活性不同处理均高于沼泽化草甸土。NAG 酶活性泥炭土对照处理高于沼泽化草甸，而排泄物输入处理低于沼泽化草甸土。PO 酶活性泥炭土三种处理均低于沼泽化草甸土。

2）土壤类型和排泄物输入类型显著影响土壤酶活性，而土壤类型与排泄物输入类型相互作用对土壤酶活性无显著影响。

8.5　研究结论与展望

8.5.1　研究结论

本章就对照、牦牛粪便输入和牦牛尿液输入三种处理下，基于野外采样与室内实验相结合，系统地研究牦牛排泄物输入对沼泽化草甸和泥炭湿地土壤 pH、NH_4^+-N 含量、NO_3^--N 含量、微生物群落结构、酶活性和土壤有机碳矿化的影响；通过室内控制实验，分析牦牛排泄物（粪便、尿液）输入对土壤微生物群落结构、酶活性和 CO_2 释放的影响，主要结论如下。

（1）阐明牦牛排泄物输入对沼泽化草甸和泥炭湿地土壤有机碳矿化速率及累积碳矿化的影响

不同土壤类型不同处理下土壤有机碳矿化速率显著不同（$P<0.05$）；两种类型土壤有机碳矿化速率总体都呈现出开始波动上升、之后迅速下降达到最低值，后又迅速上升，再波动下降，并在培养结束时再次达到最低值的趋势。并且都在培养的第 11 天出现最低值。两种土壤类型下，排泄物输入都显著增加土壤有机碳矿化速率，表现为粪便输入＞尿液输入＞对照。

排泄物输入处理都显著增加土壤有机碳累积矿化量，特别是粪便输入处理，土壤有机碳累积矿化量显著提高。粪便输入处理，沼泽化草甸和泥炭土土壤有机碳累积矿化量分别增加 102% 和 174%；尿液输入分别比对照下增加 3% 和 44%。

土壤类型不同，土壤有机碳矿化速率与累积矿化量也不同。相同排泄物输入处理下，泥炭土有机碳矿化速率和累积矿化量都高于沼泽化草甸土，粪便输入处理下两者差异显著（$P<0.05$），而尿液输入处理下两者差异不显著（$P=0.167$）。

（2）阐明牦牛排泄物输入对沼泽化草甸和泥炭湿地土壤微生物群落结构的影响

牦牛排泄物输入显著影响土壤微生物群落结构。在沼泽化草甸中，排泄物输入处理显著增加土壤中的总微生物量和细菌数量（$P<0.05$），粪便输入处理增加土壤中真菌数量（$P<0.05$），而真菌生物量对照处理与尿液输入处理间无明显差异。而泥炭土中总微生物量排泄物输入处理要高于对照处理，但两者之间无明显差异（$P>0.05$）。

排泄物输入处理显著改变沼泽化草甸土和泥炭土土壤微生物群落结构，两种类型土壤中，排泄物输入都降低土壤中 GP/GN，并促进土壤 F/B 升高，特别是粪便输入处理。双因素方差分析显示，土壤类型和排泄物输入类型对土壤细菌、真菌和放线菌具有极显著影响，而土壤类型与排泄物双重影响对细菌具有显著影响，而对真菌和放线菌的影响相对较小。

（3）阐明牦牛排泄物输入对沼泽化草甸和泥炭湿地土壤酶活性的影响

两种类型土壤下，排泄物输入处理都显著提高土壤 CBH 酶活性，粪便输入处理下土壤 BG 酶活性显著增加，尿液输入处理则低于对照处理。NAG 酶活性泥炭土对照处理高于沼泽化草甸土，而排泄物输入处理低于沼泽化草甸土。排泄物输入处理都显著降低土壤 PO 酶活性，并且泥炭土三种处理均低于沼泽化草甸土。

土壤类型和排泄物输入类型显著影响土壤酶活性，而土壤类型与排泄物输入类型相互作用对土壤酶活性无显著影响。

8.5.2 展望

本研究初步探讨牦牛排泄物输入对两种不同类型湿地土壤有机碳矿化的影响、牦牛排泄物输入后对土壤酶活性和微生物群落结构的影响及其与土壤有机碳矿化之间的相互关系，为阐明牦牛放牧过程中排泄物输入对土壤有机碳动态乃至区域生态系统碳循环的影响提供参考依据。不足之处在于本研究是在室内控制条件下进行的，并没有实施野外实验，因此没能得到野外条件下排泄物输入时土壤有机碳矿化量；没有研究单独排泄物的有机碳矿化，因此没能确定排泄物的单独矿化贡献量。为了更好地了解排泄物在土壤中有机碳动态中的作用，在今后的研究中应该在有条件的情况下，加强野外原位条件下的实验，并且结合同位素示踪法 $\delta^{13}C$ 对排泄物中碳成分在土壤中的迁移转化过程及其在土壤微生物中的动态变化进行动态研究。

第9章 牦牛排泄物输入对湿地土壤酶和细菌群落的影响

9.1 研究内容及方法

9.1.1 研究内容

本课题组选取纳帕海国际重要湿地哈木谷村附近的典型沼泽湿地作为研究区，采集 0～10 cm 沼泽土壤作为研究对象，采用室内模拟实验研究增温（13℃、19℃、25℃三个培养温度）和牦牛排泄物输入（对照、牦牛粪便输入、牦牛尿液输入）对沼泽土壤理化性质、酶活性和细菌群落的影响。测定土壤理化性质（含水量、pH、铵态氮、硝态氮、总有机碳、速效磷、总氮）、酶活性（蔗糖酶、脲酶、酸性磷酸酶、过氧化氢酶）和细菌群落组成，分析增温、牦牛排泄物输入及二者交互作用对沼泽土壤的影响，探究增温背景下牦牛排泄物（粪便、尿液）输入对高寒沼泽湿地土壤酶活性和细菌群落结构的影响机制。

9.1.2 技术路线

本研究以湿地生态学、环境化学、微生物学等学科理论为指导，依据典型性和代表性原则，在滇西北高原选择典型的沼泽湿地进行取样分析，采用室内模拟控制实验的方法，探究在气候变暖的大背景下，放牧活动对滇西北沼泽湿地土壤的影响。分析增温和排泄物输入对沼泽湿地土壤理化性质、酶活性和细菌群落的影响，旨在揭示气候变化下牦牛放牧活动对沼泽湿地土壤关键因子影响的内在机制。研究技术路线如图 9.1 所示。

9.1.3 研究方法

9.1.3.1 实验设计

本课题组选定滇西北高原湿地纳帕海沼泽土壤为研究材料，于当地牧民家收集当地放牧牦牛新鲜粪便及尿液带回实验室进行室内模拟实验，实验设计环境因子包括香格里拉地区气候因素及牦牛排泄物输入，探究增温、牦牛放牧和二者交互作用对滇西北高原湿地土壤理化性质、酶活性、细菌群落结构的影响。

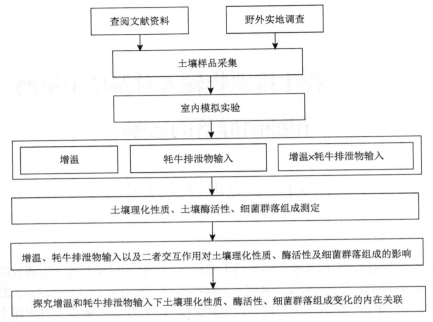

图 9.1　研究技术路线

实验设定 3 个温度处理：13℃（香格里拉 7 月平均温）、19℃（香格里拉 7 月最高温）（Panthi et al.，2018）、25℃；每个温度处理下设置对照（CK）、牦牛粪便输入（F）、牦牛尿液输入（U）处理，每组 3 个重复，共计 54 个样品。根据 Lovell 和 Jarvis（1996）的方法，按照野外实际调查统计进行输入量设置；尿液按照 van Groenigen 等（2005）报道的尿液添加量。本研究每个牦牛粪便处理（F）加入 114.23 g 新鲜牦牛粪便，每个牦牛尿液处理（U）加入 15.56 mL 尿液。将预处理后的土壤于室温下风干，过 2 mm 筛，称取 100 g 风干土于 500 mL 的具塞玻璃三角瓶中，调节土壤含水量至田间持水量的 60% 左右，置于恒温培养箱（25℃）避光孵化一周后添加排泄物，完成排泄物添加后分别置于 13℃、19℃、25℃条件下避光培养，培养时间根据微生物快速繁衍更替的特点，设置为 1 个月，在培养第 3 天、第 31 天取样进行土壤理化性质和土壤酶活性的测定（图 9.2）。牦牛排泄物和沼泽土壤理化性质见表 9.1。

图 9.2　室内增温和牦牛排泄物输入模拟实验

表 9.1　牦牛排泄物和沼泽土壤理化性质

处理	含水量/%	pH	总有机碳/（g/kg）	铵态氮/（mg/kg）	硝态氮/（mg/kg）	总氮/（g/kg）	总磷/（mg/kg）
牦牛粪便	80.53±0.16	7.99±0.01	483.6±5.15	86.10±2.07	5.0±0.45	624.1±2.07	3.93±0.23
牦牛尿液	—	8.67±0.31	170.2±4.65	59.76±1.84	48.94±10.19	8.7±0.30	3.00±0.13
沼泽土壤	—	5.13±0.15	103.1±1.25	—	—	6.62±1.27	0.80±0.14

注：表中数据为平均值±标准误差（n=3）。

9.1.3.2　指标测定

（1）土壤理化性质的测定

土壤含水量的测定采用重量法。称取 5 g 鲜土于铝盒中，置于 105℃ 的烘箱中烘至恒重后称重，根据烘干前后土壤的质量计算含水量。

土壤 pH。称取风干土过筛土用复合电极（STARTER 300，美国）以土：水 1：5（W/V）测定。

土壤铵态氮和硝态氮含量的测定采用 1 mol/L KCl 浸提法。称取 5 g 鲜土，按土：水 1：10（W/V）的比例加入 50 mL mol/L 的 KCl 溶液，之后于振荡机振荡 20min，振荡完成后，上离心机上 4000 r/min 离心 10min，滤取上清液，上连续流动分析仪（SKALAR SAN++，荷兰）测定。

土壤速效磷测定采用 0.5 mol/L $NaHCO_3$ 浸提-钼锑抗比色法。称取通过 2 mm 筛的风干土壤样品 2.5 g（精确到 0.001 g），加入 0.5mol/L $NaHCO_3$ 溶液 50 mL，塞紧瓶塞，上振荡机上振荡 30 min 后用无磷滤纸过滤，吸取滤液 10 mL（含磷量高时吸取 2.5～5.0 mL，同时应补加 0.5mol/L $NaHCO_3$ 溶液至 10 mL）于比色管中，再准确加入 35 mL 纯水，然后加入 5 mL 钼锑抗试剂，摇匀放置 30 min，用紫外分光光度计于 880 nm 或 700 nm 波长进行比色。

土壤总有机碳含量的测定。将风干的土壤样品过 2 mm 筛后，称取 5g 放入 100 mL 的烧杯，每个土壤样品设置三个重复，加入 1% 的盐酸溶液淹没土壤样品，充分搅拌后，放入 105℃ 的烘箱烘干，烘干后进行包样，采用德国 Elementar 公司的 vario TOC select 总有机碳分析仪进行测定。

土壤总氮含量的测定采用 H_2SO_4-H_2O_2 消煮法。将采集的土壤样品风干后过 2 mm 筛，称取 0.2 g 研磨后的土壤加入消煮管中，加入少量纯水浸润土壤，再加入 5 mL 浓硫酸轻轻地摇匀后静置过夜，将其置于消煮炉上按照加热程序进行消煮，消煮过程中滴入 H_2O_2 加速氧化，待液体变为无色或透明后，冷却过滤至 100mL 容量瓶定容，液体用连续流动分析仪进行测定。

（2）土壤酶活性的测定

土壤酶活性测定方法参照关松荫（1986）和周礼恺（1987），主要采用比色法和滴定法进行测定。

蔗糖酶活性的测定：称取 5 g 土壤，加入 1 mL 甲苯用于灭活土壤中的微生物，注入 15 mL 8% 的蔗糖溶液和 5 mL pH 为 5.5 的磷酸缓冲液。混合摇匀后，置于恒温培养箱在

37℃下培养 24h。到时取出，加入 37℃纯水定容，定容后迅速用定量滤纸过滤。吸取滤液 1mL 于 50 mL 比色管中，加 3 mL DNS 试剂，在沸腾的水浴锅中加热 5 min，随即移至水流下冷却 3 min。此过程中，溶液会因生成 3-氨基-5-硝基水杨酸而呈橙黄色，最后定容，并在紫外分光光度计上于 540 nm 处进行比色。

脲酶活性测定：称取 5 g 土壤样品，加入 1 mL 甲苯，摇匀，放置 15 min 后加 10 mL 10%的尿素溶液和 20 mL pH 为 6.7 的柠檬酸盐缓冲溶液，摇匀后于 37℃恒温箱中培养 24 h。培养结束后定容过滤，吸取 1 mL 滤液于比色管中，再加入 4 mL 苯酚钠溶液和 3 mL 次氯酸钠溶液，随加随摇匀。放置 20 min 后显色，定容。在 1 h 内于 578 nm 波长处比色。

酸性磷酸酶活性测定：称取 5 g 土壤样品，加入 1 mL 甲苯，摇匀放置 15 min，加入 20 mL 0.5%的磷酸苯二钠，摇匀后置于恒温箱在 37℃下培养 24 h。培养结束后定容过滤，吸取 3 mL 滤液于比色管中，然后加入显色剂显色，于分光光度计上 660nm 处比色。

过氧化氢酶活性测定：取 5 g 土壤样品，加入 1 mL 甲苯，摇匀，于 4℃冰箱中放置 30 min 后，取出立即加入 25 mL 冷藏储存的 3% H_2O_2 溶液，充分混匀后，再置于冰箱中放置 1 h 后取出，迅速加入 25 mL 冷藏储存的 2 mol/L H_2SO_4 溶液，摇匀，过滤。取 1 mL 滤液于三角瓶，加入 5 mL 蒸馏水和 5 mL 2 mol/L H_2SO_4 溶液，用 0.02 mol/L 高锰酸钾溶液进行滴定。根据对照和样品的滴定所消耗的高锰酸钾溶液量的差值进行计算。过氧化氢酶活性以每 g 干土 1 h 内消耗的 0.1 mol/L $KMnO_4$ 体积数表示（以 mL 计）。

为减少风干等过程对土壤酶活性测定的影响，本研究中所有酶活性测定均采用鲜土测定，测得数据后，根据含水量换算得到相应的干土数据进行比较。

（3）土壤细菌测序

在培养的第 3 天、第 31 天，对培养土壤进行破坏性取样，取样过程中所需器材经高温灭菌锅灭菌处理，所取土壤样品置于灭菌离心管中，密封储存于–80℃条件下。在两次取样过程完成后低温保存寄送至样品测序公司。

a. DNA 抽提和 PCR 扩增

根据 E.Z.N.A.® soil 试剂盒（Omega Bio-tek，Norcross，GA，U.S.）说明书进行抽提，DNA 浓度和纯度利用 NanoDrop 2000 进行检测，利用 1%琼脂糖凝胶电泳对 DNA 提取质量进行检测；引物采用 338F（5′-ACTCCTACGGGAGGCAGCAG-3′）和 806R（5′-GGACTACHVGGGTWTCTAAT-3′），对 V3-V4 可变区进行 PCR 扩增，扩增程序：95℃预变性 3 min，27 个循环（95℃变性 30 s，55℃退火 30 s，72℃延伸 30 s），最后 72℃延伸 10 min（PCR 仪：ABI GeneAmp® 9700 型）。扩增体系为 20 μL，4 μL 5×FastPfu 缓冲液，2 μL 2.5mmol/L dNTPs，0.8 μL 引物（5μmol/L），0.4 μL FastPfu 聚合酶；10ng DNA 模板。

b. Illumina Miseq 测序

使用 2%的琼脂糖凝胶对 PCR 产物进行回收，利用 AxyPrep DNA Gel Extraction Kit（Axygen Biosciences，Union City，CA，USA）进行纯化处理，使用 Tris-HCl 进行洗脱，2%琼脂糖电泳检测。利用 QuantiFluor™-ST（Promega，USA）进行检测定量。根据 Illumina MiSeq 平台（Illumina，San Diego，USA）标准操作规程将纯化后的扩增片段构建 PE 2×300 的文库。

构建文库步骤：连接"Y"字形接头→使用磁珠筛选去除接头自连片段→利用 PCR 扩增进行文库模板的富集→使用氢氧化钠变性，产生单链 DNA 片段。

利用 Illumina 公司的 Miseq PE300 平台进行测序(上海美吉生物医药科技有限公司)。原始数据上传至 NCBI 数据库。

c. 测序数据处理

原始测序序列使用 Trimmomatic 软件质控，使用 FLASH 软件进行拼接：设置 50 bp 的窗口，在平均质量值低于 20 时，从窗口前端位置截去该碱基后端所有序列，之后再去除质控后长度低于 50 bp 的序列；根据重叠碱基 overlap 拼接两端序列，拼接时设置 overlap 之间的最大错配率为 0.2，长度需大于 10 bp。根据序列首尾两端的 barcode 和引物将序列拆分至每个样本，barcode 需精确匹配，引物允许两个碱基错配，去除存在模糊碱基的序列。使用 UPARSE 软件（version 7.1，http://drive5.com/uparse/），根据 97% 的相似度对序列进行 OTU 聚类，并在聚类的过程中去除单序列和嵌合体。利用 RDP classifier（http://rdp.cme.msu.edu/index.jsp）对每条序列进行物种分类注释，比对 Silva 数据库（SSU123），设置比对阈值为 70%。

9.1.3.3　数据处理

实验数据采用 Excel 进行统计汇总，利用 SPSS 20.0 进行单因素方差分析和双因素方差分析（Two-way ANOVA），分析增温、牦牛排泄物输入及二者交互作用对土壤理化性质、酶活性的影响。利用 Canoco 4.5 完成土壤理化性质和酶活性冗余分析（redundancy analysis，RDA）。利用 Origin 2018 完成土壤酶活性部分作图。

土壤细菌测序数据分析在美吉云分析平台完成：细菌分析基于 97% 相似水平的 OTU 进行，细菌 α 多样性分析通过 Mothur（version v.1.30.1）软件包完成，β 多样性分析利用 R 语言 PCA 统计分析和作图，物种差异分析使用 R 语言的 stats 包和 Python 的 scipy 包完成，环境因子关联分析利用 R 语言的 pheatmap package 包完成。

9.2　增温和牦牛排泄物输入对沼泽土壤理化性质的影响

9.2.1　增温对沼泽土壤理化性质的影响

整个培养过程中，增温对土壤影响较小（表 9.2）。在培养初期，增温主要影响土壤 pH 和土壤硝态氮含量，对土壤含水量、速效磷、总有机碳、总氮影响不显著（$P>0.05$）。对 pH 的影响表现为在 25℃下土壤 pH 显著高于 13℃ 和 19℃。对硝态氮的影响表现为在培养温度为 19℃ 时土壤硝态氮含量显著高于 25℃ 和 13℃，且 25℃ 显著高于 13℃（$P<0.05$）。

在培养末期，增温主要影响土壤含水量、pH 和铵态氮含量。土壤含水量表现为 25℃<19℃<13℃，随温度升高而下降且差异显著（$P<0.05$）。对土壤 pH 的影响为温度降低会升高土壤 pH，表现为 13℃>25℃>19℃，25℃ 与 19℃ 对土壤 pH 的影响差异不显著（$P>0.05$）。对土壤铵态氮含量的影响表现为 25℃＞13℃＞19℃，在 25℃的培养温度下土壤铵态氮含量显著高于 13℃和 19℃（$P<0.05$），而在 13℃和 19℃下无显著差异（$P>0.05$）。

表 9.2 增温处理对沼泽土壤理化性质的影响

时期	温度/℃	含水量/%	pH	铵态氮/（mg/kg）	硝态氮/（mg/kg）	总有机碳/（g/kg）	总氮/（g/kg）	速效磷/（mg/kg）
培养初期	13	37.17±0.43^A	5.51±0.02^B	141.54±6.89^A	86.42±4.15^C	91.01±1.99^A	6.91±0.37^A	3.91±0.56^A
	19	35.84±0.99^A	5.45±0.03^B	112.09±10.49^A	143.45±4.32^A	90.13±5.00^A	6.49±0.45^A	3.48±0.19^A
	25	37.62±0.18^A	5.61±0.01^A	123.79±7.01^A	109.21±8.29^B	89.98±1.58^A	6.37±0.49^A	3.22±0.20^A
培养末期	13	39.58±0.16^A	5.70±0.14^A	45.18±9.29^B	212.39±16.37^A	94.98±3.83^A	7.36±0.41^A	4.99±0.13^A
	19	38.61±0.27^B	5.22±0.01^B	17.52±1.48^B	245.88±3.97^A	97.47±2.98^A	7.68±1.74^A	5.26±0.91^A
	25	37.66±0.30^C	5.34±0.01^A	120.97±14.46^A	211.41±14.55^A	90.32±1.41^A	6.61±0.70^A	4.55±0.44^A

注：不同字母表示在 95%置信水平下各处理间具有显著差异。

9.2.2 牦牛排泄物输入对沼泽土壤理化性质的影响

由表 9.3 可知，在培养初期，排泄物输入主要影响含水量、pH、铵态氮、硝态氮、总有机碳和速效磷。与对照相比，牦牛粪便输入显著提高土壤含水量和 pH（$P<0.05$）。对铵态氮的影响表现为在牦牛尿液输入显著提高土壤铵态氮含量，而牦牛粪便输入对铵态氮含量影响不显著（$P>0.05$）。牦牛粪便输入会显著降低土壤硝态氮含量（$P<0.05$），而牦牛尿液输入对土壤硝态氮含量影响不显著（$P>0.05$）。牦牛粪便输入会显著提高土壤总有机碳含量，而牦牛尿液输入对土壤总有机碳含量无显著影响（$P<0.05$）。牦牛粪便输入和牦牛尿液输入均提高土壤总氮含量，但未达到显著水平（$P>0.05$）。对土壤有效磷的影响表现为，牦牛粪便输入显著提高土壤有效磷含量（$P<0.05$），牦牛尿液输入对土壤有效磷含量影响不显著（$P>0.05$）。

表 9.3 牦牛排泄物处理对土壤理化性质的影响

时期	处理	含水量/%	pH	铵态氮/（mg/kg）	硝态氮/（mg/kg）	总有机碳/（g/kg）	总氮/（g/kg）	速效磷/（mg/kg）
培养初期	CK	37.17±0.43^B	5.51±0.02^C	141.54±6.89^B	86.42±4.15^A	91.01±1.99^A	6.91±0.37^A	3.91±0.56^B
	F	52.52±7.18^A	6.88±0.05^A	201.33±11.78^B	46.43±5.52^B	125.74±5.57^A	8.12±0.83^A	29.54±1.27^A
	U	42.71±0.54^{AB}	6.68±0.03^B	1061.91±35.77^A	89.13±3.76^A	91.04±2.64^B	7.03±0.06^A	4.58±1.15^B
培养末期	CK	39.58±0.16^C	5.70±0.14^B	45.18±9.29^B	212.39±16.37^B	94.98±3.83^B	7.36±0.41^{AB}	4.99±0.13^B
	F	60.38±0.14^A	6.55±0.05^A	117.15±53.90^B	34.16±1.90^C	112.68±1.50^A	7.88±0.31^A	22.64±0.77^A
	U	44.68±0.05^B	5.99±0.16^B	1302.10±11.34^A	254.02±9.28^A	91.87±2.20^B	6.47±0.29^B	3.53±0.29^B

注：不同字母表示在 95%置信水平下各处理间具有显著差异。
CK：对照处理；F：牦牛粪便输入处理；U：牦牛尿液输入处理。

在培养末期，牦牛排泄物输入主要影响含水量、pH、铵态氮、硝态氮、总有机碳和速效磷。与对照相比，排泄物输入均显著提高土壤含水量（$P<0.05$）。牦牛粪便输入显

著提高土壤 pH（$P<0.05$），而牦牛尿液输入对土壤 pH 无显著影响。排泄物输入对土壤铵态氮含量的影响表现为 U>F>CK，牦牛尿液输入显著提高土壤铵态氮含量（$P<0.05$），但粪便输入和对照无显著差异（$P>0.05$）。对硝态氮的影响表现为 U>CK>F，牦牛粪便输入显著降低土壤硝态氮含量（$P<0.05$），牦牛尿液输入显著增加土壤硝态氮含量（$P<0.05$）。土壤总有机碳含量表现为 F>CK>U，且牦牛粪便输入显著高于牦牛尿液输入和对照（$P<0.05$），尿液输入和对照无显著差别（$P>0.05$）。排泄物输入对土壤总氮含量无显著影响（$P>0.05$）。土壤有效磷含量表现为牦牛粪便输入显著高于对照和尿液输入（$P<0.05$）。

9.2.3　增温和排泄物输入交互作用对沼泽土壤理化性质的影响

由表 9.4 和表 9.5 可知，在整个室内培养过程中，增温主要影响含水量、pH 和铵态氮、硝态氮含量。牦牛排泄物主要影响含水量、pH、铵态氮、硝态氮、总有机碳和速效磷。增温和牦牛排泄物输入交互作用显著影响 pH、铵态氮和硝态氮。由双因素方差分析结果可知，增温会削弱牦牛排泄物输入对土壤理化性质的影响。

表 9.4　增温处理和牦牛排泄物处理对土壤理化性质的影响

时期	温度/℃	处理	含水量/%	pH	铵态氮/（mg/kg）	硝态氮/（mg/kg）	总有机碳/（g/kg）	总氮/（g/kg）	速效磷/（mg/kg）
培养初期	13	CK	37.17±0.43^{Ab}	5.51±0.02^{Bc}	141.54±6.89^{Ab}	86.42±4.15^{Ca}	91.01±1.99^{Ab}	6.91±0.37^{Aa}	3.91±0.56^{Ab}
		F	52.52±7.18^{Ab}	6.88±0.05^{Aa}	201.33±11.78^{Cb}	46.43±5.52^{Ab}	125.74±5.57^{Aa}	8.12±0.83^{Aa}	29.54±1.27^{Aa}
		U	42.71±0.54^{Aab}	6.68±0.03^{Ab}	1061.91±35.77^{Ba}	89.13±3.76^{Aa}	91.04±2.64^{Ab}	7.03±0.06^{Aa}	4.58±1.15^{Ab}
	19	CK	35.84±0.99^{Ac}	5.45±0.03^{Bb}	112.09±10.49^{Ac}	143.45±4.32^{Aa}	90.13±5.00^{Ab}	6.49±0.45^{Aa}	3.48±0.19^{Ab}
		F	57.89±3.15^{Aa}	6.66±0.13^{ABb}	338.10±19.46^{Bb}	46.76±9.21^{Ac}	130.33±13.54^{Aa}	8.19±0.94^{Aa}	50.54±12.46^{Aa}
		U	42.90±0.20^{Ab}	6.54±0.07^{Ab}	1215.47±22.44^{Aa}	99.13±4.59^{Ab}	92.39±1.01^{Ab}	6.94±0.57^{Aa}	4.25±0.61^{Ab}
	25	CK	37.62±0.18^{Ac}	5.61±0.01^{Ac}	123.79±7.01^{Ac}	109.21±8.29^{Ba}	89.98±1.58^{Aa}	6.37±0.49^{Ab}	3.22±0.20^{Ab}
		F	60.00±0.60^{Aa}	6.51±0.05^{Ba}	482.26±22.36^{Ab}	27.26±1.96^{Ac}	90.87±6.63^{Aa}	8.55±0.11^{Aa}	31.16±4.25^{Aa}
		U	42.48±0.31^{Ab}	6.19±0.06^{Bb}	1286.09±24.14^{Aa}	54.82±10.32^{Bb}	90.10±2.00^{Ab}	7.14±0.27^{Ab}	3.71±0.39^{Ab}
培养末期	13	CK	39.58±0.16^{Ac}	5.70±0.14^{Bb}	45.18±9.29^{Bb}	212.39±16.37^{Ab}	94.98±3.83^{Ab}	7.36±0.41^{Aab}	4.99±0.13^{Ab}
		F	60.38±0.14^{Aa}	6.55±0.05^{Ab}	117.15±53.90^{Ab}	34.16±1.90^{Ac}	112.68±1.50^{Aa}	7.88±0.31^{Aa}	22.64±0.77^{Aa}
		U	44.68±0.05^{Ab}	5.99±0.16^{Ab}	1302.10±11.34^{Aa}	254.02±9.28^{Ca}	91.87±2.20^{Ab}	6.47±0.29^{Ab}	3.53±0.29^{Bb}
	19	CK	38.61±0.27^{Ba}	5.22±0.01^{Bb}	17.52±1.48^{Bb}	245.88±3.97^{Ab}	97.47±2.98^{Aa}	7.68±1.74^{Aa}	5.26±0.91^{Ab}
		F	53.00±7.28^{Aa}	6.28±0.03^{Ba}	19.86±0.71^{Ab}	21.96±0.61^{Bc}	101.88±8.20^{Aa}	6.98±0.83^{Aa}	23.66±3.29^{Aa}
		U	47.20±2.93^{Aa}	4.87±0.04^{Cc}	336.51±16.02^{Ca}	313.40±2.03^{Aa}	94.90±2.01^{Aa}	7.10±0.15^{Aa}	5.12±1.16^{ABb}
	25	CK	37.66±0.30^{Cc}	5.34±0.01^{Bb}	120.97±14.46^{Ab}	211.41±14.55^{Ab}	90.32±1.41^{Ab}	6.61±0.70^{Aa}	4.55±0.44^{Ab}
		F	61.82±1.74^{Aa}	6.44±0.06^{Ba}	43.78±8.53^{Ab}	30.49±1.66^{Ac}	117.53±1.44^{Aa}	7.59±0.82^{Aa}	20.96±2.53^{Aa}
		U	43.48±0.10^{Ab}	5.31±0.13^{Bb}	704.66±111.90^{Ba}	290.84±2.32^{Ba}	88.80±0.71^{Ab}	6.75±0.35^{Ab}	8.25±1.35^{Ab}

注：培养初期/培养末期，同一列内不同大写字母表示在 95%置信水平下不同温度处理具有显著差异，不同小写字母表示不同排泄物输入处理间具有显著差异。

CK：对照处理；F：牦牛粪便输入处理；U：牦牛尿液输入处理。

表 9.5　增温和牦牛排泄物输入对土壤理化性质影响的双因素方差分析

项目	参数	培养初期			培养末期		
		温度	牦牛排泄物	温度×牦牛排泄物	温度	牦牛排泄物	温度×牦牛排泄物
含水率	F	0.703	44.694	0.766	0.416	42.376	1.659
	P	0.508	<0.001***	0.561	0.666	<0.001**	0.203
pH	F	12.953	301.331	7.586	38.643	133.651	6.670
	P	<0.001***	<0.001***	0.001**	<0.001***	<0.001***	0.002**
铵态氮	F	49.711	2371.741	16.631	55.272	288.592	39.913
	P	<0.001***	<0.001***	<0.001***	<0.001***	<0.001***	<0.001***
硝态氮	F	20.662	98.641	8.012	8.277	812.009	5.818
	P	<0.001***	<0.001***	0.001**	0.003**	<0.001***	0.003**
总有机碳	F	0.307	1.092	0.258	0.197	26.653	3.559
	P	0.739	0.357	0.901	0.823	<0.001***	0.026
总氮	F	0.076	8.191	0.215	0.116	0.648	0.456
	P	0.927	0.003**	0.927	0.891	0.535	0.767
有效磷	F	2.303	56.034	2.321	0.342	119.928	1.411
	P	0.129	<0.001***	0.096	0.715	<0.001***	0.270

** 差异显著性 $P<0.01$。
*** 差异显著性 $P<0.001$。

　　在培养初期，牦牛粪便在 13℃对铵态氮含量影响不显著（$P>0.05$），在 19℃和 25℃下会显著提高土壤铵态氮含量（$P<0.05$）。牦牛尿液在 13℃下对土壤硝态氮含量影响不显著（$P>0.05$），在 19℃和 25℃下显著降低土壤硝态氮含量（$P<0.05$）。牦牛粪便在 13℃和 19℃下显著提高土壤总有机碳含量，在 25℃下对土壤总有机碳含量影响不显著（$P>0.05$）。牦牛粪便在 13℃和 19℃下对土壤总氮含量影响不显著（$P>0.05$），在 25℃下显著提高土壤总氮含量（$P<0.05$）。

　　在培养末期，13℃和 25℃处理下，排泄物输入显著提高土壤含水量（$P<0.05$）。不同温度处理下，牦牛粪便均对土壤 pH 影响显著（$P<0.05$），表现为牦牛粪便在三种培养温度下均显著提高土壤 pH，而牦牛尿液在 19℃显著降低土壤 pH。牦牛尿液显著增加土壤铵态氮含量，13℃和 19℃处理下，土壤铵态氮含量表现为 U>F>CK，但牦牛粪便和对照无显著差异（$P>0.05$），25℃处理下，土壤铵态氮含量表现为 U>CK>F，而牦牛粪便和对照差异不显著（$P>0.05$），表明排泄物输入与增温对土壤具有交互作用。排泄物输入对土壤硝态氮含量影响显著（$P<0.05$），不同温度处理下均表现为 U>CK>F。

9.2.4　讨论

　　增温对土壤 pH 影响显著，其原因主要是温度升高后，土壤盐溶液的浓度和可交换阳离子会发生改变，进而影响土壤 pH（Sun et al.，2016；Li et al.，2014）。增温对土壤铵态氮、硝态氮含量的影响显著，因为增温会加速土壤有机氮的矿化过程，使得土壤铵态氮、硝态氮含量发生改变（刘志江等，2017）。

排泄物输入对土壤含水量、pH、硝态氮含量、速效磷含量和总有机碳含量影响极为显著。本研究排除了牦牛取食、活动等因素的影响，牦牛排泄物可视作有机肥输入，有机肥输入可改善土壤理化性状，如提高土壤含水量、pH、土壤速效磷含量、有机碳含量（陈婷等，2018；Li et al.，2018b）。牦牛排泄物提高土壤含水量主要是因为牦牛尿液为液体，使得土壤含水量高，而新鲜牦牛粪便含水量高，混入土壤后使得土壤含水量升高。牦牛粪便处理显著提高土壤的 pH，原因有三方面：一是牦牛粪便有机质分解过程中，有机质中活性有机氮的氨化和脱羧过程导致 H$^+$ 的消耗，从而使土壤 pH 升高；二是土壤 pH 会受到水分条件的影响，牦牛粪便输入使得土壤含水量升高，土壤中的电解质被稀释，更多的阳离子进入土壤中，导致土壤 pH 升高（李欢等，2018）；三是牦牛粪便本身 pH 较高（7.99），可中和土壤原始的较低 pH（5.13）。牲畜尿液中的尿素会迅速水解，导致短期内 pH 升高，但硝化过程中会产生更多的 H$^+$ 离子，从而降低尿液处理的土壤 pH（O'Callaghan and Gerard，2010；Guo et al.，2014），且在前人的研究中有报道，牲畜尿液输入会导致土壤酸化（Cai et al.，2015），所以在培养初期牦牛尿液处理提高土壤 pH，而在培养末期未使土壤 pH 升高。牦牛粪便处理降低土壤无机氮含量，是由于土壤氮矿化速率和硝化速率与土壤 pH 呈显著正相关关系（王雪等，2018），较高的 pH 促进土壤氮的矿化和硝化，导致土壤中铵态氮和硝态氮的含量减少，且牦牛粪便输入使土壤 pH 升高到 6.5 左右，有研究表明，当土壤 pH 为 6.5 左右时，氨氧化速率最高（陈方敏等，2018）。而尿液处理组 pH 较低，使得铵态氮大量累积。

9.2.5　小结

1）在短期室内增温实验中，增温对土壤理化性质影响较轻，温度改变土壤水热条件，影响土壤的生物化学循环，导致土壤盐溶液浓度和可交换离子发生改变，从而改变土壤 pH。同时，增温加速土壤有机氮矿化，改变土壤铵态氮含量和硝态氮含量。

2）牦牛排泄物输入显著提高土壤含水量和部分有效养分含量，牦牛尿液输入后尿液水解，使得土壤铵态氮含量显著增加，牦牛粪便输入增加土壤有机碳含量和速效磷含量，提高土壤 pH，加速土壤中氮的转化。

3）增温和牦牛排泄物输入交互作用会削弱牦牛排泄物输入对土壤理化性质的影响，如削弱对含水量和土壤速效磷含量的影响。

9.3　增温和牦牛排泄物输入对沼泽土壤酶活性的影响

9.3.1　增温和牦牛排泄物输入下沼泽土壤酶活性特征

9.3.1.1　增温和牦牛排泄物输入对沼泽土壤蔗糖酶活性的影响

在培养初期和末期，增温对土壤蔗糖酶活性影响均不显著（$P > 0.05$）（图 9.3）。

牦牛粪便输入处理组在培养初期和培养末期均表现为增温处理的土壤蔗糖酶活性高于未增温土壤，但未达到显著水平。牦牛尿液输入处理土壤蔗糖酶活性在培养初期表现为25℃＞13℃＞19℃，在培养末期表现为19℃＞13℃＞25℃。

牦牛排泄物输入影响土壤蔗糖酶活性，主要表现为在整个培养过程中，牦牛粪便均显著提高土壤蔗糖酶活性（$P<0.05$）。在培养初期，与对照相比，牦牛粪便输入处理的蔗糖酶活性在13℃、19℃和25℃分别提高0.50倍、0.61倍和0.65倍，在培养末期，分别提高1.06倍、2.53倍、0.56倍，而牦牛尿液输入处理对土壤蔗糖酶活性影响不显著（$P>0.05$）。

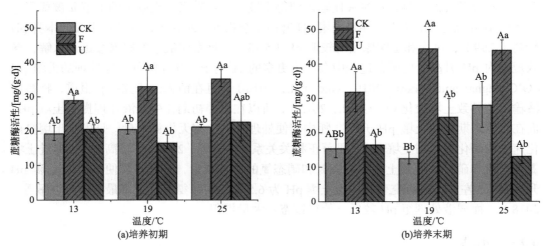

图 9.3　培养初期、培养末期增温和牦牛排泄物输入对土壤蔗糖酶活性的影响

不同大写字母表示同一牦牛排泄物处理在不同培养温度下具有显著差异，不同小写字母表示在同一培养温度下不同牦牛排泄物处理间具有显著差异。CK：对照处理；F：牦牛粪便输入处理；U：牦牛尿液输入处理。下同。

9.3.1.2　增温和牦牛排泄物输入对沼泽土壤脲酶活性的影响

培养初期，增温对对照处理土壤脲酶活性影响显著（$P<0.05$），随着培养温度升高，土壤脲酶活性显著降低，表现为13℃＞19℃＞25℃，对排泄物输入处理的土壤脲酶活性影响不显著（$P>0.05$）[图9.4（a）]。到培养末期，增温对对照处理土壤脲酶活性无显著影响（$P>0.05$），对牦牛粪便处理的土壤脲酶活性影响显著（$P<0.05$），表现为13℃＞25℃＞19℃[图9.4（b）]。

在整个培养过程中，牦牛排泄物输入均对土壤脲酶活性产生显著影响（$P<0.05$）。培养初期，与对照相比，牦牛粪便输入在13℃、19℃、25℃分别提高土壤脲酶活性1.06倍、2.07倍、5.78倍，牦牛尿液输入分别提高土壤脲酶活性0.39倍、0.96倍、3.73倍。到培养末期，牦牛粪便输入在13℃、19℃、25℃下分别提高土壤脲酶活性7.48倍、4.69倍、5.36倍，牦牛尿液分别提高土壤脲酶活性2.54倍、2.93倍、1.86倍。

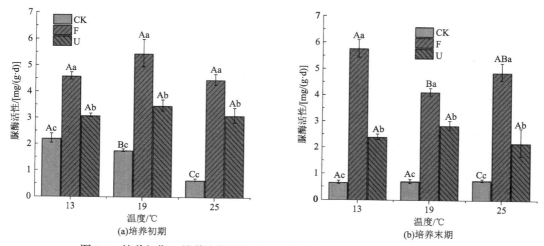

图 9.4　培养初期、培养末期增温和牦牛排泄物输入对土壤脲酶活性的影响

9.3.1.3　增温和牦牛排泄物输入对沼泽土壤酸性磷酸酶活性的影响

培养初期，增温对不同处理土壤酸性磷酸酶活性影响不显著（$P>0.05$）[图 9.5（a）]。培养末期，增温显著降低牦牛尿液输入处理土壤酸性磷酸酶活性（$P<0.05$），表现为13℃＞19℃＞25℃，显著提高对照土壤酸性磷酸酶活性（$P<0.05$），表现为25℃＞19℃＞13℃[图 9.5（b）]。

牦牛排泄物在培养初期对土壤酸性磷酸酶活性无显著影响（$P>0.05$）。到培养末期，表现为在不同培养温度对酸性磷酸酶活性影响不同，在13℃时，牦牛排泄物显著增强酸性磷酸酶活性（$P<0.05$），表现为 U＞F＞CK；在 25℃下，牦牛排泄物显著降低土壤酸性磷酸酶活性（$P<0.05$），表现为 CK＞F＞U。

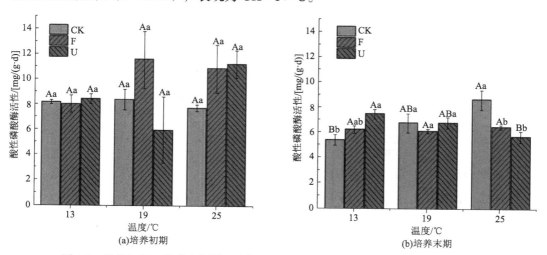

图 9.5　培养初期、培养末期增温和牦牛排泄物输入对土壤酸性磷酸酶活性的影响

9.3.1.4 增温和牦牛排泄物输入对沼泽土壤过氧化氢酶活性的影响

增温在培养不同时期对土壤过氧化氢酶活性影响存在差异，在培养初期，表现为增温显著降低过氧化氢酶活性（$P<0.05$），而在培养末期，增温增强过氧化氢酶活性，但未达到显著水平。在培养初期，温度影响牦牛尿液输入处理的土壤过氧化氢酶活性，表现为在 19℃时显著高于 13℃和 25℃（$P<0.05$）（图 9.6）。在培养末期，牦牛粪便处理和牦牛尿液处理的土壤过氧化氢酶活性均受到增温的影响，牦牛粪便处理表现为在培养温度为 19℃时过氧化氢酶活性显著低于 13℃和 25℃（$P<0.05$），牦牛尿液处理表现为 13℃>25℃>19℃，且差异显著（$P<0.05$）。

牦牛排泄物输入在整个培养过程中对土壤过氧化氢酶影响显著（$P<0.05$）。在培养初期，三种培养温度下，均表现为牦牛粪便处理显著高于尿液处理和对照处理（$P<0.05$），在 13℃、19℃和 25℃下，牦牛粪便输入处理的土壤过氧化氢酶活性分别是对照的 6.26 倍、20.08 倍和 18.75 倍，牦牛尿液输入处理的土壤过氧化氢酶活性分别是对照的 0.62 倍、4.97 倍和 3.68 倍。到培养末期，牦牛粪便处理对土壤过氧化氢酶活性的促进作用降低，但与对照处理相比，依然显著促进土壤过氧化氢酶活性（$P<0.05$），在三种培养温度下，分别为对照处理的 3.61 倍、1.67 倍和 2.10 倍。而牦牛尿液处理在 13℃下显著增强土壤过氧化氢酶活性（$P<0.05$），在 19℃和 25℃时对土壤过氧化氢酶活性影响不显著（$P>0.05$）。

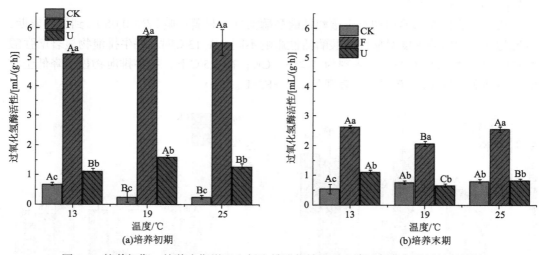

图 9.6 培养初期、培养末期增温和牦牛排泄物输入对土壤过氧化氢酶活性的影响

9.3.2 增温和牦牛排泄物输入交互作用对沼泽土壤酶活性的影响

由表 9.6 可知，在培养初期，增温对土壤脲酶活性影响极显著（$P=0.001$），牦牛排泄物对蔗糖酶、脲酶、过氧化氢酶活性影响极显著（$P<0.01$），增温和牦牛排泄物输入交互作用显著影响脲酶和过氧化氢酶活性（$P<0.05$）。在培养末期，增温显著影响过氧化氢酶活性（$P=0.001$），牦牛排泄物显著影响蔗糖酶、脲酶、过氧化氢酶活性（$P<0.01$），

增温和牦牛排泄物输入交互作用显著影响蔗糖酶活性（$P<0.05$）、脲酶活性（$P<0.01$）、过氧化氢酶活性（$P=0.001$）、酸性磷酸酶活性（$P=0.001$）。通过分析可知，增温降低牦牛排泄物对土壤酶活性的影响，且在培养初期，温度变化对牦牛排泄物输入的影响更显著。

表 9.6　增温和牦牛排泄物输入对土壤酶活性影响的双因素方差分析

时期	因素	蔗糖酶活性		脲酶活性		酸性磷酸酶活性		过氧化氢酶活性	
		F	P	F	P	F	P	F	P
培养初期	增温	1.290	0.300	9.615	0.001**	1.192	0.326	1.455	0.260
	牦牛排泄物	18.513	<0.01***	149.717	<0.01***	1.743	0.203	788.600	<0.01***
	温度×牦牛排泄物	0.627	0.650	4.290	0.013*	2.002	0.137	3.250	0.036*
培养末期	增温	2.333	0.126	2.059	0.157	1.127	0.346	10.755	0.001**
	牦牛排泄物	25.516	<0.01***	212.272	<0.01***	1.552	0.239	449.595	<0.01***
	温度×牦牛排泄物	2.974	0.048*	5.214	0.006**	7.283	0.001**	8.221	0.001**

*显著性 $P<0.05$。
**显著性 $P<0.01$。
***显著性 $P<0.001$。

9.3.3　增温和排泄物输入下土壤理化性质对土壤酶活性的影响分析

根据对土壤理化性质和酶活性的冗余分析，土壤理化性质变化与土壤酶活性变化关系密切。培养初期的冗余分析 [图 9.7（a）] 轴一解释度为 90.0%，培养末期的冗余分析 [图 9.7（b）] 轴一解释度为 98.2%，表明在整个培养过程中，第一轴的土壤理化性质变量是影响土壤酶活性的主要因素。土壤脲酶活性（付倩等，2020）、过氧化氢酶活性与土壤含水量、pH、土壤速效磷含量及土壤总有机碳含量、总氮含量呈显著正相关关系，与土壤铵态氮含量呈显著负相关关系；蔗糖酶活性与土壤含水量、pH、土壤速效磷含量及土壤总有机碳含量呈正相关，与铵态氮含量和硝态氮含量呈负相关；土壤酸性磷酸酶活性与土壤理化性质无显著相关关系。

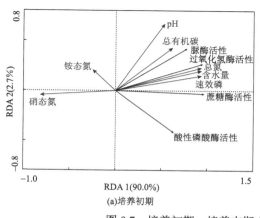
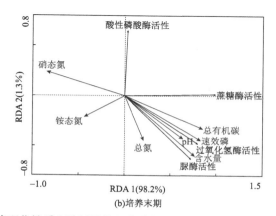

图 9.7　培养初期、培养末期土壤理化性质和酶活性的冗余分析

9.3.4　讨论

　　土壤地球化学循环过程中，碳、氮、磷的循环过程是其重要的组成部分。蔗糖酶可促进土壤中的糖类水解，加速土壤中的氮素循环；脲酶参与土壤含氮有机物的转化，其活性常用来表征土壤氮素供应强度，与氮素供应呈正相关关系；磷酸酶可促进有机磷化合物的分解，增加土壤磷素及易溶性营养物质的含量；过氧化氢酶可用于表征土壤腐殖化强度和有机质积累程度（Liu et al.，2017；曲成闯等，2019）。

　　在培养末期，随着温度的升高，土壤蔗糖酶及土壤酸性磷酸酶活性逐渐增大，由于在增温过程中，其温度更接近于酶的最适温度，酶活性增强，加速土壤碳素循环，促进有机磷化合物的分解（王启兰等，2007；Liu et al.，2019a）。而土壤脲酶及过氧化氢酶的活性则表现为 13℃>25℃>19℃，表明增温将降低脲酶和过氧化氢酶的活性，抑制土壤含氮有机化合物的转化，导致土壤腐殖化强度和有机质积累程度降低（王启兰等，2007）。除过氧化氢酶外，温度对土壤酶活性的影响不显著，可能存在两点原因：一是培养周期较短，使得增温培养时间不足，土壤酶主要来自土壤微生物的分泌，虽然土壤微生物对环境变化敏感，但土壤微生物合成酶需要一定过程，所以土壤酶对环境条件变化的响应存在延迟。二是土壤酶的温度敏感性不高，秦纪洪等（2013）及 Razavi 等（2017）研究表明土壤酶活性在低温下温度敏感性高，在较高温度下温度敏感性较低，本研究设置培养温度处于土壤酶活性温度敏感性较低的区间，所以培养温度的变化对其影响较小。而土壤酸性磷酸酶主要来源于真菌群落，而真菌群落在低温环境下活性较高（秦纪洪等，2013），酸性磷酸酶受到真菌群落活性的限制，故在培养初期增温处理对酸性磷酸酶活性影响较小。

　　牦牛排泄物输入对蔗糖酶、脲酶和过氧化氢酶活性影响极为显著，主要是因为牦牛粪便输入显著影响土壤有机质含量，有机质是土壤微生物的分解底物，在一定条件下，分解底物含量越丰富，会促进土壤微生物的生长和土壤酶的分泌（Li et al.，2018b）。此外，牦牛排泄物输入均显著提高土壤含水量，土壤水分有利于养分和底物的扩散，使得酶活性增强（Burns et al.，2013）。而在培养末期，牦牛排泄物输入处理的土壤过氧化氢酶活性明显低于培养初期，原因可能是随着培养时间的增加，微生物繁殖消耗土壤中的可溶性有机质，使得过氧化氢酶活性降低（Liu et al.，2019a）。

　　增温和排泄物输入交互作用对土壤理化性质、酶活性影响显著，主要是由于两者交互作用改变土壤的水气热条件，使得土壤生物化学循环过程发生改变，进而改变土壤理化性质和酶活性。本研究发现土壤含水量、pH、速效磷含量、总有机碳含量与土壤脲酶、过氧化氢酶及蔗糖酶活性密切相关，呈显著正相关关系。土壤水分含量能够限制土壤养分和分解底物的扩散，而底物的扩散会影响土壤酶活性（Zhou et al.，2013），土壤总有机碳是土壤酶的利用底物，所以与酶活性密切相关。一般而言，土壤酶适宜的 pH 范围为 4.0～8.0（Burns et al.，2013），在适宜的 pH 范围内土壤酶的活性会随 pH 的增大而增大。

9.3.5　小结

　　1）不同培养阶段，增温对沼泽土壤酶活性的影响存在差异。在培养初期，增温显著降低沼泽土壤脲酶、过氧化氢酶活性；在培养末期，增温显著增强沼泽土壤蔗糖酶、酸性磷酸酶活性。

2）牦牛排泄物输入对沼泽土壤酶活性影响显著。在整个培养过程中，牦牛粪便都显著增强沼泽土壤蔗糖酶、脲酶和过氧化氢酶活性；牦牛尿液则显著增强沼泽土壤脲酶活性。

3）增温和牦牛排泄物输入交互作用对沼泽土壤酶活性的影响小于牦牛排泄物输入，表明增温削弱牦牛排泄物对土壤酶活性的作用，且表现为在培养初期的削弱作用显著强于培养末期。

9.4　增温和牦牛排泄物输入对沼泽土壤细菌群落的影响

9.4.1　增温和牦牛排泄物输入对沼泽土壤细菌群落多样性的影响

9.4.1.1　α 多样性分析

利用覆盖度指数、ACE 指数、Chao1 指数、Shannon 指数、Simpson 指数、Shannoneven 指数、Simpsoneven 指数在 OTU 水平上来进行土壤细菌群落的 α 多样性分析，包括细菌群落的覆盖度、丰富度、多样性和均匀度。覆盖度指数代表细菌群落的测序深度，由表 9.7 可知，所有测定土壤样品的覆盖度均大于或等于 0.99，表明测序数据可反映土壤样品中的细菌群落 OUT 的真实情况。

表 9.7　培养初期、培养末期土壤细菌群落 α 多样性（OTU）

时期	温度/℃	处理	覆盖度指数	ACE指数	Chao1指数	Shannon指数	Simpson指数	Shannoneven指数	Simpsoneven指数
培养初期	13	CK	0.99	1287.74	1315.61	5.16	0.02	0.73	0.03
		F	0.99	784.81	753.07	2.84	0.14	0.46	0.01
		U	0.99	1147.43	1158.96	4.64	0.04	0.67	0.02
	19	CK	0.99	1308.15	1328.31	5.22	0.02	0.74	0.03
		F	0.99	997.92	987.73	3.90	0.05	0.59	0.02
		U	0.99	1128.26	1101.02	3.13	0.14	0.47	0.01
	25	CK	0.99	1290.66	1284.37	5.20	0.02	0.74	0.04
		F	0.99	1041.59	1062.17	3.87	0.06	0.58	0.02
		U	0.99	1150.57	1180.44	4.23	0.05	0.62	0.02
培养末期	13	CK	0.99	1364.05	1355.80	5.33	0.02	0.75	0.04
		F	0.99	1132.24	1127.66	4.45	0.04	0.66	0.03
		U	0.99	1250.68	1241.70	5.05	0.03	0.72	0.03
	19	CK	0.99	1336.78	1372.95	5.50	0.02	0.77	0.05
		F	0.99	1303.06	1293.39	5.45	0.01	0.78	0.07
		U	0.99	1243.92	1234.73	5.19	0.02	0.74	0.05

续表

时期	温度/℃	处理	覆盖度指数	ACE指数	Chao1指数	Shannon指数	Simpson指数	Shannoneven指数	Simpsoneven指数
培养末期	25	CK	1.00	1319.51	1320.88	5.57	0.01	0.78	0.07
		F	0.99	1303.34	1334.01	5.45	0.02	0.78	0.06
		U	0.99	1229.98	1253.06	5.03	0.02	0.72	0.04

通过对培养初期和培养末期的土壤细菌群落 α 多样性指数分析可知，在培养初期，温度对土壤细菌群落的 α 多样性影响不显著。牦牛粪便输入显著降低土壤细菌群落的多样性、丰富度和均匀度，牦牛尿液输入也降低土壤细菌群落的丰富度、多样性和均匀度，但其影响程度小于牦牛粪便输入。在培养初期，土壤细菌群落的多样性、丰富度和均匀度均受到增温与牦牛排泄物输入交互作用的显著影响，在 19℃和 25℃下，牦牛粪便输入对土壤细菌群落的丰富度和多样性的影响小于 13℃。

到培养末期，土壤细菌群落 ACE 指数在 19℃和 25℃下低于 13℃，表明土壤细菌群落的丰富度随着培养温度的升高而降低，而 Shannon 指数表现为随增温而升高，表明增温在培养末期增加细菌群落多样性。牦牛粪便输入降低细菌群落丰富度、多样性和均匀度，但其对土壤细菌群落 α 多样性的影响已显著小于培养初期；牦牛尿液输入降低土壤细菌群落 α 多样性，但影响小于牦牛粪便输入。增温和牦牛粪便输入交互作用改变牦牛粪便对细菌群落丰富度和多样性的影响，在培养温度为 25℃时提高土壤细菌群落的丰富度，在 19℃时提高细菌群落的均匀度。

9.4.1.2 β 多样性分析

通过直接排序 PCA 来分析增温和牦牛排泄物输入对土壤细菌群落 β 多样性的影响（图 9.8）。在培养初期[图 9.8（a）]，增温未对土壤细菌群落 β 多样性产生显著影响，牦牛排泄物对细菌群落影响显著，使得粪便输入处理和尿液输入处理明显偏离对照处理。增温和牦牛排泄物输入交互作用主要体现在温度为 19℃和 25℃时粪便输入处理明显偏

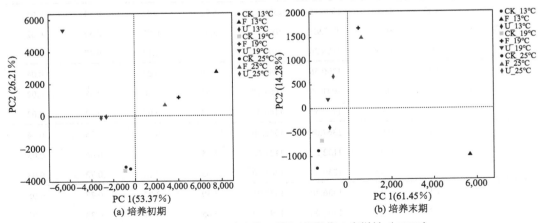

图 9.8　培养初期、培养末期土壤细菌群落 β 多样性（OTU）

离 13℃的粪便输入处理，19℃时尿液输入处理显著偏离 13℃的尿液输入处理。到培养末期［图 9.8（b）］，增温对土壤细菌群落 β 多样性的影响增大，样本距离增大，相似性降低。牦牛粪便对土壤细菌群落 β 多样性的影响显著，牦牛尿液对土壤细菌的影响较小。增温与牦牛排泄物输入交互作用更为显著，增温和牦牛排泄物输入处理样品距离增大。

9.4.2　增温和牦牛排泄物输入对沼泽土壤细菌群落结构的影响

9.4.2.1　Pan & Core 分析

Pan & Core OTU 用于描述随着样本量的增加物种总量和核心物种量变化的情况。Pan OTU 泛指物种 OTU，是所有样本所包含的 OTU 的总和，用于观测随着样本量的增加，总 OTU 数量的增加情况。Core OTU 指核心物种 OTU，是所有样本共有的 OTU 的数量，用于观测随着样本量的增加，共有 OTU 数量的减少情况。根据 Pan/Core 物种曲线走向，可以评估本次测序样本量是否足够，如果曲线趋于平缓，则测序样本量充足。由图 9.9 可知，本研究用于土壤细菌群落测序的样本随着样本量的增加，Pan 曲线和 Core 曲线已趋于平缓，说明测样土壤的细菌种群结构数据可代表培养土壤中的细菌种类。

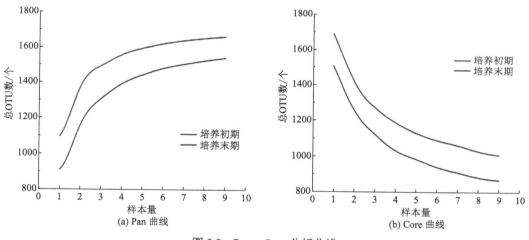

图 9.9　Pan、Core 分析曲线

9.4.2.2　土壤细菌组成门水平上相对丰度分析

由图 9.10 可知，在培养初期，所有培养土壤中的优势物种组成（相对丰度之和＞0.8）均为变形菌门（Proteobacteria）、厚壁菌门（Firmicutes）、放线菌门（Actinobacteria）、绿弯菌门（Chloroflexi）、螺旋体菌门（Saccharibacteria）、拟杆菌门（Bacteroidetes），但在不同的培养温度和牦牛排泄物处理下相对丰度存在差异。

在培养初期［图 9.10（a）］，增温对土壤细菌群落组成影响不显著，主要改变绿弯菌门相对丰度，表现为在 25℃时增加绿弯菌门的相对丰度，而牦牛排泄物输入显著改变土壤细菌的相对丰度。牦牛粪便输入显著增加土壤中厚壁菌门的相对丰度，降低绿弯菌门的相对丰度；牦牛尿液输入显著增加厚壁菌门的相对丰度，降低土壤变形菌门的相对丰度。

单独增温在培养初期对细菌相对丰度无显著影响，但与牦牛排泄物输入交互作用改变土壤细菌群落相对丰度，在 19℃和 25℃，降低牦牛粪便输入和尿液输入对土壤螺旋杆菌门相对丰度的影响，使得牦牛排泄物输入处理螺旋体菌门相对丰度大于对照组，降低尿液输入处理绿弯菌门的相对丰度。在 25℃下，牦牛尿液输入处理的土壤中变形菌门相对丰度增加。

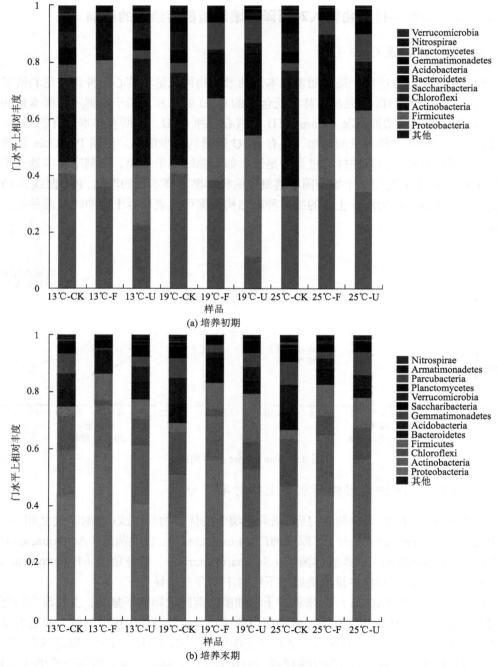

图 9.10　培养初期、培养末期土壤细菌物种组成（门水平）

　　在培养末期[图 9.10（b）]，所有培养土壤中的优势物种组成（相对丰度之和＞0.8）均为变形菌门、放线菌门、绿弯菌门、厚壁菌门、拟杆菌门、酸杆菌门（Acidobacteria）、芽单孢菌门（Gemmatimonadetes）、螺旋体菌门。在不同处理中，细菌的相对丰度存在差异。

　　到培养末期，增温对土壤细菌相对丰度影响不显著。牦牛排泄物对土壤细菌相对丰度的影响表现为：牦牛粪便输入显著增加土壤中变形菌门和厚壁菌门的相对丰度，显著降低土壤绿弯菌门、酸杆菌门和芽单孢菌门的相对丰度；牦牛尿液输入显著降低绿弯菌门的相对丰度，显著增加厚壁菌门的相对丰度。

　　到培养末期，在细菌门水平，增温和牦牛排泄物输入交互作用小于培养初期，表明经过 31 天的培养，各培养温度和牦牛排泄物处理的土壤细菌群落趋于稳定。

9.4.2.3　土壤细菌组成属水平上相对丰度分析

　　对土壤细菌物种在属水平上的组成分析基于物种相对丰度≥0.01 的细菌群落进行（图 9.11），相对丰度小于 0.01 的物种归入其他。通过对土壤细菌群落在属水平上分析可知，在培养初期，单独增温对细菌群落组成影响不显著。牦牛排泄物输入对土壤细菌群落影响显著，牦牛粪便输入显著增加不动杆菌属（Acinetobacter）、动性球菌科（Planococcaceae）某属细菌、节杆菌属（Arthrobacter）、动性微菌属（Planomicrobium）、嗜冷杆菌属（Psychrobacter），显著降低鞘氨醇单胞菌属（Sphingomonas）、norank_P_Saccharibacteria、马赛菌属（Massilia）、HSB_OF53-F07、黄色土源菌（Flavisolibacter）、

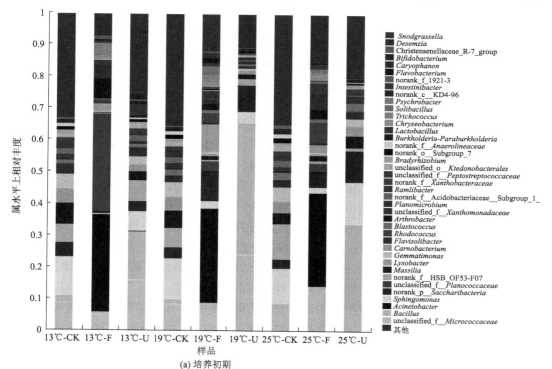

(a) 培养初期

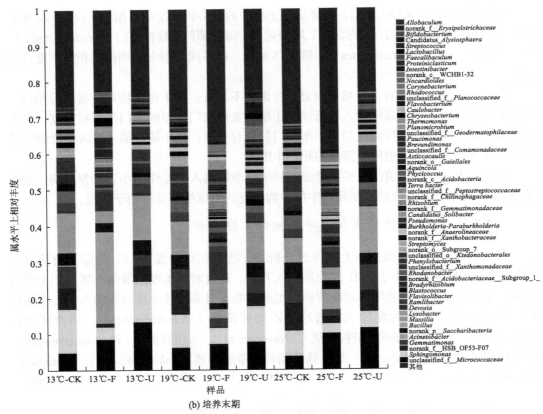

(b) 培养末期

图 9.11　培养初期、培养末期土壤细菌物种组成（属水平）

溶杆菌属（*Lysobacter*）、芽单胞菌属等细菌种群的相对丰度；牦牛尿液输入显著增加芽孢杆菌属（*Bacillus*）、乳酸杆菌属（*Lactobacillus*），显著降低鞘氨醇单胞菌属、马赛菌属的相对丰度。

增温和牦牛排泄物输入对细菌群落结构影响显著，在培养温度为 19℃时，牦牛粪便输入处理土壤中 norank_p_*Saccharibacteria*、肉杆菌属（*Carnobacterium*）、红球菌属（*Rhodococcus*）等细菌种群的相对丰度显著提高，动球菌科、节杆菌属等的相对丰度显著降低；牦牛尿液输入处理土壤中动球菌科、芽孢杆菌属、norank_p_*Saccharibacteria*、动球菌科等的相对丰度显著升高，HSB_OF53-F07、乳酸杆菌属等的相对丰度降低。在25℃时，norank_p_*Saccharibacteria*、红球菌属等的相对丰度升高，动球菌科、节杆菌属、嗜冷杆菌属等的相对丰度降低；牦牛尿液输入处理土壤中芽孢杆菌属、鞘氨醇单胞菌属、norank_p_*Saccharibacteria* 等的相对丰度升高，动球菌科、乳酸杆菌属的相对丰度降低。总体而言，增温削弱牦牛排泄物输入对土壤细菌的不利影响。

到培养末期，增温对土壤细菌的影响表现为降低鞘氨醇单胞菌属、马赛菌属等种群的相对丰度，增加 HSB_OF53-F07 等的相对丰度，且相对丰度<0.01 的物种所占比例随着增温而增大（图 9.12）。牦牛粪便和尿液输入处理对土壤细菌的影响存在差异，牦牛粪便输入显著提高不动杆菌属、德沃氏菌属（*Devosia*）等的相对丰度，降低鞘氨醇单胞

菌属、芽单胞菌属、HSB_OF53-F07 等的相对丰度；牦牛尿液输入显著提高动球菌属、芽孢杆菌属、铜绿假单胞菌属（*Pseudomonas*）等的相对丰度。

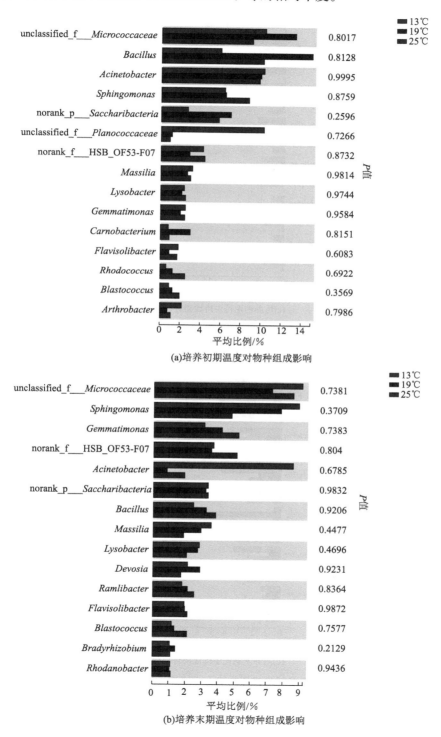

(a)培养初期温度对物种组成影响

(b)培养末期温度对物种组成影响

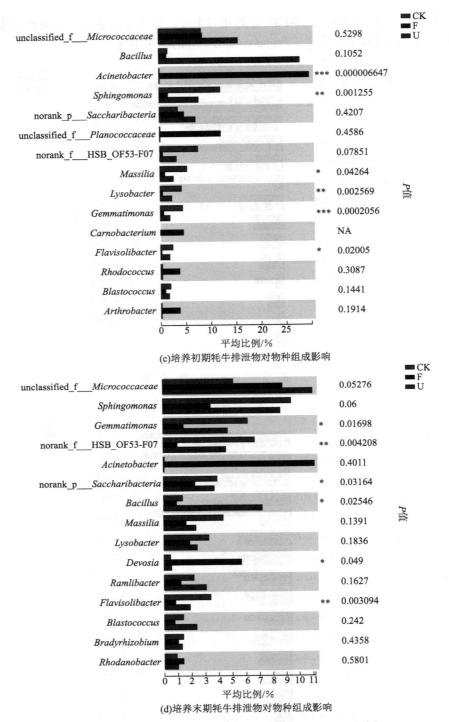

图 9.12　增温及牦牛排泄物输入土壤物种组成影响差异分析

*表示显著性水平 $P<0.05$；**表示显著性水平 $P<0.01$；***表示显著性水平 $P<0.001$。

增温和牦牛排泄物输入交互作用对土壤细菌的影响表现为，在 19℃时，牦牛粪便输入处理显著提高德沃氏菌属、溶杆菌属等的相对丰度，降低不动杆菌属等的相对丰度；牦牛尿液处理组芽单胞菌属、棒杆菌属（*Corynebacterium*）的相对丰度升高。在25℃时，牦牛粪便处理芽单胞菌属、消化链球菌科（*Peptostreptococcaceae*）、*Paucimonas*等的相对丰度升高，不动杆菌属等的相对丰度降低；牦牛尿液处理芽单胞菌属、*Ramlibacter*、芽球菌属（*Blastococcus*）、芽孢杆菌属等的相对丰度升高，降低鞘氨醇单胞菌属、溶杆菌属、铜绿假单胞菌属等的相对丰度。牦牛粪便处理土壤中物种丰度<0.01的物种随着增温所占比例也明显递增。

9.4.3　增温和排泄物输入影响下土壤环境因子与细菌群落的相关性分析

选取相对丰度前30种物种进行Pearson相关性分析。通过分析可知，土壤细菌群落与土壤理化性、酶活性密切相关（图9.13）。在培养初期[图9.13（a）]，优势物种中，不动杆菌属、节杆菌属、肉杆菌属、棒杆菌属、动性杆菌属、红球菌属、消化链球菌科细菌与大部分土壤理化性质和酶活性呈显著正相关关系，其他物种与土壤理化性质、酶活性呈显著的负相关关系。在所有土壤理化性质中，含水量、pH、总氮、速效磷与土壤细菌群落关系更加密切，在相对丰度前30位的物种里，与近1/2的物种呈负相关关系，而含水量、pH、总氮含量、速效磷含量与牦牛粪便输入呈正相关关系，说明在培养初期，牦牛粪便添加显著降低土壤中原有优势物种的丰度；牦牛尿液对土壤理化性质的影响小于牦牛粪便，故而对土壤细菌的影响较小。土壤脲酶活性、过氧化氢酶活性与牦牛排泄物显著正相关，因此与多数优势物种呈负相关关系。在培养末期[图9.13（b）]，与培养初

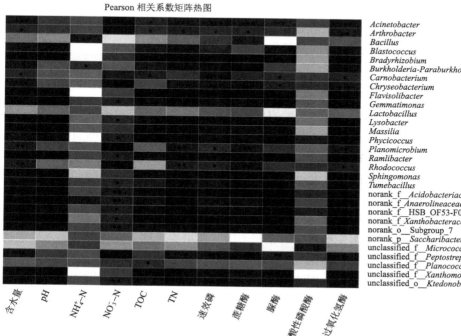

(a)培养初期

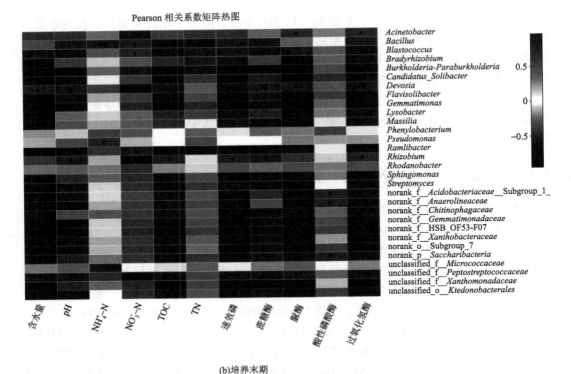

(b)培养末期

图 9.13　土壤理化性质/酶活性与细菌群落的相关性分析（属水平）

期情况相似，多数优势种群与大部分土壤理化性质呈显著负相关，土壤含水量、总有机碳含量、速效磷含量与优势种群关系更为密切。土壤细菌与酶活性的相关性分析表明，多数优势细菌相对丰度与脲酶活性、过氧化氢酶活性呈显著负相关。

9.4.4　讨论

增温影响土壤细菌的相对丰度，随着温度的升高，变形菌门相对丰度降低，绿弯菌门相对丰度增加，表明这两个门的细菌具温度敏感性。已有报道表明，增温会增加土壤中微生物生物量和多样性（Hong et al.，2018；王蓓等，2011），但本研究中，当增温与牦牛排泄物相互作用时，可能会改变一些潜在的过程，并对土壤性质、酶和细菌产生强烈的影响。

牦牛排泄物输入影响土壤细菌群落，且牦牛粪便对细菌的影响大于尿液。在培养初期，牦牛排泄物输入降低土壤变形菌门的相对丰度，在培养末期，牦牛粪便输入处理提高了变形菌门、厚壁菌门和拟杆菌相对丰度，一方面由于这三种菌群是牦牛粪便的主要微生物种群（Wang et al.，2018c；周冰蕊，2016），牦牛粪便输入直接增加了土壤中这三种种群丰度；另一方面，微生物种群组成和数量与土壤养分条件密切相关（Yang et al.，2019a；Zhang et al.，2019a），牦牛粪便输入促进了土壤有效养分的循环，有利于这些种群。但牦牛粪便输入减少酸杆菌和绿弯菌门的相对丰度，因为牦牛粪便的输入携带大量的微生物进入土壤，与土壤微生物存在竞争，影响土壤中的主要细菌，如酸杆菌，酸杆菌适宜于酸性环境，对土壤的 pH 变化敏感，牦牛粪便输入提高土壤 pH，从而显著降低酸杆菌相对丰度。牦牛尿液输入增加厚壁菌门相对丰度，但减少绿弯菌门、酸杆菌门和拟杆菌门的相对丰度，因为尿液进入土壤后，大量尿素水解，增加土壤铵态氮含量，而研究表明，大量有效氮富集会危害土壤的细菌群落（Dai et al.，2018）。在属水平上，牦牛粪便输入减少许多广泛分布的重要细菌，如鞘氨醇单胞菌属、黄杆菌属、微球菌属、芽孢杆菌属等，鞘氨醇单胞菌在芳香化合物降解中具有很强的潜力（Xu et al.，2018）。黄杆菌为革兰氏阴性菌，可分泌过氧化氢酶和磷酸酶，本研究表明，牦牛粪便输入降低这些功能细菌的相对丰度，表明牦牛粪便输入影响土壤的环境条件，使土壤环境趋于不稳定。在 13℃时，牦牛粪便输入处理中检测到高丰度的不动杆菌，这是因为在较低的温度下，牦牛粪便中的不动杆菌可以存活较长的时间。

Pearson 相关性分析表明，土壤酶活性与牦牛粪便输入改变的土壤性质呈显著正相关，因为牦牛粪便输入可视作养分输入，其增加土壤含水量、总有机碳含量，提高 pH，创造出更适宜的条件（Burns et al.，2013），提供丰富的酶分解底物。大多数细菌是异养菌，其生长繁殖需要从环境中获得养分，生活在土壤中的细菌也受土壤性质的影响，因此土壤性质的变化对细菌具有重要意义。土壤优势菌群落与土壤性质显著相关，与酶相似，变形菌门与土壤含水量、速效磷含量、总有机碳含量和 pH 呈正相关，但其他细菌如芽单胞菌、酸杆菌、绿弯菌等大多与土壤性质呈负相关，原因是牦牛粪便输入虽促进土壤提高含水量、pH 等理化性质，为细菌繁殖提供有利条件（Li et al.，2018b；Wan et al.，2019），但影响土壤原生菌群，打破土壤原生种群平衡。而蔗糖酶活性和脲酶活性与大多数细菌也呈负相关，这与以往的研究不一致，其原因可能是牦牛粪便的肠道细菌数量与牦牛粪便、牦牛尿液输入到细菌较少的土壤中形成对比（Dai et al.，2018），因此会很好地改变土壤细菌。虽然酸性磷酸酶活性在本研究中没有显著变化，但它与几乎占主导地位的细菌呈正相关。

9.4.5　小结

1）增温影响土壤细菌的 α 多样性，培养末期，增温降低细菌丰度，提高细菌多样性。培养初期，增温提高绿弯菌门细菌丰度，培养末期，增温降低鞘氨醇单胞菌属、马赛菌属的相对丰度。

2）牦牛排泄物输入对土壤细菌群落影响显著。培养初期，牦牛粪便显著降低土壤细菌的 α 多样性。在整个培养期内，牦牛排泄物改变优势物种的相对丰度，减少土壤原有功能种群，降低土壤细菌群落稳定性。

3）增温和牦牛排泄物输入交互作用提高土壤细菌丰富度，影响土壤细菌 β 多样性、相对丰度和特有种群。

4）土壤理化性质、酶活性与土壤细菌群落关系密切，且表现为在培养初期相关性更为显著。多数土壤细菌群落与含水量、pH 等理化性质和酶活性呈显著的负相关关系。

9.5 研究结论与展望

9.5.1 研究结论

本研究选择滇西北高原纳帕海湿地沼泽土壤为研究对象，采用室内培养实验，模拟增温和牦牛排泄物输入对沼泽土壤理化性质、酶活性和细菌群落的影响。分析增温背景下牦牛排泄物输入对沼泽土壤理化性质、酶活性和细菌群落的影响，探讨增温和牦牛排泄物输入交互作用下土壤理化性质、酶活性和细菌群落之间的内在联系。主要研究结论如下。

（1）增温对土壤理化性质、酶活性和细菌群落的影响

增温对土壤理化性质的影响不显著，主要改变土壤微环境，影响土壤 pH，影响土壤生物化学循环，如加速氮循环，影响硝态氮和铵态氮的含量。增温显著影响沼泽土壤酶的活性，培养初期，增温显著降低脲酶和过氧化氢酶的活性；培养末期，增温增强蔗糖酶和酸性磷酸酶的活性。增温影响土壤细菌群落的 α 多样性，培养末期，增温降低土壤细菌丰富度，提高细菌种群多样性。增温影响细菌优势种群的相对丰度，培养初期，增温提高绿弯菌门的相对丰度；培养末期，降低鞘氨醇单胞菌属、马赛菌属的相对丰度。

（2）牦牛排泄物对土壤理化性质、酶活性和细菌群落的影响

牦牛排泄物输入显著影响含水量、pH 和土壤养分，且牦牛粪便输入较牦牛尿液输入影响更显著。牦牛粪便输入显著提高土壤含水量、pH、总有机碳含量和速效磷含量，降低硝态氮含量；牦牛尿液输入显著提高土壤含水量、pH 和铵态氮含量。牦牛排泄物输入显著影响酶活性，牦牛粪便输入显著增强蔗糖酶、脲酶和过氧化氢酶的活性；牦牛尿液输入显著增强脲酶活性。牦牛排泄物输入对沼泽土壤原有细菌产生冲击，牦牛粪便输入在培养初期显著降低细菌 α 多样性，减少原有种群的相对丰度，且增加土壤中病原菌的相对丰度，对环境存在潜在危害；牦牛尿液输入也对土壤细菌产生不利影响，但影响小于牦牛粪便输入。

（3）增温和牦牛排泄物输入交互作用对土壤理化性质、酶活性和细菌群落的影响

培养初期，增温与牦牛粪便输入交互作用显著降低土壤铵态氮含量，增温与牦牛尿液输入交互作用显著降低硝态氮含量。增温会削弱牦牛排泄物输入对土壤酶活性的影响，且在培养初期比培养末期削弱作用更强。增温和牦牛排泄物输入交互作用提高土壤细菌丰富度，影响土壤细菌 β 多样性、相对丰度和特有种群。

9.5.2 展望

本研究为短期模拟实验，模拟气温变化和牦牛排泄物对湿地土壤的影响，控制其他影响因子，不能全面地体现在自然环境中气候变化及放牧牲畜排泄物输入对沼泽土壤的影响，以及这些变化对湿地土壤的长期影响。因温度变化具有不确定性，且土壤微生物

在响应环境条件变化的同时会适应环境变化，而牲畜放牧对湿地存在多方面影响，使得在自然环境中两种因子及其交互作用对土壤的影响更为复杂，且在野外条件下，放牧强度会影响细菌群落对气温变化的响应。在未来的研究中，应建立多点多区域长期的高原湿地监测体系，广泛获取野外条件下气候变化数据和土壤环境数据，综合分析气候变化和干扰对土壤的影响。

参 考 文 献

蔡延江，杜子银，王小丹，等. 2014. 牲畜排泄物返还对藏北高寒草原土壤 CH_4 排放的影响[J]. 山地学报，32（4）：393-400.

曾希柏，王亚男，王玉忠，等. 2014. 施肥对设施菜地 nirK 型反硝化细菌群落结构和丰度的影响[J]. 应用生态学报，25（2）：505-514.

陈春涛. 2010. 2009 年夏秋季辽河口芦苇湿地沉积物硝化作用及影响因素研究[D]. 青岛：中国海洋大学.

陈方敏，金润，袁砚，等. 2018. 温度和 pH 值对铁盐型氨氧化过程氮素转化的影响[J]. 环境科学，39（9）：4289-4293.

陈刚亮，李建华，杨长明. 2013. 崇明岛不同土地利用类型河岸带土反硝化酶活性特征[J]. 应用生态学报，24（10）：2926-2932.

陈梨，郑荣波，郭雪莲，等. 2020. 不同放牧对滇西北高原泥炭沼泽土壤氨氧化微生物群落的影响[J]. 生态学报，40（7）：1-12.

陈婷，韩士群，周庆. 2018. 巢湖藻-草-泥堆制有机肥对土壤性质的影响[J]. 土壤，50（5）：910-916.

陈先江，王彦荣，侯扶江. 2011. 草原生态系统温室气体排放机理及影响因素[J]. 草业科学，28：722-728.

陈银瑞，杨君兴，李再云. 1998. 云南鱼类多样性和面临的危机[J]. 生物多样性，6（4）：272-277.

崔树娟，朱小雪，汪诗平，等. 2015. 增温和放牧对草地土壤和生态系统呼吸的影响[J]. 广西植物，35（1）：126-132.

戴九兰，苗永君. 2019. 黄河三角洲不同盐碱农田生态系统中氮循环功能菌群研究[J]. 安全与环境学报，19（3）：1041-1048.

丁小慧，宫立，王东波，等. 2012. 放牧对呼伦贝尔草地植物和土壤生态化学计量学特征的影响[J]. 生态学报，32（15）：4722-4730.

杜睿，王庚辰，吕达仁. 2001. 放牧对于草原土壤 N_2O 产生及微生物的影响[J]. 环境科学，22（4）：11-15.

杜子银，蔡延江，王小丹，等. 2019. 放牧牦牛行为及其对高寒草地土壤特性的影响研究进展[J]. 草业学报，28（7）：186-197.

范峰华，王雪，张昆，等. 2023. 牦牛排泄物输入对滇西北高寒泥炭沼泽湿地土壤氮转化的影响[J]. 生态学杂志，42（3）：584-590.

范桥发，肖德荣，田昆，等. 2014. 不同放牧对滇西北高原典型湿地土壤碳、氮空间分布的差异影响[J]. 土壤通报，（5）：1151-1156.

方昕，郭雪莲，郑荣波，等. 2020. 不同放牧干扰对滇西北高原泥炭沼泽土壤生态化学计量特征的影响[J]. 水土保持研究，27（2）：9-14.

方芳，孙志伟，高红涛，等. 2014. 三峡库区消落带土壤 N_2O 排放及反硝化研究[J]. 长江流域资源与环境，23（2）：287-293.

付倩，郑荣波，方昕，等. 2020. 增温和牦牛排泄物输入对沼泽土壤酶活性的影响[J]. 生态学报，40（14）：5055-5062.

高礼存，庄大栋，郭起治，等. 1990. 云南湖泊鱼类资源[M]. 南京：江苏科学技术出版社.

高永恒. 2007. 不同放牧强度下高山草甸生态系统碳氮分布格局和循环过程研究[D]. 北京：中国科学院研究生院.

高文萱，闫建华，杜会英，等. 2019. 土壤 *nirS*、*nosZ* 型反硝化菌群落结构及多样性对牛场肥水灌溉水平的响应[J]. 农业环境科学学报，38（5）：1089-1100.

葛世栋，徐田伟，李冰，等. 2014. 高寒草甸粪斑的温室气体排放[J]. 草业科学，31（1）：39-47

耿远波，章申，董云社，等. 2001. 草原土壤的碳氮含量及其与温室气体通量的相关性[J]. 地理学报，56：44-53.

关松荫. 1986. 土壤酶及其研究法[M]. 北京：农业出版社.

苟燕妮，南志标. 2015. 放牧对草地土壤微生物的影响[J]. 草业学报，24（10）：194-205.

郭慧楠，马丽娟，黄志杰，等. 2020. 咸水滴灌对棉田土壤 N_2O 排放和反硝化细菌群落结构的影响[J]. 环境科学：1-17.

郭佳，蒋先，周雪，等. 2015. 三峡库区消落带周期性淹水-落干对硝化微生物生态过程的影响. 微生物学报，56（6）：983-999.

郭雪莲，田昆，葛潇霄，等. 2012. 纳帕海高原湿地土壤有机碳密度及碳储量特征[J]. 水土保持学报，26（4）：159-162.

郝瑞军，李忠佩，车玉萍. 2010. 好气和淹水处理间苏南水稻土有机碳矿化量差异的变化特征[J]. 中国农业科学，43（6）：1164-1172.

郝瑞军，李忠佩，车玉萍. 2006. 水分状况对水稻土有机碳矿化动态的影响[J]. 土壤，6：750-754.

何池全，赵魁义. 2000. 湿地生态过程研究进展[J]. 地球科学进展，13（5）：165-171.

何海龙，君珊，张学宽. 2014. 总有机碳（TOC）分析仪测定土壤中 TOC 的研究[J]. 分析仪器，（5）：59-61.

何奕忻. 2009. 牦牛粪便对青藏高原东部高寒草甸土壤养分系统的影响[D]. 成都：中国科学院成都生物研究所.

和文祥，魏燕燕，蔡少华. 2006. 土壤反硝化酶和文祥活性测定方法及影响因素研究[J]. 西北农林科技大学学报自然科学版，34（1）：121-124.

侯爱新，陈冠雄，吴杰. 1997. 稻田 CH_4 和 N_2O 排放关系及其微生物学机理和一些影响因子[J]. 应用生态学报，8（3）：270-274.

胡敏杰，邹芳芳，仝川，等. 2016. 氮、硫输入对河口湿地土壤有机碳矿化的实验研究[J]. 环境科学学报，11：4184-4192.

黄德华，王艳芬. 1996. 内蒙古羊草草原均腐土营养元素的生物积累[J]. 草地学报，231-139.

姜世成，周道玮. 2006. 牛粪堆积对草地影响的研究[J]. 草业学报，15（4）：30-35.

阚雨晨，黄欣颖，王宇通，等. 2012. 干扰对草地碳循环影响的研究与展望[J]. 草业科学，29（12）：1855-1861.

李博，何奕忻，王志远，等. 2012. 青藏高原东部高寒草甸牦牛粪便的分解过程和科学管理[J]. 草业科学，29（8）：1302-1306.

李晨华，贾仲君，唐立松，等. 2012. 不同施肥模式对绿洲农田土壤微生物群落丰度与酶活性的影响[J]. 土壤学报，49（3）：567-574.

李富，臧淑英，刘赢男，等. 2019. 冻融作用对三江平原湿地土壤活性有机碳及酶活性的影响[J]. 生态学报，39（21）：7938-7949.

李刚，修伟明，王杰，等. 2015. 不同植被恢复模式下呼伦贝尔沙地土壤反硝化细菌 *nirK* 基因组成结构和多样性研究[J]. 草业学报，24（1）：115-123.

李欢，杨玉盛，司友涛，等. 2018. 模拟增温及隔离降雨对中亚热带杉木人工林土壤可溶性有机质的数量及其结构的影响[J]. 生态学报，38（8）：2884-2895.

李杰. 2013. 纳帕海湿地水文情势模拟及关键水文生态效应分析[D]. 昆明：云南大学.

李景云，秦嗣军，葛鹏，等. 2016. 不同生育期苹果园土壤氨氧化微生物丰度研究[J]. 植物营养与肥料学报，22（4）：1149-1156.

李俊，于强，同小娟. 2002. 植物——大气 N_2O 一个重要的源[J]. 地学前缘，9（1）：112.

李宁云. 2006. 纳帕海湿地生态系统退化评价指标体系研究[D]. 昆明：西南林学院.

李文，曹文侠，刘皓栋，等. 2015. 不同放牧管理模式对高寒草甸草原土壤呼吸特征的影响[J]. 草业学报，24（10）：22-32.

李香真，陈佐忠. 1998. 不同放牧率对草原植物与土壤 C、N、P 含量的影响[J]. 草地学报，6（2）：90-98.

李忠佩，张桃林，陈碧云. 2004. 可溶性有机碳的含量动态及其与土壤有机碳矿化的关系[J]. 土壤学报.（4）：544-552.

李梓铭，杜睿，王亚玲，等. 2012. 中国草地 N_2O 通量日变化观测对比研究[J]. 中国环境科学，32（12）：2128-2133.

刘建军，浦野忠朗，鞠子茂，等. 2005. 放牧对草原生态系统地下生产力及生物量的影响[J]. 西北植物学报，25（1）：88-93.

刘景双，王金达，李仲根，等. 2003. 三江平原沼泽湿地 N_2O 浓度与排放特征初步研究[J]. 环境科学，2（1）：33-39.

刘楠，张英俊. 2010. 放牧对典型草原土壤有机碳及全氮的影响[J]. 草业科学，27（4）：11-14.

刘荣芳，张林海，林啸，等. 2013. 闽江口短叶茳芏湿地土壤反硝化潜力[J]. 生态学杂志，32（11）：2865-2870.

刘霞，牟长城，李婉姝，等. 2009. 小兴安岭毛赤杨沼泽 CH_4、N_2O 排放规律及其对人为干扰的响应[J]. 环境科学学报，12：2642-2650.

刘志江，林伟盛，杨舟然，等. 2017. 模拟增温和氮沉降对中亚热带杉木幼林土壤有效氮的影响[J]. 生态学报，37（1）：44-53.

娄焕杰，邓焕广，王东启，等. 2013. 上海城市河岸带土壤反硝化作用研究[J]. 环境科学学报，33（4）：1118-1126.

卢妍，宋长春，王毅勇，等. 2007. 植物对沼泽湿地生态系统 N_2O 排放的影响[J]. 生态与农村环境学报，23（4）：72-75.

卢妍，宋长春，徐洪文. 2010. 三江平原小叶章草甸 N_2O 通量日变化特征研究干旱区资源与环境[J]. 24（7）：176-180.

鲁彩艳，陈欣. 2003. 土壤氮矿化-固持周转（MIT）研究进展[J]. 土壤通报，34（5）：473-477.

罗蓉. 2018. 黄土高原油松人工林参与土壤氮循环功能微生物群落结构研究[D]. 杨凌：西北农林科技大学.

吕艳华，白洁，姜艳，等. 2008. 黄河三角洲湿地硝化作用强度及影响因素研究[J]. 海洋湖沼通报，（2）：61-66.

吕宪国，黄锡畴. 1998. 我国湿地研究进展[J]. 地理科学，18（4）：293-300.

马丽娟，张文，张楠，等. 2014. 咸水滴灌对棉田土壤氨氧化细菌及酶活性的影响. 新疆农业科学，51（11）：2038-2045.

毛铁墙，董宏坡，陈法锦，等. 2020. 湛江湾沉积物中反硝化和厌氧氨氧化细菌的丰度、多样性及分布特征[J]. 海洋与湖沼，51（1）：59-74.

孟德龙，杨扬，伍延正，等. 2012. 多年蔬菜连作对土壤氨氧化微生物群落组成的影响[J]. 环境科学，33（4）：1331-1338.

苗福泓，薛冉，郭正刚，等. 2016. 青藏高原东北边缘高寒草甸植物种群生态位特征对牦牛放牧的响应[J]. 草业学报，25（1）：88-97.

牟晓杰，刘兴土，仝川，等. 2013. 人为干扰对闽江河口湿地土壤硝化-反硝化潜力的影响[J]. 中国环境科学，33（8）：1413-1419.

牟晓杰，孙志高，刘兴土. 2015. 黄河口典型潮滩湿地土壤净氮矿化与硝化作用[J]. 中国环境科学，35（5）：1466-1473.

欧阳青，代微然，任健，等. 2014. 短期封育对滇西北亚高山草甸土壤呼吸速率的影响[J]. 中国农学通报，30（16）：7-11

潘福霞，来晓双，李欣. 2020. 不同湿地植物脱氮效果与根际土壤微生物群落功能多样性特征分析[J]. 环境科学研究，6：1-12.

潘晓赋，周伟，周用武等，2002. 滇西北中甸的两栖爬行动物[J]. 四川动物，21：88-91.

秦纪洪，张文宣，王琴，等. 2013. 亚高山森林土壤酶活性的温度敏感性特征[J]. 土壤学报，50（6）：1241-1245.

曲成闯，陈效民，张志龙，等. 2019. 施用生物有机肥对黄瓜连作土壤有机碳库和酶活性的持续影响[J]. 应用生态学报，30（9）：3145-3154.

仁青吉，崔现亮，赵彬彬. 2008. 放牧对高寒草甸植物群落结构及生产力的影响[J]. 草业学报，17（6）：134-140.

邵颖，曹四平，刘长海，等. 2019. 基于高通量测序的南泥湾湿地土壤细菌多样性分析[J]. 干旱区研究，33（2）：158-163.

沈善敏. 1998. 中国土壤肥力[M]. 北京：中国农业出版社.

宋亚娜，林志敏. 2010. 红壤稻田不同生育期土壤氨氧化微生物群落结构和硝化势的变化[J]. 土壤学报，5（47）：987-994.

宋长春，宋艳宇，王宪伟，等. 2018. 气候变化下湿地生态系统碳、氮循环研究进展[J]. 湿地科学，3：424-431.

宋长春，张丽华，王毅勇，等. 2006. 淡水沼泽湿地 CO_2、CH_4 和 N_2O 排放通量年际变化及其对氮输入的响应[J]. 环境科学，27（12）：2369-2375.

孙翼飞，沈菊培，张翠景，等. 2018. 不同放牧强度下土壤氨氧化和反硝化微生物的变化特征[J]. 生态学报，38（8）：2874-2883.

孙志高，刘景双，2007. 王金达，等. 湿地生态系统土壤氮素矿化过程研究动态[J]. 土壤通报，38（1）：155-161.

孙志高，刘景双. 2008. 湿地土壤的硝化-反硝化作用及影响因素[J]. 土壤通报，39（6）：1462-1467.

陶水龙，林启美. 1998. 土壤微生物量研究方法进展[J]. 土壤肥料，5：15-18.

陶冶，张元明. 2011. 3 种荒漠植物群落物种组成与丰富度的季节变化及地上生物量特征[J]. 草业学报，20（6）：1-11.

唐杰，徐青锐，王立明，等. 2011. 若尔盖高原湿地不同退化阶段的土壤细菌群落多样性[J]. 微生物学通报，38（5）：677-686.

唐明艳，杨永兴. 2013. 不同人为干扰下纳帕海湖滨湿地植被及土壤退化特征[J]. 生态学报，33（20）：6681-6693.

田昆，陆梅，常凤来，等. 2004. 云南纳帕海岩溶湿地生态环境变化及驱动机制[J]. 湖泊科学，16（1）：35-42.

田茂洁. 2004. 土壤氮素矿化影响因子研究进展[J]. 西华师范大学学报：自然科学版，25（3）：298-303.

万晓红，周怀东，王雨春，等. 2008. 白洋淀湖泊湿地氧化亚氮的排放通量初探[J]. 生态环境学报，17（5）：1732-1738.

王爱东，尚占环，鱼小军，等. 2010. 东祁连山北坡高寒灌丛草地围栏与放牧干扰下 CO_2 释放速率的比较研究[J]. 甘肃农业大学学报，45（1）：120-124.

王蓓，孙庚，罗鹏，等. 2011. 模拟升温和放牧对高寒草甸土壤微生物群落的影响[J]. 应用与环境生态学报，17（2）：151-157.

王大鹏，郑亮，罗雪华，等. 2018. 砖红壤不同温度、水分及碳氮源条件下硝化和反硝化特征[J]. 土壤通报，49（3）：616-622.

王根绪，李元寿，王一博，等. 2007. 近 40 年来青藏高原典型高寒湿地系统的动态变化[J]. 地理学报，

62（5）：481-489.

王红，范志平，邓东周，等. 2008. 不同环境因子对樟子松人工林土壤有机碳矿化的影响[J]. 生态学杂志，（9）：1469-1475.

王启兰，曹广民，王长庭. 2007. 放牧对小嵩草草甸土壤酶活性及土壤环境因素的影响[J]. 植物营养与肥料学报，13（5）：856-864.

王山峰，郭雪莲，余磊朝，等. 2017. 牦牛放牧影响下碧塔海泥炭沼泽土壤养分和 N_2O 排放通量[J]. 湿地科学，15（2）：244-249.

王士超，周建斌，陈竹君，等. 2015. 温度对不同年限日光温室土壤氮素矿化特性的影响[J].植物营养与肥料学报，21（1）：121-127.

王伟营，赵婷怡，蒋万胜，等. 2012. 中甸叶须鱼种群生存力初步分析[J]. 水生态学杂志，33（5）：47-53.

王向涛. 2010. 放牧强度对高寒草甸植被和土壤理化性质的影响[D]. 兰州：兰州大学.

王行，闫鹏飞，展鹏飞，等. 2018. 植物质量、模拟增温及生境对凋落物分解的相对页献[J]. 应用生态学报 29（2）：474-482.

王雪，郭雪莲，郑荣波，等. 2018. 放牧对滇西北高原纳帕海沼泽化草甸湿地土壤氮转化的影响[J]. 生态学报，38（7）：2308-2314.

王阳，章明奎. 2010. 杭州城区及其边缘地区湿地反硝化潜力评价[J]. 江西农业学报，22（8）：163-165.

王莹，胡春胜. 2010. 环境中的反硝化微生物种群结构和功能研究进展[J]. 中国生态农业学报，18（6）：1378-1384.

王鎏燕，卢圣鄂，陈小敏，等. 2017. 若尔盖高原湿地泥炭沼泽土亚硝酸盐还原酶（$nirK$）反硝化细菌群落结构分析[J]. 生态学报，37（19）：6607-6615.

王影，张志明，李晓慧，等. 2013. 土地利用方式对土壤细菌、泉古菌和氨氧化古菌丰度的影响[J]. 生态学杂志，32（11）：2931-2936.

王跃思，薛敏，黄耀，等. 2003. 内蒙古天然与放牧草原温室气体排放研究[J]. 应用生态学报，14（3）：372-376.

吴雪茜. 2016. 表面活性剂强化生物修复石油污染土壤[D]. 徐州：中国矿业大学.

伍贤军，杨红，程睿，等. 2018. 洪泽湖湿地不同植物作用下沉积物细菌群落结构[J]. 农业环境科学学报，37（5）：984-991.

肖巧琳，罗建新. 2009. 土壤有机质及其矿化影响因子研究进展[J]. 湖南农业科学，（2）：74-77.

解成杰，郭雪莲，余磊朝，等. 2013. 滇西北高原纳帕海湿地土壤氮矿化特征[J]. 生态学报，33（24）：7782-7787.

徐华，邢光熹，蔡祖聪，等. 1999. 土壤水分状况和氮肥施用及品种对稻田 N_2O 排放的影响[J]. 应用生态学报，10（2）：186-188.

徐华，邢光熹，蔡祖聪，等. 2000. 土壤水分状况和质地对稻田 N_2O 排放的影响[J]. 土壤学报，37（4）：499-505.

徐继荣，王友绍，殷建平，等. 2005. 珠江口入海河段 DIN 形态转化与硝化和反硝化作用[J]. 环境科学学报，25（5）：686-692.

闫瑞瑞，闫玉春，辛晓平，等. 2011. 不同放牧梯度下草甸草原土壤微生物和酶活性研究[J]. 生态环境学报，20（2）：259-265.

闫钟清，齐玉春，彭琴. 2017. 降水和氮沉降增加对草地土壤酶活性的影响[J]. 生态学报，39（7）：3019-3027.

颜晓元，施书莲，杜丽娟，等. 2000. 水分状况对水田土壤 N_2O 排放的影响[J]. 土壤学报，37（4）：482-489.

杨路华，沈荣开，覃奇志. 2003. 土壤氮素矿化研究进展[J]. 土壤通报，34（6）：569-571.

杨平，仝川. 2012. 不同干扰因素对森林和湿地温室气体通量影响的研究进展[J]. 生态学报，16：5254-5263.

杨庆朋, 徐明, 刘洪升, 等. 2011. 土壤呼吸温度敏感性的影响因素和不确定性[J]. 生态学报, 31（8）: 2301-2311.

杨亚东, 张明才, 胡君蔚, 等. 2017. 施氮肥对华北平原土壤氨氧化细菌和古菌数量及群落结构的影响[J]. 生态学报, （11）: 3636-3646.

杨扬. 2018. 艾比湖湿地建群植物根际反硝化微生物群落结构和生态位分化特征[D]. 石河子: 石河子大学.

杨阳, 韩国栋, 李元恒, 等. 2012. 内蒙古不同草原类型土壤呼吸对放牧强度及水热因子的响应[J]. 草业学报, 21（6）: 8-14.

杨永兴. 2002. 从魁北克 20 世纪湿地大事件活动看 21 世纪国际湿地科学研究的热点与前沿[J]. 地理科学, 22（2）: 150-155.

杨宇明, 王娟, 王建浩, 等. 2008. 云南生物多样性及其保护研究[M]. 北京: 科学出版社.

姚茜, 田昆, 肖德荣, 等. 2015. 纳帕海湿地植物多样性及土壤有机质对猪拱干扰的响应[J]. 生态学杂志, 34（5）: 1218-1222.

于丽丽, 牟长城, 顾韩, 等. 2011. 火干扰对小兴安岭落叶松-苔草沼泽温室气体排放的影响[J]. 生态学报, 18: 5180-5191.

余磊朝, 郭雪莲, 王山峰, 等. 2016. 牦牛放牧对青藏高原东南缘泥炭沼泽湿地 CO_2 排放的影响[J]. 草业科学, 12: 2418-2424.

詹伟. 2015. 高寒草甸放牧草地土壤氧化亚氮排放研究[D]. 杨凌: 西北农林科技大学.

展鹏飞, 闫鹏飞, 刘振亚. 2019. 藏香猪放牧对滇西北高原湿地土壤 CO_2 通量的影响[J]. 生态学报, 39（9）: 3309-3321.

湛钰, 高丹丹, 盛荣. 2019. 磷差异性调控水稻根际 nirK/nirS 型反硝化菌组成与丰度[J]. 环境科学, 40（7）: 3304-3412.

张国明, 郭李萍, 史培军, 等. 2007. 农田土壤生态系统冬小麦夏玉米轮作 CO_2 排放特征研究[J]. 北京师范大学学报: 自然科学版, 43（4）: 457-460.

张建文, 徐长林, 杨海磊. 2017. 高寒草甸冷季放牧对凋落物分解及 C、N、P 化学计量特征的影响[J]. 草业科学, 34（10）: 2009-2015.

张荣祖. 2011. 对中国动物地理学研究的几点思考[J]. 兽类学报, 31（1）: 5-9.

张盛博, 何小娟, 吴海露, 等. 2017. 环境因子对人工湿地沉积物中反硝化微生物群落结构的影响[J]. 水处理技术, 43（4）: 17-20.

张树兰, 杨学云, 吕殿青, 等. 2002. 温度、水分及不同氮源对土壤硝化作用的影响[J]. 生态学报, 22（12）: 2147-2153.

张新杰, 韩国栋, 丁海君, 等. 2015. 短花针茅荒漠草原不同载畜率的土壤呼吸与植物地下生物量的关系[J]. 草地学报, 23（3）: 483-488.

张永勋, 曾从盛, 黄佳芳, 等. 2013. 人为干扰对闽江河口短叶茳芏湿地 N_2O 排放的影响[J]. 中国环境科学, 33（1）: 138-146.

章伟, 高人, 陈仕东, 等. 2013. 米槠天然林土壤真菌对 N_2O 产生的贡献[J]. 亚热带资源与环境学报, 8（2）: 29-34.

郑有坤, 王宪斌, 辜运富, 等. 2014. 若尔盖高原湿地土壤氨氧化古菌的多样性[J]. 微生物学报, 14（9）: 1090-1096.

郑伟, 董全民, 李世雄, 等. 2012. 放牧强度对环青海湖高寒草原群落物种多样性及生产力的影响[J]. 草地学报, 20（6）: 1033-1038.

郑伟, 朱进忠, 潘存德. 2010. 放牧干扰对喀纳斯草地植物功能群及群落结构的影响. 中国草地学报[J]. 32（1）: 92-98.

周冰蕊. 2016. 中国奶牛场及青藏高原牦牛粪便细菌抗生素耐药基因流行扩散的研究[D]. 太原: 山西农业大学.

周晶，姜昕，周宝库，等. 2016. 长期施用尿素对东北黑土中氨氧化古菌群落的影响[J]. 中国农业科学，49（2）：294-304.

周礼恺. 1987. 土壤酶学[M]. 北京：科学出版社.

周丽艳，王明玖，韩国栋. 2005. 不同强度放牧对贝加尔针茅草原群落和土壤理化性质的影响[J]. 干旱区资源与环境，19（7）：182-187.

周培，韩国栋，王成杰，等. 2011. 不同放牧强度对内蒙古荒漠草地生态系统含碳温室气体交换的影响[J]. 内蒙古农业大学学报，32（4）：59-64.

周文昌，索郎夺尔基，崔丽娟，等. 2015. 栏禁牧与放牧对若尔盖高原泥炭地 CO_2 和 CH_4 排放的影响[J]. 生态环境学报，24（2）：183-189.

周雪，黄蓉，宋歌，等. 2014. 风干土壤中氨氧化微生物的恢复[J]. 微生物学报，54（11）：1311-1322.

朱杰，刘海，吴邦魁，等. 2018. 稻虾共作对稻田土壤 *nirK* 反硝化微生物群落结构和多样性的影响[J]. 中国生态农业学报，26（9）：1324-1332.

朱鲲杰，谢文霞，刘文龙，等. 2014. 植物影响陆地生态系统 N_2O 产生和释放的研究进展[J]. 地球与环境，（3）：456-464.

朱晓艳，宋长春，郭跃东，等. 2013. 三江平原泥炭沼泽湿地 N_2O 排放通量及影响因子[J]. 中国环境科学，33（12）：2228-2234.

宗宁，石培礼，蒋婧，等. 2013. 短期氮素添加和模拟放牧对青藏高原高寒草甸生态系统呼吸的影响[J]. 生态学报，33（19）：6191-6201.

泽让东科，文勇立，艾鹭，等. 2016. 放牧对青藏高原高寒草地土壤和生物量的影响[J]. 草业科学，33（10）：1975-1980.

Aalto S L, Saarenheimo J, Arvola L, et al. 2019. Denitrifying microbial communities along a boreal stream with varying land-use[J]. Aquatic Sciences, 81(4): 1-10.

Ahmad M, Rajapaksha A U, Lim J E, et al. 2014. Biochar as a sorbent for contaminant management in soil and water: a review[J]. Chemosphere, 99(3): 19-33.

Ahn C, Peralta R M. 2012. Soil properties are useful to examine denitrification function development in created mitigation wetlands[J]. Ecological Engineering, 49(23): 130-136.

Ai C, Liang G, Sun J, et al. 2012. Responses of extracellular enzyme activities and microbial community in both the rhizosphere and bulk soil to long-term fertilization practices in a fluvo-aquic soil[J]. Geoderma, 173: 330-338.

Akram U, Quttineh N-H, Wennergren U, et al. 2019. Enhancing nutrient recycling from excreta to meet crop nutrient needs in Sweden-a spatial analysis[J]. Scientific Reports, 9(1): 10264.

Alotaibi K, Schoenau J. 2013. Greenhouse gas emissions and nutrient supply rates in soil amended with biofuel production by-products[J]. Biology and Fertility of Soils, 49(2): 129- 141.

Ameloot N, Sleutel S, Case S D C, et al. 2014. C mineralization and microbial activity in four biochar field experiments several years after incorporation[J]. Soil Biology and Biochemistry, 78: 195-203.

An J, Liu C, Wang Q, et al. 2019. Soil bacterial community structure in Chinese wetlands[J]. Geoderma, 337: 290-299.

Anderson C R, Condron L M, Clough T J, et al. 2011. Biochar induced soil microbial community change: Implications for biogeochemical cycling of carbon, nitrogen and phosphorus[J]. Pedobiologia, 54(5-6): 309-320.

Andreetta A, Huertas A D, Lotti M, et al. 2016. Land use changes affecting soil organic carbon storage along a mangrove swamp rice chronosequence in the Cacheu and Oio regions (northern guinea-bissau)[J]. Agriculture Ecosystems & Environment, 216: 314-321.

Anger M, Hoffman C, Kühbauch W. 2003. Nitrous oxide emission from artificial urine patches applied to different N-fertilized swards and estimated annual N_2O emissions from differently fertilized pastures in an upland location in Germany[J]. Soil Use and Management, 19: 104-111.

Ansola G, Arroyo P, Le S D M. 2014. Characterisation of the soil bacterial community structure and composition of natural and constructed wetlands[J]. Science of the Total Environment, 473-474(3): 63-71.

Arunachalam A, Maithani K, Pandey H N, et al. 1998. Leaf litter decomposition and nutrient mineralization patterns in regrowing stands of a humid subtropical forest after tree cutting[J]. Forest Ecology and Management, 109: 151-161.

Bai J, Gao H, Deng W, et al. 2010. Nitrification potential of marsh soils from two natural saline-alkaline wetlands[J]. Biology and Fertility of Soils, 46(5): 525-529.

Bai L, Takahshi T, Kobayashi T. 2005. The measurement of soil microbial activity by FDA hydrolysis method and its controlling factors in the Semi-arid land zone of northern Loess Plateau[J]. The Japanese Society of Revegetation Technology, 31(1): 87-91.

Bakker E S, Olff H, Boekhoff M, et al. 2004. Impact of herbivores on nitrogen cycling: contrasting effects of small and large species[J]. Oecologia, 138(1): 91-101.

Banerjee S, Helgason B, Wang L, et al. 2016. Legacy effects of soil moisture on microbial community structure and N_2O emissions[J]. Soil Biology and Biochemistry, 95: 40-50.

Bardgett R D, Jones A C, Jones D L, et al. 2001. Soil microbial community patterns related to the history and intensity of grazing in sub-montane ecosystems[J]. Soil Biology and Biochemisty, 33(12-13): 1653-1664.

Beckers B, Beeck M op de, Weyens N, et al. 2017. Structural variability and niche differentiation in the rhizosphere and endosphere bacterial microbiome of field-grown poplar trees[J]. Microbiome, 5(1): 25.

Bedford B L, Walbridge M R, Aldous A. 1999. Patterns in nutrient availability and plant diversity of temperate North American wetlands[J]. Ecology, 80(7): 2151-2169.

Bengtsson G, Bengtson P, Mansson K F. 2003. Gross nitrogen mineralization-, immobilization-, and nitrification rates as a function of soil C/N ratio and microbial activity[J]. Soil Biology & Biochemistry, 35: 143-154.

Bell M J, Rees R M, Cloy J M, et al. 2015. Nitrous oxide emissions from cattle excreta applied to a Scottish grassland: effects of soil and climatic conditions and a nitrification inhibitor[J]. Science of the Total Environment, 508: 343-353.

Bellinger B J, Jicha T M, Lehto L P, et al. 2014. Sediment nitrification and denitrification in a Lake Superior estuary[J]. Journal of Great Lakes Research, 40(2): 392-403.

Bianchi M, Feliatra, Lefevre D. 1999. Regulation of nitrification in the land-ocean contact area of the Rhône River plume (NW Mediterranean)[J]. Aquatic Microbial Ecology, 18(3): 301-312.

Blagodatsky S, Smith P. 2012. Soil physics meets soil biology: Towards better mechanistic prediction of greenhouse gas emissions from soil[J]. Soil Biology and Biochemistry, 47: 78-92.

Bonnett S A F, Blackwell M S A, Leah R, et al. 2013. Temperature response of denitrification rate and greenhouse gas production in agricultural river marginal wetland soils[J]. Geobiology, 11(3): 252-267.

Boon A, Robinson J S, Chadwick D R, et al. 2014. Effect of cattle urine addition on the surface emissions and subsurface concentrations of greenhouse gases from a UK lowland peatland[J]. Agriculture Ecosystems & Environment, 186: 23-32.

Boughton E H, Quintana A, Bohlen P J, et al. 2016. Interactive effects of pasture management intensity, release from grazing and prescribed fire on forty subtropical wetland plant assemblages[J]. Journal of Applied Ecology, 53(1): 159-170.

Bowen H, Maul J E, Cavigelli M A, et al. 2020. Denitrifier abundance and community composition linked to denitrification activity in an agricultural and wetland soil[J]. Applied Soil Ecology, 151: 103521.

Brady N C. 1999. Nitrogen and sulfur economy of soils[C]//Brady N C, Weil R R. The Nature and Properties of Soils. New Jersey: Prentice-Hall. Inc.

Brant J B, Sulzman E W, Myrold D D. 2006. Microbial community utilization of added carbon substrates in response to long-term carbon input manipulation[J]. Soil Biology and Biochemistry, 38(8): 2219-2232.

Breuillin-Sessoms F, Venterea R T, Sadowsky M J, et al. 2017. Nitrification gene ratio and free ammonia explain nitrite and nitrous oxide production in urea-amended soils[J]. Soil Biology and Biochemistry, 111: 143-153.

Burns R G, DeForest J L, Marxsen J, et al. 2013. Soil enzymes in a changing environment: current knowledge and future directions[J]. Soil Biology and Biochemistry, 58: 216-234.

Cai Y, Du Z, Yan Y, et al. 2017. Greater stimulation of greenhouse gas emissions by stored yak urine than urea in an alpine steppe soil from the Qinghai-Tibetan Plateau: a laboratory study[J]. Grassland Science, 63(3): 196-207.

Cai Y, Wang X, Tian L, et al. 2014. The impact of excretal returns from yak and Tibetan sheep dung on nitrous oxide emissions in an alpine steppe on the Qinghai-Tibetan Plateau[J]. Soil Biology and Biochemistry, 76: 90-99.

Cai Z, Wang B, Xu M, et al. 2015. Intensified soil acidification from chemical N fertilization and prevention by manure in an 18-year field experiment in the red soil of southern China[J]. Journal of Soils and Sediments, 15(2): 260-270.

Cantarel A A M, Bloor J M G, Pommier T, et al. 2012. Four years of experimental climate change modifies the microbial drivers of N_2O fluxes in an upland grassland ecosystem[J]. Global Change Biology, 18(8): 2520-2531.

Carey C J, Dove N C, Beman J M, et al. 2016. Meta-analysis reveals ammonia-oxidizing bacteria respond more strongly to nitrogen addition than ammonia-oxidizing archaea[J]. Soil Biology and Biochemistry, 99: 158-166.

Carran R A, Ball P R, Theobald P W, et al. 1982. Soil nitrogen balances in urine-affected areas under two moisture regimes in Southland[J]. New Zealand Journal of Experimental Agriculture, 10: 377-381.

Carrera A L, Mazzarino M J, Bertiller M B, et al. 2009. Plant impacts on nitrogen and carbon cycling in the Monte Phytogeographical Province, Argentina[J]. Journal of Arid Environments, 73: 192-201.

Catherine S, Daniel H. 2006. Forest floor gross and net nitrogen mineralization in three forest types in Quebec, Canada [J]. Soil Biology & Biochemistry, 38: 2135-2143.

Chaudhary D R, Rathore A P, Jha B. 2019. Halophyte residue decomposition and microbial community structure in coastal soil[J]. Land Degradation & Development, 30(12): 1479-1489.

Chaudhry V, Rehman A, Mishra A, et al. 2012. Changes in bacterial community structure of agricultural land due to long-term organic and chemical amendments[J]. Microbial Ecology, 64(2): 450-460.

Chen J, Wang P F, Wang C, et al. 2017a. Effects of decabromodiphenyl ether and planting on the abundance and community composition of nitrogen-fixing bacteria and ammonia oxidizers in mangrove sediments: a laboratory microcosm study[J]. Science of the Total Environment, 616-617: 1045-1055.

Chen L, Zheng R, Gao J, et al. 2021.Yak excreta application alter nitrification by regulating the Ammonia-Oxidizing bacterial communities in wetland soils [J]. Journal of Soil Science and Plant Nutrition, 21: 2753-2764.

Chen R, Twilley R R. 1999. Patterns of mangrove forest structure and soil nutrient dynamics along the Shark river estury, Florida [J]. Estuaries, 22(4): 955-970.

Chen W, Wolf B, Brüggemann N, et al. 2011. Annual emissions of greenhouse gases from sheepfolds in Inner Mongolia[J]. Plant and Soil, 340(1-2): 291-301.

Chen Y, Xu Z, Hu H, et al. 2013. Responses of ammonia-oxidizing bacteria and archaea to nitrogen fertilization and precipitation increment in a typical temperate steppe in Inner Mongolia[J]. Applied Soil Ecology, 68: 36-45.

Chen Z, Zheng Y, Ding C, et al. 2017b. Integrated metagenomics and molecular ecological network analysis of bacterial community composition during the phytoremediation of cadmium-contaminated soils by bioenergy crops[J]. Ecotoxicology and Environmental Safety, 145: 111-118.

Cheng Y, Cai Y, Wang S. 2016. Yak and Tibetan sheep dung return enhance soil N supply ang retention in two alpine grasslands in the Qinghai-Tibetan Plateau[J]. Biology and Fertility of Soils, 52: 413-422.

Cicerone R J. 1987. Changes in stratospheric ozone[J]. Science, 237: 35-42.

Cubillos A M, Vallejo V E, Arbeli Z, et al. 2016. Effect of the conversion of conventional pasture to intensive silvopastoral systems on edaphic bacterial and ammonia oxidizer communities in Colombia[J]. European Journal of Soil Biology, 72: 42-50.

Cui P, Fan F, Yin C, et al. 2013. Urea-and nitrapyrin-affected N_2O emission is coupled mainly with ammonia oxidizing bacteria growth in microcosms of three typical Chinese arable soils[J]. Soil Biology and Biochemistry, 66(11): 214-221.

Dahwa E, Mudzengi C P, Hungwe T, et al. 2013. Influence of grazing intensity on soil properties and shaping herbaceous plant communities in semi-arid dambo wetlands of zimbabwe[J]. Journal of Environmental Protection, 4(10): 1181-1188.

Dai Y, Wu Z, Zhou Q, et al. 2015. Activity, abundance and structure of ammonia-oxidizing microorganisms in plateau soils[J]. Research in Microbiology, 166(8): 655-663.

Dai Z, Su W, Chen H, et al. 2018. Long-term nitrogen fertilization decreases bacterial diversity and favors the growth of Actinobacteria and Proteobacteria in agro-ecosystems across the globe[J].Global Change Biology, 24(8): 3452-3461.

Derner J D, Briske D D, Boutton T W. 1997. Does grazing mediate soil carbon and nitrogen accumulation beneath C4 perennial grasses along an environmental gradient[J]. Plant and Soil, 191(2): 147-156.

Desjardins T, Andreux F, Volkoff B, et al. 1994. Organic carbon and 13C contents in soils and soil size-fractions, and their changes due to deforestation and pasture installation in eastern Amazonia[J]. Geoderma, 61(1/2): 103-118.

Di B C E, Rodriguez A M, Jacobo E, et al. 2015. Impact of cattle grazing on temperate coastal salt marsh soils[J]. Soil Use and Management, 31(2): 299-307.

Di H J, Cameron K C, Podolyan A, et al. 2014. Effect of soil moisture status and a nitrification inhibitor, dicyandiamide, on ammonia oxidizer and denitrifier growth and nitrous oxide emissions in a grassland soil[J]. Soil Biology and Biochemistry, 73: 59-68.

Dickinson C H, Craig G. 1990. Effects of water on the decomposition and release of nutrients from cow pats[J]. New Phytologist, 115(1): 139-147.

Duan R, Long X, Tang Y, et al. 2018. Effects of different fertilizer application methods on the community of nitrifiers and denitrifiers in a paddy soil[J]. Journal of Soils and Sediments, 18(1): 24-38.

Dungait J A J, Hopkins D W, Gregory A S, et al. 2012. Soil organic matter turnover is governed by accessibility not recalcitrance[J]. Global Change Biology, 18(6): 1781-1796.

During C, Weeda W C. 1973. Some effects of cattle dung on soil properties, pasture production, and nutrient uptake: I. Dung as a source of phosphorus[J]. New Zealand Journal of Agricultural Research, 16(3): 423-430.

Elfstrand S, Lagerlöf J, Hedlund K, et al. 2008. Carbon routes from decomposing plant residues and living roots into soil food webs assessed with ^{13}C labelling[J]. Soil Biology and Biochemistry, 40(10):

2530-2539.

Enagbonma B J, Babalola O O. 2020. Unveiling plant-beneficial function as seen in bacteria genes from termite mound soil[J]. Journal of Soil Science and Plant Nutrition, 20: 421-430.

Enriquez A S, Chimner R A, Cremona M V. 2014. Long-term grazing negatively affects nitrogen dynamics in northern patagonian wet meadows[J]. Journal of Arid Environments, 10: 1-5.

Esperschütz J, Pérez-de-Mora A, Schreiner K, et al. 2011. Microbial food web dynamics along a soil chronosequence of a glacier forefield[J]. Biogeosciences, 8(11): 3283.

Falih A M K, Wainwright M. 1996. Microbial and enzyme activity in soils amended with a natural source of easily available carbon[J]. Biology and Fertility of Soils, 21(3): 177-183.

Falk J M, Schmidt N M, Ströml. 2014. Effects of simulated increased grazing on carbon allocation patterns in a high arctic mire[J].Biogeochemistry, 119(1/3): 229-244.

Fan F, Li Z, Wakelin S A, et al. 2012. Mineral fertilizer alters cellulolytic community structure and suppresses soil cellobiohydrolase activity in a long-term fertilization experiment[J]. Soil Biology and Biochemistry, 55: 70-77.

Fan F, Yang Q, Li Z, et al. 2011. Impacts of organic and inorganic fertilizers on nitrification in a cold climate soil are linked to the bacterial ammonia oxidizer community[J]. Microbial Ecology, 62(4): 982-990.

Fang X, Zheng R, Guo X, et al. 2021. Yak excreta-induced changes in soil microbial communities increased the denitrification rate of marsh soil under warming conditions [J]. Applied Soil Ecology, 165(4): 103935.

Fang X, Zheng R, Guo X, et al. 2020. Responses of denitrification rate and denitrifying bacterial communities carrying nirS and nirK genes to grazing in peatland [J]. Journal of Soil Science and Plant Nutrition, 20: 1249-1260.

Ferris H, Venette R C, Meulen H R, et al. 1998. Nitrogen mineralization by bacterial-feeding nematodes: verification and measurement [J]. Plant and Soil. 203(2): 159-171.

Ford H, Rousk J, Garbutt A, et al. 2013. Grazing effects on microbial community composition, growth and nutrient cycling in salt marsh and sand dune grasslands[J]. Biology and Fertility of Soils, 49(1): 89-98.

Francis C A, Roberts K J, Beman J M, et al. 2005. Ubiquity and diversity of ammonia-oxidizing archaea in water columns and sediments of the ocean[J]. Proceedings of the National Academy of Sciences of the United States of America, 102 (41): 14683-14688.

Fransen B, Kroon H D, Berendse F. 2001. Soil nutrient heterogeneity alters competition between two perennial grass species[J]. Ecology, 82(9): 2534-2546.

Gałązka A, Grządziel J, Gałązka R, et al. 2018. Genetic and functional diversity of bacterial microbiome in soils with long term impacts of petroleum hydrocarbons[J]. Frontiers in microbiology, 9: 1923.

Gao J, Hou L, Zheng Y, et al. 2016. nirS-Encoding denitrifier community composition, distribution, and abundance along the coastal wetlands of China[J]. Applied Microbiology and Biotechnology, 100(19): 8573-8582.

Guo X, Chen L, Zheng R, et al. 2019. Differences in soil nitrogen availability and transformation in relation to land use in the Napahai wetland, southwest China [J]. Journal of Soil Science and Plant Nutrition, 19(1): 92-97.

Gao Y, Martin S, Chen H, et al. 2009. Impacts of grazing intensity on soil carbon and nitrogen in an alpine meadow on the eastern Tibetan Plateau[J]. Journal of Food, Agriculture & Environment, 7(2): 749-754.

Gleeson D B, Herrmann A M, Livesley S J, et al. 2008. Influence of water potential on nitrification and structure of nitrifying bacterial communities in semiarid soils[J]. Applied Soil Ecology, 40: 189-194.

Gomez E, Ferreras L, Toresani S. 2006. Soil bacterial functional diversity as influenced by organic amendment application[J]. Bioresource Technology, 97(13): 1484-1489.

Granli T, Bockman O C. 1994. Nitrous oxide from agriculture[J]. Norwegian Journal of Agricultural Sciences, 12(Suppl): 1-128.

Groenigen J W V, Velthof G L, Bolt F J E V D, et al. 2005. Seasonal variation in N_2O emissions from urine patches: Effects of urine concentration, soil compaction and dung[J]. Plant and Soil, 273(1-2): 15-27.

Groffman P M, Hanson G C, Erick Kiviat, et al. 1996. Variation in microbial biomass and activity in four different wetland types[J]. Soil Science Society of American Journal, 60: 622-629.

Gubryrangin C, Hai B, Quince C, et al. 2011. Niche specialization of terrestrial archaeal ammonia oxidizers[J]. Proceedings of the National Academy of Sciences of the United States of America, 108(52): 21206-21211.

Guo J, Ling N, Chen H, et al. 2017. Distinct drivers of activity, abundance, diversity and composition of ammonia-oxidizers: evidence from a long-term field experiment[J]. Soil Biology and Biochemistry, 115: 403-414.

Guo Y, Di H, Cameron K, et al. 2014. Effect of application rate of a nitrification inhibitor, dicyandiamide (DCD), on nitrification rate, and ammonia-oxidizing bacteria and archaea growth in a grazed pasture soil: an incubation study[J]. Journal of Soils and Sediments, 14(5): 897-903.

Hallin S, Jones C M, Schloter M, et al. 2009. Relationship between N-cycling communities and ecosystem functioning in a 50-year-old fertilization experiment[J]. The ISME Journal, 3(5): 597-605.

Haramoto E R, Brainard D C. 2012. Strip tillage and oat cover crops increase soil moisture and influence N mineralization patterns in cabbage[J]. HortScience, 47(11): 1596-1602.

Hatch D J, Lovell R D, Antil R S, et al. 2000. Nitrogen mineralization and microbial activity in permanent pastures amended with nitrogen fertilizer or dung[J]. Biology and Fertility of soils, 30(4): 288-293.

Haynes R J. 1978. Ammonium and nitrate of plants[J]. Biological Reviews, 58: 465-510.

Haynes R J, Williams P H. 1992.Changes in soil solution composition and pH in urine-affected areas of pasture[J]. European Journal of Soil Science, 43(2): 323-334.

Haynes R J, Williams P H. 1993. Nutrient cycling and soil fertility in the grazed pasture ecosystem[J]. Advances in Agronomy, 49: 119-199.

He H, Miao Y, Zhang L, et al. 2020a. The structure and diversity of nitrogen functional groups from different cropping systems in Yellow River Delta[J]. Microorganisms, 8(3): 424.

He L, Bi Y, Zhao J, et al. 2018. Population and community structure shifts of ammonia oxidizers after four-year successive biochar application to agricultural acidic and alkaline soils[J]. Science of the Total Environment, 619-620: 1105-1115.

He Y, Cheng W, Zhou L, et al. 2020b. Soil DOC release and aggregate disruption mediate rhizosphere priming effect on soil C decomposition[J]. Soil Biology and Biochemistry, 144: 107787.

He Y, Hu W, Ma D, et al. 2017. Abundance and diversity of ammonia-oxidizing archaea and bacteria in the rhizosphere soil of three plants in the Ebinur Lake wetland[J]. Canadian Journal of Microbiology,63: 573-582.

Högberg M N, Briones M J I, Keel S G, et al. 2010. Quantification of effects of season and nitrogen supply on tree below-ground carbon transfer to ectomycorrhizal fungi and other soil organisms in a boreal pine forest[J]. New Phytologist, 187(2): 485-493.

Holter P. 1979. Effect of dung bettles (Aphodius spp.)and earthworms on the disappearance of cattle dung[J]. Oikos, 32(3): 393-402.

Hone J. 2002. Feral pigs in namadgi national park, Australia: dynamics, impacts and management[J]. Biological Conservation, 105(2): 231-242.

Hong Y, Quan H, Xiao D, et al. 2018. Short- and long-term warming alters soil microbial community and relates to soil traits[J]. Applied Soil Ecology, 131: 22-28.

Hooper D U, Chapin F S, Ewel J J, et al. 2005. Effects of biodiversity on ecosystem functioning: a consensus of current knowledge[J]. Ecological Monographs, 75(1): 3-35.

Hou J, Liu W, Wang B, et al. 2015. PGPR enhanced phytoremediation of petroleum contaminated soil and rhizosphere microbial community response[J]. Chemosphere, 138: 592-598.

Hou S, Ai C, Zhou W, et al. 2018. Structure and assembly cues for rhizospheric *nirK*- and *nirS*-type denitrifier communities in long-term fertilized soils[J]. Soil Biology and Biochemistry, 119: 32-40.

Hu H, Chen D, He J. 2015. Microbial regulation of terrestrial nitrous oxide formation: understanding the biological pathways for prediction of emission rates[J]. FEMS Microbiology Reviews, 39(5): 729-749.

Hu H, Zhang L, Dai Y, et al. 2013. pH-dependent distribution of soil ammonia oxidizers across a large geographical scale as revealed by high-throughput pyrosequencing[J]. Journal of Soils and Sediments, 13: 1439-1449.

Huang R, Wang Y, Gao X, et al. 2020. Nitrous oxide emission and the related denitrifier community: a short-term response to organic manure substituting chemical fertilizer[J]. Ecotoxicology and Environmental Safety, 192: 110291.

Huang Z, Clinton P, Baisden W, et al. 2011. Long-term nitrogen additions increased surface soil carbon concentration in a forest plantation despite elevated decomposition[J]. Soil Biology and Biochemistry, 43(2): 302-307.

IPCC. 2007. Climate Change 2007: The Physical Science Basis. Contribution of Working Group I to the Fourth Assessment[R]. Cambridge, United Kingdom and New York, NY, USA: Report of the Intergovernmental Panel on Climate Change.

Jacinathe P A, Groffman. 2006. Microbial nitrogen cycling processes in a sulfide coastal marsh[J]. Wetland Ecology and Management, 14: 123-131.

Jennifer L M, Emily S B. 2013. Using ^{15}N tracers to estimate N_2O and N_2 emissions from nitrification and denitrification in coastal plain wetlands under contrasting land-uses[J]. Soil Biology & Biochemistry, 57: 635-643.

Jia B, Zhou G. 2009. Integrated diurnal soil respiration model during growing season of a typical temperate steppe: effects of temperature, soil water content and biomass production[J]. Soil Biology and Biochemistry, 41(4): 681-686.

Jia Z, Conrad R. 2009. Bacteria rather than archaea dominate microbial ammonia oxidation in an agricultural soil[J]. Environmental Microbiology, 11(7): 1658-1671.

Jiang X L, Yao L, Guo L D, et al. 2017. Multi-scale factors affecting composition, diversity, and abundance of sediment denitrifying microorganisms in Yangtze lakes[J]. Applied Microbiology and Biotechnology, 101(21): 8015-8027.

Jones J, Savin M C, Rom C R, et al. 2017. Denitrifier community response to seven years of ground cover and nutrient management in an organic fruit tree orchard soil[J]. Applied Soil Ecology, 112: 60-70.

Kachenchart B, Jones D L, Gajaseni N, et al. 2012. Seasonal nitrous oxide emissions from different land uses and their controlling factors in a tropical riparian ecosystem[J]. Agriculture Ecosystems and Environment, 158: 15-30.

Kader M A, Sleutel S, Begum S A, et al. 2013. Nitrogen mineralization in sub-tropical paddy soils in relation to soil mineralogy, management, pH, carbon, nitrogen and iron contents[J]. European Journal of Soil Science, 64(1): 47-57.

Ke X, Angel R, Lu Y, Conrad R. 2013. Niche differentiation of ammonia oxidizers and nitrite oxidizers in rice paddy soil[J]. Environmental Microbiology, 15: 2275-2292.

Keeney D R, Nelson D W. 1982. Nitrogen-inorganic forms[C] // Page A L, Miller R H, Keeney D R. Methods of Soil Analysis. Part 2. Madison: American Society of Agronomy. Soil Science Society of America: 643-698.

Keeney D R, Nelson D W. 1983. Nitrogen-inorganic forms[C] // Page A L. Methods of Soil Analysis. Madison, WI, USA: American Society of Agronomy, Soil Science Society of America: 643-698.

Kemmitt S J, Lanyon C V, Waite I S, et al. 2008. Mineralization of native soil organic matter is not regulated by the size, activity or composition of the soil microbial biomass—a new perspective[J]. Soil Biology and Biochemistry, 40: 61-73.

Keuskamp J A, Feller I C, Laanbroek H J, et al. 2015. Short- and long-term effects of nutrient enrichment on microbial exoenzyme activity in mangrove peat[J]. Soil Biology & Biochemistry: 81:38-47.

Kida M, Myangan O, Oyuntsetseg B, et al. 2018. Dissolved organic matter distribution and its association with colloidal aluminum and iron in the Selenga River Basin from Ulaanbaatar to Lake Baikal[J]. Environmental Science and Pollution Research, 25(12): 11948-11957.

Kim H, Ogram A, Bae H-S. 2017. Nitrification, Anammox and Denitrification along a Nutrient Gradient in the Florida Everglades[J]. Wetlands, 37(2): 391-399.

Kralova M, Masscheleyn P H, Lindau C W, et al. 1992. Production of dinitrogen and nitrous oxide in soil suspensions as affected by redox potential[J]. Water, Air and Soil Pollution, 61: 37-45.

Kramer C, Gleixner G. 2008. Soil organic matter in soil depth profiles: distinct carbon preferences of microbial groups during carbon transformation[J]. Soil Biology and Biochemistry, 40(2): 425-433.

Kurola J, Salkinoja-Salonen M, Aarnio T, et al. 2005. Activity, diversity and population size of ammonia-oxidising bacteria in oil-contaminated landfarming soil[J]. Fems Microbiology Letters, 250(1): 33-38.

Lal R. 2008. Carbon sequestration[J]. Philosophical Transactions of the Royal Society B: Biological Sciences, 363(1492): 815-830.

Lecain D R, Morgan J A, Schuman G E, et al. 2002. Carbon exchange and species composition of grazed pastures and exclosures in the short grass steppe of Colorado[J]. Agriculture, Ecosystems & Environment, 93(1/3): 421-435.

Lee K H, Wang Y F, Li H, et al. 2014. Niche specificity of ammonia-oxidizing archaeal and bacterial communities in a freshwater wetland receiving municipal wastewater in Daqing, Northeast China[J]. Ecotoxicology, 23(10): 2081-2091.

Leifeld J, Zimmermann M, Fuhrer J. 2008. Simulating decomposition of labile soil organic carbon: effects of pH[J]. Soil Biology and Biochemistry, 40(12): 2948-2951.

Leininger S, Urich T, Schloter M, et al. 2006. Archaea predominate among ammonia-oxidizing prokaryotes in soils[J]. Nature (London), 442(7104): 806-809.

Lesaulnier C, Papamichail D, McCorkle S, et al. 2008. Elevated atmospheric CO_2 affects soil microbial diversity associated with trembling aspen[J]. Environmental Microbiology, 10(4): 926-941.

Li B, Yang Y, Chen J, et al. 2018a. Nitrifying activity and ammonia-oxidizing microorganisms in a constructed wetland treating polluted surface water[J]. Science of the Total Environment, 628-629: 310-318.

Li C, Di H J, Cameron K C, et al. 2016. Effect of different land use and land use change on ammonia oxidiser abundance and N_2O emissions[J]. Soil Biology and Biochemistry, 96: 169-175.

Li D, Li Y, Liang J, et al. 2014. Responses of soil micronutrient availability to experimental warming in two contrasting forest ecosystems in the Eastern Tibetan Plateau, China[J]. Journal of Soils and Sediments, 14(6): 1050-1060.

Li L, Pan Y, Zhou X, et al. 1986. Nitrification and nitrogen loss in different soils [A]//Soil Science of China. Current Progress in Soil Research in People's Republic of China. Nanjing: Jiangsu Science and Technology Publishing House: 135-143.

Li W, Wu M, Liu M, et al. 2018b. Responses of soil enzyme activities and microbial community composition to moisture regimes in paddy soils under long-term fertilization practices[J]. Pedosphere, 28(2): 323-331.

Li Z, Kelliher F M. 2005. Determining nitrous oxide emissions from subsurface measurements in grazed pasture: a field trial of alternative technology[J]. Soil Research, 43(6): 677-687.

Ligi T, Truu M, Truu J, et al. 2014. Effects of soil chemical characteristics and water regime on denitrification genes (*nirS*, *nirK*, and *nosZ*) abundances in a created riverine wetland complex[J]. Ecological Engineering, 72: 47-55.

Lin X, Wang S, Ma X, et al. 2009. Fluxes of CO_2, CH_4 and N_2O in an alpine meadow affected by yak excreta on the Qinghai-Tibetan plateau during summer grazing periods[J]. Soil Biology Biochemistry, 41(4): 718-725.

Lin X W, Zhang Z H, Wang S P, et al. 2011. Response of ecosystem respiration to warming and grazing during the growing seasons in the alpine meadow on the Tibetan plateau[J]. Agricultural and Forest Meteorology. 151(7): 792-802.

Liu G, Zhang X, Wang X, et al. 2017. Soil enzymes as indicators of saline soil fertility under various soil amendments[J]. Agriculture, Ecosystems and Environment, 237: 274-279.

Liu H, Li J, Zhao Y, et al. 2018. Ammonia oxidizers and nitrite-oxidizing bacteria respond differently to long-term manure application in four paddy soils of south of China[J]. Science of the Total Environment, 633: 641-648.

Liu L, Shen G, Sun M, et al. 2014. Effect of biochar on nitrous oxide emission and its potential mechanisms[J]. Journal of the Air and Waste Management Association (1995), 64(8): 894-902.

Liu Q, Xu X, Wang H, et al. 2019a. Dominant extracellular enzymes in priming of SOM decomposition depend on temperature[J]. Geoderma, 343: 187-195.

Liu S, Zheng R, Guo X, et al. 2019b. Effects of yak excreta on soil organic carbon mineralization and microbial communities in alpine wetlands of southwest of China[J]. Journal of Soils and Sediments, 19(3): 1490-1498.

Liu T, Nan Z, Hou F. 2011a. Culturable autotrophic ammonia-oxidizing bacteria population and nitrification potential in a sheep grazing intensity gradient in a grassland on the Loess Plateau of Northwest China[J]. Canadian Journal of Soil Science, 91: 925-934.

Liu T, Nan Z, Hou F. 2011b. Grazing intensity effects on soil nitrogen mineralization in semi-arid grassland on the Loess Plateau of northern China[J]. Nutrient Cycling in Agroecosystems, 91(1): 67-75.

Liu Y, Muller R N. 1993. Aboveground net primary productivity and nitrogen mineralization in a mixed mesophtic forest of eastern Kentuky [J]. Foresty ecological management, 59(1): 53-62.

Lohila A, Aurela M, Hatakka J, et al. 2010. Responses of N_2O fluxes to temperature, water table and N deposition in a northern boreal fen[J]. European Journal of Soil Science, 61: 651-661.

Loick N, Dixon E R, Abalos D, et al. 2016. Denitrification as a source of nitric oxide emissions from incubated soil cores from a UK grassland soil[J]. Soil Biology and Biochemistry, 95: 1-7.

Lovell R D, Jarvis S C. 1996. Effect of cattle dung on soil microbial biomass C and N in a permanent pasture soil[J]. Soil Biology and Biochemistry, 28(3): 291-299.

Lovett, G M, Weathers KC, Arthur M A, et al. 2004. Nitrogen cycling in a northern hardwood forest: do species matter[J] Biogeochemistry, 67: 289-308.

Lu S, Hu H, Sun Y, et al. 2009. Effect of carbon source on the denitrification in constructed wetlands[J].

Journal of Environmental Sciences. 21(8): 1036-1043.

Luo C, Xu G, Chao Z, et al. 2010. Effect of warming and grazing on litter mass loss and temperature sensitivity of litter and dung mass loss on the Tibetan plateau[J]. Global Change Biology, 16(5): 1606-1617.

Luo J, Tillman R W, Ball P R. 1999. Grazing effects on deni-trification in a soil under pasture during two contras-ting seasons[J]. Soil Biology and Biochemistry, 31: 903-912.

Luo R, Luo J, Fan J, et al. 2020. Responses of soil microbial communities and functions associated with organic carbon mineralization to nitrogen addition in a Tibetan grassland[J]. Pedosphere, 30 (2): 214-225.

Lynd L R, Weimer P J, van Zyl W H, et al. 2002. Microbial cellulose utilization: fundamentals and biotechnology[J]. Microbiology and Molecular Biology Reviews, 66(3): 506-577.

Ma Y, Li J, Wu J, et al. 2018. Bacterial and fungal community composition and functional activity associated with lake wetland water level gradients[J]. Scientific Reports, 8 (1): 760.

Maag M, Vinther F P. 1996. Nitrous oxide emission by nitrification and denitrification in different soil types and at different soil moisture contents and temperatures[J]. Applied Soil Ecology, 4(1): 5-14.

Maeda K, Toyoda S, Shimojima R, et al. 2010. Source of nitrous oxide emissions during the cow manure composting process as revealed by Isotopomer analysis of and *amoA* abundance in Betaproteobacterial ammonia-oxidizing bacteria[J]. Applied and Environmental Microbiology, 76: 1555-1562.

Maestre F T, Delgado-Baquerizo M, Jeffries T C, et al. 2015. Increasing aridity reduces soil microbial diversity and abundance in global drylands[J].Proceedings of the National Academy of Sciences, 112: 15684-15689.

Magalhães C M, Joye S B, Moreira R M, et al. 2005. Effect of salinity and inorganic nitrogen concentrations on nitrification and denitrification rates in intertidal sediments and rocky biofilms of the Douro River estuary, Portugal[J]. Water research, 39(9): 1783-1794.

Magill A H, Aber J D. 1998. Long-term effects of experimental nitrogen additions on foliar litter decay and humus formation in forest ecosystems[J]. Plant and Soil, 203(2): 301-311.

Malchair S, Boeck H J D, Lemmens C M H M, et al. Diversity–function relationship of ammonia-oxidizing bacteria in soils among functional groups of grassland species under climate warming[J]. Applied Soil Ecology, 2010, 44(1): 0-23.

Mao G Z, Chen L, Yang Y Y, et al. 2017. Vertical profiles of water and sediment denitrifiers in two plateau freshwater lakes[J]. Applied Microbiology and Biotechnology, 101(8): 3361-3370.

Marcos M S, Bertiller M B, Cisneros H S, et al. 2016. Nitrification and ammonia-oxidizing bacteria shift in response to soil moisture and plant litter quality in arid soils from the Patagonian Monte[J]. Pedobiologia, 59(1-2): 1-10.

Marife D C, Ronald R S, William L S. 2002. Spatial and seasonal variation of gross nitrogen transformations and microbial biomass in Northeastern US grassland[J]. Soil Biology and Biochemistry, 34: 445-457.

Marrs R H, Thompson J, Scott D, et al. 1991. Nitrogen mineralization and nitrification in terra firm forest and savanna soils on IIha de Maraca, Roraima, Brazil [J]. Journal of Tropical Ecology. 79(1): 123-137.

Masuda Y, Matsumoto T, Isobe K, et al. 2019. Denitrification in paddy soil as a cooperative process of different nitrogen oxide reducers, revealed by metatranscriptomic analysis of denitrification-induced soil microcosm[J]. Soil Science and Plant Nutrition, 65(4): 342-345.

Mekm, Cooper J E. 2002. The influence of soil pH on denitrification: progress towards the understanding of this interaction over the last 50 years[J]. European Journal of Soil Science, 53(3): 345-354.

Mekuria W, Veldkamp E, Haile M, et al. 2007. Effectiveness of exclosures to restore degraded soils as a result of overgrazing in Tigray, Ethiopia[J]. Journal of Arid Environments, 69(2): 270-284.

Meschewski E, Holm N, Sharma B K, et al. 2019. Pyrolysis biochar has negligible effects on soil greenhouse gas production, microbial communities, plant germination, and initial seedling growth[J]. Chemosphere, 228: 565-576.

Min K, Kang H, Lee D. 2011. Effects of ammonium and nitrate additions on carbon mineralization in wetland soils[J]. Soil Biology and Biochemistry, 43(12): 2461-2469.

Mitsch W J, Bernal B, Nahlik A M, et al. 2013. Wetlands, carbon, and climate change[J]. Landscape Ecology, 28: 583-597.

Moorhead D L, Sinsabaugh R L. 2006. A theoretical model of litter decay and microbial interaction[J]. Ecological Monographs, 76(2): 151-174.

Norman J S, Barrett J E. 2016. Substrate availability drives spatial patterns in richness of ammonia-oxidizing bacteria and archaea in temperate forest soils[J]. Soil Biology and Biochemistry, 94: 169-172.

O'Callaghan M, Gerard E M, Carter P E, et al. 2010. Effect of the nitrification inhibitor dicyandiamide (DCD) on microbial communities in a pasture soil amended with bovine urine[J]. Soil Biology and Biochemistry, 42: 1425-1436.

O'Sullivan C A, Wakelin S A, Fillery I R P, et al. 2013. Factors affecting ammonia-oxidising microorganisms and potential nitrification rates in southern Australian agricultural soils[J]. Soil Research, 51: 240-252.

Olivera N L, Prieto L, Bertiller M B, et al. 2016. Sheep grazing and soil bacterial diversity in shrublands of the Patagonian Monte, Argentina[J]. Journal of Arid Environments, 125: 16-20.

Olsen Y S, Dausse A, Garbutt A, et al. 2011. Cattle grazing drives nitrogen and carbon cycling in a temperate salt marsh[J]. Soil Biology and Biochemistry, 43(3): 531-541.

Oorts K, Nicolardot B, Merckx R, et al. 2006. C and N mineralization of undisrupted and disrupted soil from different structural zones of conventional tillage and no-tillage systems in northern France[J]. Soil Biology and Biochemistry, 38(9): 2576-2586.

Orwin K H, Bertram J E, Clough T J, et al. 2010. Impact of bovine urine deposition on soil microbial activity, biomass, and community structure[J]. Applied Soil Ecology, 44: 89-100.

Ouyang Y, Norton J M, Stark J M, et al. 2016. Ammonia-oxidizing bacteria are more responsive than archaea to nitrogen source in an agricultural soil[J]. Soil Biology and Biochemistry, 96: 4-15.

Page K L, Strong W M, Dalal R C, et al. 2002. Nitrification in a Vertisol subsoil and its relationship to the accumulation of ammonium-nitrogen at depth[J]. Australian Journal of Soil Research, 40(5): 727-735.

Palmer K, Biasi C, Horn M A. 2012. Contrasting denitrifier communities relate to contrasting N_2O emission patterns from acidic peat soils in arctic tundra[J]. The ISME Journal, 6(5): 1058-1077.

Pan H, Liu H, Liu Y, et al. 2018a. Understanding the relationships between grazing intensity and the distribution of nitrifying communities in grassland soils[J]. Science of the Total Environment, 634: 1157-1164.

Pan H, Ying S, Liu H, et al. 2018b. Microbial pathways for nitrous oxide emissions from sheep urine and dung in a typical steppe grassland[J]. Biology and Fertility of Soils, 54(6): 717-730.

Panthi S, Bräuning A, Zhou Z K, et al. 2018. Growth response of *Abies georgei* to climate increases with elevation in the central Hengduan Mountains, southwestern China[J]. Dendrochronologia, 47: 1-9.

Pastor A, Freixa A, Skovsholt L J, et al. 2019. Microbial organic matter utilization in high-arctic streams: key enzymatic controls[J]. Microbial Ecology, 78 (3): 539-554.

Pecenkaa J R, Lundgren J G. 2019. Effects of herd management and the use of ivermectin on dung arthropod communities in grasslands[J]. Basic and Applied Ecology, 40:1-11.

Pengthamkeerati P, Motavalli P P, Kremer R J. 2011. Soil microbial activity and functional diversity changed by compaction, poultry litter and cropping in a claypan soil[J]. Applied Soil Ecology, 48(1): 71-80.

Pind A, Freeman C, Lock M A. 1994. Enzymic degradation of phenolic materials in peatlands-measurement of phenol oxidase activity[J]. Plant and Soil, 159(2): 227-231.

Prosser J I, Head I M, Stein L Y. 2014. The family nitrosomonadaceae[C] // Rosenberg E, DeLong E F, Lory S, et al. The Prokaryotes: Alphaproteobacteria and Betaproteobacteria. 4ed. Berlin, Heidelberg: Springer: 901-918.

Prescott C E, Chappell H N, Vesterdal L. 2000. Nitrogen turnover in forest floors of coastal Douglas-fir at sites differing in soil nitrogen capital[J]. Ecology, 81: 1878-1886.

Qin H, Xing X, Tang Y, et al. 2020. Soil moisture and activity of nitrite- and nitrous oxide-reducing microbes enhanced nitrous oxide emissions in fallow paddy soils[J]. Biology and Fertility of Soils, 56(1): 53-67.

Radl V, Chroňáková A, Čuhel J, et al. 2014. Bacteria dominate ammonia oxidation in soils used for outdoor cattle overwintering[J]. Applied Soil Ecology, 77(5): 68-71.

Ravishankara A R, Daniel J S, Portmann R W. 2009. Nitrous oxide (N_2O): the dominant ozone-depleting substance emitted in the 21st century[J]. Science, 326(5949): 123-125.

Razavi B S, Liu S B, Kuzyakov Y. 2017. Hot experience for cold-adapted microorganisms: temperature sensitivity of soil enzymes[J]. Soil Biology and Biochemistry, 105: 236-243.

Regina K, Hannu N, Jouko S, et al. 1996. Fluxes of nitrous oxide from boreal peatlands as affected by peatland type, water table level and nitrification capacity of the peat[J]. Biogeochemistry, 25: 401-418.

Regina K, Silvola J, Martikainen. 1999. Short-term effects of changing water table on N_2O fluxes from peat monoliths from natural and drained boreal peatlands[J]. Global Change Biology, 5: 183-189.

Ren L, Cai C, Zhang J, et al. 2018. Key environmental factors to variation of ammonia-oxidizing archaea community and potential ammonia oxidation rate during agricultural waste composting[J]. Bioresource Technology, 270: 278-285.

Ricotta C, Podani J, Pavoine S. 2016. A family of functional dissimilarity measures for presence and absence data[J]. Ecology & Evolution, 6(15): 5383-5389.

Ritz K, McNicol J W, Nunan N, et al. 2004. Spatial structure in soil chemical and microbiological properties in an upland grassland[J]. FEMS Microbiology Ecology, 49(2): 191-205.

Rotthauwe J H, Witzel K P, Liesack W. 1997. The ammonia monooxygenase structural gene *amoA* as a functional marker: molecular fine-scale analysis of natural ammonia-oxidizing populations[J]. Applied and Environmental Microbiology, 63(12): 4704-4712.

Rosenberg E. 2013. The prokaryotes-prokaryotic physiology and biochemistry: Prokaryotic physiology and biochemistry[M]. New York: Springer.

Rowarth J S, Gillingham A G, Tillman R W, et al. 1985.Release of phosphorus from sheep faeces on grazed, hill country pastures [J]. New Zealand Journal of Science, 28(4): 497-504.

Rudisilla M A, Turco R F, Hoagland A. 2016. Fertility practices and rhizosphere effects alter ammonia oxidizer community structure and potential nitrification activity in pepper production soils[J]. Applied Soil Ecology, 99: 70-77.

Samad M D S, Biswas A, Bakken L R, et al. 2016. Phylogenetic and functional potential links pH and N_2O emissions in pasture soils[J]. Scientific Reports, 6(1): 1-10.

Satti P, Mazzarino M J, Gobbi M, et al. 2003. Soil N dynamics in relation to leaf litter quality and soil fertility in north-western Patagonian forests[J]. Journal of Ecology, 91: 173-181.

Schauss K, Focks A, Leininger S, et al. 2009. Dynamics and functional relevance of ammonia-oxidizing archaea in two agricultural soils[J]. Environmental Microbiology, 11(2): 446-456.

Seybold C A, Mersie W, Huang J, et al. 2002. Soil redox, pH, temperature, and water-table patterns of a freshwater tidal wetland[J]. Wetlands, 22(1): 149-158.

Shaaban M, Hu R, Wu Y, et al. 2019. Mitigation of N₂O emissions from urine treated acidic soils by liming[J]. Environmental Pollution, 255(Pt 1): 113237.

Shang Z H, Feng Q S, Wu G L, et al. 2013. Grasslandification has significant impacts on soil carbon, nitrogen and phosphorus of alpine wetlands on the Tibetan Plateau[J]. Ecological engineering, 58: 170-179.

Shen Yongping, Wang Guoya. 2013. Key findings and assessment results of IPCC WGI Fifth Assessment Report[J]. Journal of Glaciology and Geocryology, 35(5): 1068-1076.

Shi Y, Liu X, Zhang Q. 2019. Effects of combined biochar and organic fertilizer on nitrous oxide fluxes and the related nitrifier and denitrifier communities in a saline-alkali soil[J]. Science of the Total Environment, 686: 199-211.

Sierra J. 1996. Nitrogen mineralization and its error of estimation under field conditions related to the light-fraction soil organic matter [J]. Australian Journal of Soil Research, 34: 755-767.

Sinsabaugh R L, Antibus R K, Linkins A E, et al. 1993. Wood decomposition: nitrogen and phosphorus dynamics in relation to extracellular enzyme activity[J]. Ecology, 74(5): 1586-1593.

Sinsabaugh R L, Moorhead D L. 1994. Resource allocation to extracellular enzyme production: a model for nitrogen and phosphorus control of litter decomposition[J]. Soil Biology and Biochemistry, 26(10): 1305-1311.

Smart D R , Bloom A J. 2001. Wheat leaves emit nitrous oxide during nitrate assimilation[J]. Proceedings of the National Academy of Sciences of the United States of America, 98(14): 7875-7878.

Smith C J, Patrick Jr W H. 1982. Nitrous oxide emission following urea nitrogen fertilization of wetland rice[J]. Soil Science and Plant Nutrtion, 28: 161-171.

Song C, Wang Y, Wang Y, et al. 2006. Emission of CO₂, CH₄ and N₂O from freshwater marsh during freeze-thaw period in Northeast of China[J]. Atmospheric Environment, 40: 6879-6885.

Song K, Hernandez M E, Batson J A, et al. 2014. Long-term denitrification rates in created riverine wetlands and their relationship with environmental factors[J]. Ecological Engineering, 72: 40-46.

Song M, Jiang J, Cao G, et al. 2010. Effects of temperature, glucose and inorganic nitrogen inputs on carbon mineralization in a Tibetan alpine meadow soil[J]. European Journal of Soil Biology, 46(6): 375-380.

Song Y, Song C, Ren J, et al. 2019. Short-term response of the soil microbial abundances and enzyme activities to experimental warming in a boreal peatland in Northeast China[J]. Sustainability, 11(3): 590.

Sorensen P. 2001. Short-term nitrogen transformation in soil amended with animal manure[J]. Soil Biology and Biochemistry, 33(9): 1211-1216.

Spott O, Russow R, Stange C F. 2011. Formation of hybrid N₂O and hybrid N₂ due to codenitrification: first review of a barely considered process of microbially mediated N-nitrosation[J]. Soil Biological Biochemistry, 43: 1995-2011.

Stapleton L M, Crout N M J, Säwström C, et al. 2005. Microbial carbon dynamics in nitrogen amended Arctic tundra soil: measurement and model testing[J]. Soil Biology and Biochemistry, 37(11): 2088-2098.

Sterngren A E, Hallin S, Bengtson P. 2015. Archaeal ammonia oxidizers dominate in numbers, but bacteria drive gross nitrification in n-amended grassland soil[J]. Frontiers in Microbiology, 6 (326): 1356.

Steven S P, Douglas A M, Thomas D B, et al. 2006. Coupled nitrogen and calcium cycles in forests of the Oregon Coast Range[J]. Ecosystems, 9: 63-74.

Strauss E A. 2000. The effects of organic carbon and nitrogen availability on nitrification rates in stream sediments[D]. Indiana: University of Notre Dame.

Strickland M S, Lauber C, Fierer N, et al. 2009. Testing the functional significance of microbial community composition[J]. Ecology, 90(2): 441-451.

Suleiman A K A, Gonzatto R, Aita C, et al. 2016. Temporal variability of soil microbial communities after application of dicyandiamide-treated swine slurry and mineral fertilizers[J]. Soil Biology and Biochemistry, 97: 71-82.

Sun D, Li Y, Zhao W, et al. 2016. Effects of experimental warming on soil microbial communities in two contrasting subalpine forest ecosystems, eastern Tibetan Plateau, China[J]. Journal of Mountain Science, 13(8): 1442-1452.

Sun Y, Shen J, Zhang C, et al. 2018a. Responses of soil microbial community to nitrogen fertilizer and precipitation regimes in a semi-arid steppe[J]. Journal of Soils and Sediments, 18(3): 762-774.

Sun Y, He X, Hou F, et al. 2018b. Grazing increases litter decomposition rate but decreases nitrogen release rate in an alpine meadow[J]. Biogeosciences, 15(13): 4233-4243.

Sun Y, Wang S, Niu J. 2018c. Microbial community evolution of black and stinking rivers during in situ, remediation through micro-nano bubble and submerged resin floating bed technology[J]. Bioresource Technology, 258: 187-194.

Sun Z, Liu J. 2007. Nitrogen cycling of atmosphere-plant-soil system in the typical *Calamagrostis angustifolia* wetland in the Sanjiang Plain, Northeast China[J]. Journal of Environmental Sciences, 19: 986-995.

Sun Z, Wang L, Tian H, et al . 2013. Fluxes of nitrous oxide and methane in different coastal *Suaeda salsa* marshesof the Yellow River estuary, China[J]. Chemosphere 90: 856-865.

Taggart M, Heitman J L, Shi W, et al. 2012. Temperature and water content effects on carbon mineralization for sapric soil material[J]. Wetlands, 32(5): 939-944.

Tang Y, Yun G, Zhang X, et al. 2019. Environmental variables better explain changes in potential nitrification and denitrification activities than microbial properties in fertilized forest soils[J]. Science of the Total Environment, 647: 653-662.

Tang Y, Zhang X, Li D, et al. 2016. Impacts of nitrogen and phosphorus additions on the abundance and community structure of ammonia oxidizers and denitrifying bacteria in Chinese fir plantations[J]. Soil Biology and Biochemistry, 103: 284-293.

Tao J, Bai T, Xiao R, et al. 2018. Vertical distribution of ammonia-oxidizing microorganisms across a soil profile of the Chinese loess plateau and their responses to nitrogen inputs[J]. Science of the Total Environment, 635: 240-248.

Tao R, Wakelin S A, Liang Y, et al. 2017. Response of ammonia-oxidizing archaea and bacteria in calcareous soil to mineral and organic fertilizer application and their relative contribution to nitrification[J]. Soil Biology and Biochemistry, 114: 20-30.

Tatti E, Goyer C, Burton D L, et al. 2015. Tillage management and seasonal effects on denitrifier community abundance, gene expression and structure over winter[J]. Microbial Ecology, 70(3): 795-808.

Teuber L M, Hölzel N, Fraser L H. 2013. Livestock grazing in intermountain depressional wetlands—Effects on plant strategies, soil characteristics and biomass[J]. Agriculture Ecosystems and Environment, 175: 21-28.

Thirukkumaran C M, Parkinson D. 2000. Microbial respiration, biomass, metabolic quotient and litter decomposition in a lodgepole pine forest floor amended with nitrogen and phosphorous fertilizers[J]. Soil Biology and Biochemistry, 32(1): 59-66.

Tixier T, Bloor J M G, Lumaret J P. 2015. Species-specific effects of dung beetle abundance on dung removal and leaf litter decomposition[J]. Acta Oecologica, 69: 31-34.

Tjaša D, Ines M M, Blaz S, et al. 2010. Emissions of CO_2, CH_4 and N_2O from Southern European peatlands[J]. Soil Biology and Biochemistry, 42(9): 1437-1446.

Treweek G, Di H J, Cameron K C, et al. 2016. Simulated animal trampling of a free-draining stony soil stimulated denitrifier growth and increased nitrous oxide emissions[J]. Soil Use and Management, 32(3):

455-464.

Troy S M , Lawlor P G , O' Flynn C J , et al. 2013. Impact of biochar addition to soil on greenhouse gas emissions following pig manure application[J]. Soil Biology and Biochemistry, 60: 173-181.

Valentine, David L. 2007. Adaptations to energy stress dictate the ecology and evolution of the Archaea[J]. Nature Reviews Microbiology, 5(4): 316-323.

van Groenigen J W, Kuikman P J, de Groot W J M, et al. 2005. Nitrous oxide emission from urine-treated soil as influenced by urine composition and soil physical conditions[J]. Soil Biology and Biochemistry, 37(3): 463-473.

Venterea R T, Clough T J, Coulter J A, et al. 2015. Ammonium sorption and ammonia inhibition of nitriteoxidizing bacteria explain contrasting soil N_2O production[J]. Scientific Reports, 5(1): 12153-12162.

Virkajarvi P, Maljanen M, Saarijarvi K, et al. 2010. N_2O emissions from boreal grass and grass-clover pasture soils[J]. Agriculture Ecosystems and Environment, 137(1): 59-67.

Vitousek P M, Hättenschwiler S, Olander L, et al. 2002. Nitrogen and nature[J]. AMBIO: a Journal of the Human Environment, 31: 97-101.

Wachendorf C, Lampe C, Taube F, et al. 2008. Nitrous oxide emissions and dynamics of soil nitrogen under N-15-labeled cow urine and dung patches on a sandy grassland soil[J]. Journal of Plant Nutrition and Soil Science, 171: 171-180.

Wagai R, Mayer L M, Kitayama K, et al. 2013. Association of organic matter with iron and aluminum across a range of soils determined via selective dissolution techniques coupled with dissolved nitrogen analysis[J]. Biogeochemistry, 112(1-3): 95-109.

Wakelin S A, Clough T J, Gerard EM, et al. 2013. Impact of short-interval, repeat application of dicyandiamide on soil N transformation in urine patches[J]. Agriculture Ecosystems and Environment, 167(167): 60-70.

Wakelin S A, Gerard E, Koten C V, et al. 2016. Soil physicochemical properties impact more strongly on bacteria and fungi than conversion of grassland to oil palm[J]. Pedobiologia, 59: 83-91.

Wan W, Tan J, Wang Y, et al. 2019. Responses of the rhizosphere bacterial community in acidic crop soil to pH: changes in diversity, composition, interaction, and function[J]. Science of The Total Environment, 700: 134418.

Wang C, Li J, Wu Y, et al. 2019. Shifts of the *nirS* and *nirK* denitrifiers in different land use types and seasons in the Sanjiang Plain, China[J]. Journal of Basic Microbiology, 59(10): 1040-1048.

Wang C, Liu D, Bai E. 2018a. Decreasing soil microbial diversity is associated with decreasing microbial biomass under nitrogen addition[J]. Soil Biology and Biochemistry, 120: 126-133.

Wang H, Liu H, Wang Y, et al. 2017a. Warm- and cold- season grazing affect soil respiration differently in alpine grasslands[J]. Agriculture Ecosystem Environment, 248: 136-143.

Wang H, Zhang Y, Chen G, et al. 2018b. Domestic pig uprooting emerges as an undesirable disturbance on vegetation and soil properties in a plateau wetland ecosystem[J]. Wetlands Ecology and Management, 26(4): 509-523.

Wang J, Li G, Lai X, et al. 2015a. Differential responses of Ammonia-Oxidizers communities to nitrogen and water addition in *Stipa baicalensis* steppe, inner Mongolia, Northern China[J]. Resources and Ecology,6(1): 1-11.

Wang K, Chu C, Li X, et al. 2018c. Succession of bacterial community function in cow manure composing[J]. Bioresource Technology, 267: 63-70.

Wang L, Zheng B, Nan B, et al. 2014a. Diversity of bacterial community and detection of *nirS*- and *nirK*-encoding denitrifying bacteria in sandy intertidal sediments along Laizhou Bay of Bohai Sea, China[J]. Marine Pollution Bulletin, 88(1-2): 215-223.

Wang M, Wang S, Wu L, et al. 2016a. Evaluating the lingering effect of livestock grazing on functional potentials of microbial communities in Tibetan grassland soils[J]. Plant and Soil, 407(1-2): 1-15.

Wang Q, He T, Wang S, et al. 2013a. Carbon input manipulation affects soil respiration and microbial community composition in a subtropical coniferous forest[J]. Agricultural and Forest Meteorology, 178: 152-160.

Wang Q, Liu Y, Zhang C, et al. 2017b. Responses of soil nitrous oxide production and abundances and composition of associated microbial communities to nitrogen and water amendment[J]. Biology and Fertility of Soils, 53(6): 601-611.

Wang Q, Wang Y, Wang S, et al. 2014b. Fresh carbon and nitrogen inputs alter organic carbon mineralization and microbial community in forest deep soil layers[J]. Soil Biology and Biochemistry, 72: 145-151.

Wang S, Wang Y, Feng X, et al. 2011. Quantitative analyses of ammonia-oxidizing Archaea and bacteria in the sediments of four nitrogen-rich wetlands in China[J]. Applied Microbiology and Biotechnology, 90(2): 779-787.

Wang X, Huang D, Zhang Y, et al. 2013b. Dynamic changes of CH_4 and CO_2 emission from grazing sheep urine and dung patches in typical steppe[J]. Atmospheric Environment, 79: 576-581.

Wang X, Cui H, Shi J, et al. 2015b. Relationship between bacterial diversity and environmental parameters during composting of different raw materials[J]. Bioresource Technol, 198: 395-402.

Wang X, Helgason B, Westbrook C, et al. 2016b. Effect of mineral sediments on carbon mineralization, organic matter composition and microbial community dynamics in a mountain peatland[J]. Soil Biology and Biochemistry, 103: 16-27.

Wang X, Wang C, Bao L, et al. 2014c. Abundance and community structure of ammonia-oxidizing microorganisms in reservoir sediment and adjacent soils[J]. Applied Microbiology and Biotechnology, 98(4): 1883-1892.

Ward S E, Bardgett R D, Mcnamara N P, et al. 2007. Long-term consequences of grazing and burning on northern peatland carbon dynamics[J]. Ecosystems, 10(7): 1069-1083.

Webster G, Embley T M, Freitag T E, et al. 2005. Links between ammonia oxidizer species composition, functional diversity and nitrification kinetics in grassland soils[J]. Environmental Microbiology, 7(5): 676-684.

Weerden T J V D, Luo J, Klein C A M D, et al. 2011. Disaggregating nitrous oxide emission factors for ruminant urine and dung deposited onto pastoral soils[J]. Agriculture Ecosystems Environment, 141(3): 426-436.

Wessén E, Nyberg K, Jansson J K, et al. 2010. Responses of bacterial and archaeal ammonia oxidizers to soil organic and fertilizer amendments under long-term management[J]. Applied Soil Ecology, 45(3): 193-200.

Wu H, Wang X, He X, et al. 2017. Effects of root exudates on denitrifier gene abundance, community structure and activity in a micro-polluted constructed wetland[J]. Science of the Total Environment, 598: 697-703.

Wu X. 2010. Ecological function and environmental control of de-composer within cattle dung in the alpine meadow of northwestern Sichuan Province,China[J].Chengdu: Chengdu institute of bi-ology,Chinese Academy of Sciences: 33-38.

Wu Y, Han R, Yang X, et al. 2016. Correlating microbial community with physicochemical indices and structures of a full-scale integrated constructed wetland system[J]. Applied Microbiology and

Biotechnology, 100(15): 6917-6926.

Xiang X, He D, He J S, et al. 2017. Ammonia-oxidizing bacteria rather than archaea respond to short-term urea amendment in an alpine grassland[J]. Soil Biology and Biochemistry, 107: 218-225.

Xiao D, Zhang Y, Zhan P, et al. 2019. Rooting by Tibetan pigs diminishes carbon stocks in alpine meadows by decreasing soil moisture[J]. Plant Soil, 9: 1-12.

Xiao H, Li Z, Chang X, et al. 2018. The mineralization and sequestration of organic carbon in relation to agricultural soil erosion[J]. Geoderma, 329: 73-81.

Xiao H, Schaefer D A, Yang X. 2017. pH drives ammonia oxidizing bacteria rather than archaea thereby stimulate nitrification under Ageratina adenophora colonization[J]. Soil Biology and Biochemistry, 114: 12-19.

Xie Z, Le Roux X, Wang C P, et al. 2014. Identifying response groups of soil nitrifiers and denitrifiers to grazing and associated soil environmental drivers in Tibetan alpine meadows[J]. Soil Biology and Biochemistry, 77: 89-99.

Xiong J, Sun H, Peng F, et al. 2014. Characterizing changes in soil bacterial community structure in response to short-term warming[J]. FEMS Microbiology Ecology, 89(2): 281-292.

Xu X, Liu X, Li Y, et al. 2017. High temperatures inhibited the growth of soil bacteria and archaea but not that of fungi and altered nitrous oxide production mechanisms from different nitrogen sources in an acidic soil[J]. Soil Biology and Biochemistry, 107: 168-179.

Xu, Y, Niu L, Qiu J, et al. 2018. Stereoselective accumulations of hexachlorocyclohexanes (HCHs) are correlated with *Sphingomonas* spp. in agricultural soils across China[J]. Environmental Pollution, 240: 27-33.

Xue C, Zhang, X, Zhu C, et al. 2016. Quantitative and compositional responses of ammonia-oxidizing archaea and bacteria to long-term field fertilization[J]. Scientific Reports, 6(1): 28981.

Yachi S, Loreau M. 1999. Biodiversity and ecosystem productivity in a fluctuating environment: the insurance hypothesis[J]. Proceedings of the National Academy of Sciences of the United States of America, 96(4): 1463-1468.

Yan L, Li Z, Wang G, et al. 2016. Diversity of ammonia-oxidizing bacteria and archaea in response to different aeration rates during cattle manure composting[J]. Ecological Engineering, 93: 46-54.

Yang C, Zhang Y, Hou F, et al. 2019c. Grazing activity increases decomposition of yak dung and litter in an alpine meadow on the Qinghai-Tibet plateau[J]. Plant and Soil, 444(1-2): 239-250.

Yang J, Wang J, Li A, et al. 2020. Disturbance, carbon physicochemical structure, and soil microenvironment codetermine soil organic carbon stability in oil fields[J]. Environment International, 135: 105390.

Yang J, Zhan C, Li Y, et al. 2018a. Effect of salinity on soil respiration in relation to dissolved organic carbon and microbial characteristics of a wetland in the Liaohe River estuary, Northeast China[J]. Science of the Total Environment,642: 946-953.

Yang L, Zhang F, Gao Q, et al. 2010. Impact of land-use types on soil nitrogen net mineralization in the sandstorm and water source area of Beijing, China[J]. Catena, 82(1): 15-22.

Yang L, Jiang M, Zhu W, et al. 2019a. Soil bacterial communities with an indicative function response to nutrients in wetlands of Northeastern China that have undergone natural restoration[J]. Ecological Indicators, 101: 562-571.

Yang X, Dong Q, Chu H, et al. 2019b. Different responses of soil element contents and their stoichiometry (C: N: P) to yak grazing and Tibetan sheep grazing in an alpine grassland on the eastern Qinghai-Tibetan Plateau[J]. Agriculture, Ecosystems and Environment, 285: 106628.

Yang Y, Hu Y, Wang Z, et al. 2018b. Variations of the *nirS-*, *nirK-*, and *nosZ*-denitrifying bacterial communities in a northern Chinese soil as affected by different long-term irrigation regimes[J]. Environmental Science and Pollution Research, 25(14): 14057-14067.

Yang Y, Ren Y, Wang X, et al. 2018c. Ammonia-oxidizing archaea and bacteria responding differently to fertilizer type and irrigation frequency as revealed by Illumina Miseq sequencing[J]. Journal of Soils and Sediments, 18: 1029-1040.

Yang Y, Tian K, Hao J, et al. 2004. Biodiversity and biodiversity conservation in Yunnan[J]. Biodiversity and Conservation, 13 (4): 813-826.

Yang Y, Wu L, Lin Q, et al. 2013. Responses of the functional structure of soil microbial community to livestock grazing in the Tibetan alpine grassland[J]. Global Change Biology, 19(2): 637-648.

Yang Z, Baoyin T, Minggagud H, et al. 2017. Recovery succession drives the convergence, and grazing versus fencing drives the divergence of plant and soil N/P stoichiometry in a semiarid steppe of Inner Mongolia[J]. Plant and Soil, 420(1-2): 303-314.

Ye C, Cheng X, Zhang K, et al. 2017. Hydrologic pulsing affects denitrification rates and denitrifier communities in a revegetated riparian ecotone[J]. Soil Biology and Biochemistry, 115: 137-147.

Ye R, Jin Q, Bohannan B, et al. 2012. pH controls over anaerobic carbon mineralization, the efficiency of methane production, and methanogenic pathways in peatlands across an ombrotrophic–minerotrophic gradient[J]. Soil Biology and Biochemistry, 54: 36-47.

Yergeau E, Bokhorst S, Kang S, et al. 2012. Shifts in soil microorganisms in response to warming are consistent across a range of Antarctic environments[J]. The ISME Journal, 6(3): 692-702.

Yin C, Fan F, Song A, et al. 2015. Denitrification potential under different fertilization regimes is closely coupled with changes in the denitrifying community in a black soil[J]. Applied Microbiology and Biotechnology, 99(13): 5719-5729.

Yin Y, Yan Z. 2020. Variations of soil bacterial diversity and metabolic function with tidal flat elevation gradient in an artificial mangrove wetland[J]. Science of the Total Environment, 718: 137385.

Ying J, Zhang L, He J. 2010. Putative ammonia-oxidizing bacteria and archaea in an acidic red soil with different land utilization patterns[J]. Environmental Microbiology Reports, 2(2): 304-312.

Ying J, Li X, Wang N, et al. 2017. Contrasting effects of nitrogen forms and soil pH on ammonia oxidizing microorganisms and their responses to long-term nitrogen fertilization in a typical steppe ecosystem[J]. Soil Biology and Biochemistry, 107: 10-18.

Yokoyama K, Ohama T. 2005. Effect of inorganic N composition of fertilizers on nitrous oxide emission associated with nitrification and denitrification[J]. Soil Science and Plant nutrition, 51: 967-972.

Yu Z, Liu J, Li Y, et al. 2018. Impact of land use, fertilization and seasonal variation on the abundance and diversity of nirS-type denitrifying bacterial communities in a Mollisol in Northeast China[J]. European Journal of Soil Biology, 85: 4-11.

Yunfu G, Wang Y, Xiang Q, et al. 2017. Implications of wetland degradation for the potential denitrifying activity and bacterial populations with *nirS* genes as found in a succession in Qinghai-Tibet plateau, China[J]. European Journal of Soil Biology, 80: 19-26.

Yuste J C, Janssens I A, Carrara A, et al. 2003. Interactive effects of temperature and precipitation on soil respiration in a temperate maritime pine forest[J]. Tree Physiology, 23(18): 1263-1270.

Zeng G, Zhang J, Chen Y, et al. 2011. Relative contributions of archaea and bacteria to microbial ammonia oxidation differ under different conditions during agricultural waste composting[J]. Bioresource Technology, 102(19): 9026-9032.

Zhang J, Liu B, Zhou X, et al. 2015a. Effects of emergent aquatic plants on abundance and community structure of ammonia-oxidising microorganisms[J]. Ecological Engineering, 81: 504-513.

Zhang L, Hu H, Shen J, et al. 2012. Ammonia-oxidizing archaea have more important role than ammonia-oxidizing bacteria in ammonia oxidation of strongly acidic soils[J]. The ISME Journal, 6(5): 1032-1045.

Zhang L, Song C, Wang D, et al. 2007. Effects of exogenous nitrogen on freshwater marsh plant growth and N_2O fluxes in Sanjiang Plain, Northeast China[J]. Atmospheric Environment, 41(5): 1080-1090.

Zhang M, Muhammad R, Zhang L, et al. 2019a. Investigating the effect of biochar and fertilizer on the composition and function of bacteria in red soil[J]. Applied Soil Ecology, 139: 107-116.

Zhang N, Sun Y, Wang E, et al. 2015b. Effects of intercropping and Rhizobial inoculation on the ammonia-oxidizing microorganisms in rhizospheres of maize and faba bean plants[J]. Applied Soil Ecology, 85: 76- 85.

Zhang Y, Ji G, Wang C, et al. 2019b. Importance of denitrification driven by the relative abundances of microbial communities in coastal wetlands[J]. Environmental Pollution (Barking, Essex: 1987), 244: 47-54.

Zhao H, Tong D, Lin Q, et al. 2012. Effect of fires on soil organic carbon pool and mineralization in a Northeastern China wetland[J]. Geoderma, 189: 532-539.

Zheng H, Wang X, Luo X, et al. 2018. Biochar-induced negative carbon mineralization priming effects in a coastal wetland soil: roles of soil aggregation and microbial modulation[J]. Science of the Total Environment. 610: 951-960.

Zhou X Q, Chen C R, Wang Y F, et al. 2013. Warming and increased precipitation have differential effects on soil extracellular enzyme activities in a temperate grassland[J]. Science of the Total Environment, 444: 552-558.

Zhou X, Fornara D, Wasson E A, et al. 2015. Effects of 44 years of chronic nitrogen fertilization on the soil nitrifying community of permanent grassland[J]. Soil Biology and Biochemistry, 91: 76-83.

Zhou Z, Shi X, Zheng Y, et al. 2014. Abundance and community structure of ammonia-oxidizing bacteria and archaea in purple soil under long-term fertilization[J]. European Journal of Soil Biology, 60(1): 24-33.

Zhu R, Liu Y, Ma J, et al. 2008. Nitrous oxide flux to the atmosphere from two coastal tundra wetlands in eastern Antarctica[J]. Atmospheric Environment, 42: 2437-2447.

Zilli J É, Alves B J R, Rouws L F M, et al. 2019. The importance of denitrification performed by nitrogen-fixing bacteria used as inoculants in South America[J]. Plant and Soil, 6: 32869.

Zumft W G. 1997. Cell biology and molecular basis of denitrification[J]. Microbiology And Molecular Biology Reviews. 61: 533-616.